原理と直観で読み解く
量子系の物理
素粒子から宇宙まで 第2版

Bogdan Povh, Mitja Rosina 原著
石川 隆・園田 英徳 共訳

Scattering and Structures
Essentials and Analogies in Quantum Physics
Second Edition

森北出版株式会社

Translation from the English language edition:
Scattering and Structures
Essentials and Analogies in Quantum Physics
by Bogdan Povh and Mitja Rosina

第2版の序文

初版を書いてからこの10年の間に，いくつかの新しい結果が実験と理論の両方で得られた．改訂にあたっては，前と同じように現象の本質的な物理の内容を抽出し，「**封筒の裏を使った** (back of an envelope)」簡単な計算でそれを明らかにするよう努めた．

とくに，ヒッグス粒子の節は新しい観点から書き直し，ニュートリノ振動の節を改訂した．核力の章では，核子内のパイ中間子の役割を強調した．また，新しい節を二つ設けた．一つはグラフェンを例とする炭素の同質異体，もう一つはレーザーにおけるコヒーレントな光子気体についてである．

改訂にあたり組版について援助し，さらに原稿を読んでくれたPatrick Froßに感謝したい．

ハイデルベルクにて

ボグダン・ポフ
ミーチャ・ロシナ

初版の序文

本書 “Scattering and Structures” を書いた元々の動機は，修士号や博士号の口頭試問に備えるドイツの学生に，復習の便宜をはかることであった．この口頭試験で学生に求められるのは，自分がいかに量子現象を理解しているかを見せることであり，詳細は抜きにして，物理の本質を説明することである．学生のセミナーのテキストとして使われたり，副読本として標準的な教科書と合わせて使われたりして，ドイツ語版は成功を収めてきた．

一見複雑に見える現象を，根底にある考え方や公式を使って，手短かに記述し説明する努力を重ねていくうちに，ずいぶんと幅広い現象を対象にできるようになった．この本が物理の研究者だけでなく，学生や講師にも興味をもって迎えられることを希望する．

この版を出す際に書き直した箇所については，ハイデルベルク大学の Bernhard Schwingerheuer に，相談に乗っていただいた．また，バイロイト大学の Marcus Schwoerer には，初版における原子の磁性と結晶内の分散関係の記述について，的確な批判をいただいたことを感謝する．

本書を見事に英訳してくれたプリマス大学の Martin Lavelle と，原稿を職人技で仕上げてくれたハイデルベルク大学の Jürgen Sawinski に感謝したい．

ハイデルベルクにて　　　　ボグダン・ポフ
2005 年　　　　ミーチャ・ロシナ

ドイツ語版の序文

La simplicité affectée est une imposture delicate.
—— La Rochefoucauld*1

本書の目指すところは，Ernest Rutherford のつぎの言葉が的確に表している．

> 簡単な，専門的でない言葉を使って説明できないような結果は，自分自身わかっていないのだ．

ただし，この本で使う「簡単な，専門的でない言葉」とは，物理学者なら誰もが知っている言葉を意味する．

詳細にとらわれて全体のつながりを見失うと，物理が複雑に見えてしまうことがある．物理が簡単になるのは，いくつかの基本概念を応用することによって原理を解明し概算できたときである．この本では，量子系（素粒子，原子核，原子，分子，量子気体，量子液体，そして星）の性質を，基本概念とこれらの系の間の類推を使って解明していく．テーマの選択は，著者の一人（Povh）がハイデルベルク大学で物理の修士号の口頭試験に使ったリストに基づいている．ただし，この本に広い範囲の物理学者が興味をもてるように，いくつかの章（たとえば 7 章と 12 章）では，この試験のレベルをはるかに超えた．また，場合によっては，いまだ教科書には明快に説明されていない最近の発展（たとえば 3 章）について，ほかの章より長く説明した．

通常の教科書と比べると，厳密な導出は欠いている．ここでやっているのはむしろ，基本原理（不確定性原理と排他原理）と基礎定数（素粒子の質量と結合定数）を使って，物理的なつながりを大まかに概算することである（これは「**封筒の裏を使った** (back of an envelope)」計算とよばれる）．このスタイルで本を書くにあたって模範になったのは，Victor Weisskopf（ヴィクトル・ヴァイスコップ）による CERN（欧州原子核研究機構，セルン）夏の学校の講義と，American Journal of Physics に 1985 年に発表されたいくつかの短いエッセー “Search for Simplicity” である．それぞれの章は，独立しており，ほかの章を参照するときは，異なる物理系の間の類推を強調するためにそうしている．

ここで使う一般概念や天下りの公式の導出については，それぞれの章末に挙げてい

*1　見せかけの簡単さはデリケートな偽りである．—— ラ・ロシュフーコー

る教科書を見てほしい．そのほか必要な文献は，本文中では著者の名前で参照し，章末にリストにした．

1～3章および9章では，散乱を量子系の解析方法として紹介している．4，5，12章では，電磁相互作用および強い相互作用によって作られる複合系，つまり原子とハドロンについて考える．6，7章では，分子を構成する原子間の力について説明し，13章では，強い相互作用による同様の力，つまり核力について簡単に触れる．量子気体から中性子星に及ぶ，縮退したフェルミ系およびボーズ系が9～11および14，15章のテーマである．16章では，現在の素粒子物理学で未解決の問題について触れる*1．

「物理の直観」によって複雑な現象を華麗に表そうとする試みは，どうしても誤りを避けることができない．こうした誤りへの読者からの指摘を大いに歓迎したい．大まかな概算で理解し説明できるような量子現象のほかの例があったら，御教示いただきたい．明快さを犠牲にせずに議論を短くできることがあったら，これも歓迎したい．

本書全般にわたり，内容，文体，言葉遣いをよくするために貴重な助言をしてくれたChristoph Scholz（ライリンゲン大学）とMichael Treichel（ミュンヘン大学）に感謝する．本書のタイトルはMichael Treichelが提案してくれた．

さらに貴重な批判をしてくれたのは，最初の2章についてはPaul Kienle（ミュンヘン大学），原子核物理の章についてはPeter Brix（ハイデルベルク大学）である．カイラル対称性の破れの扱いについては，Jörg Hüfner（ハイデルベルク大学）とThomas Walcher（マインツ大学）が詳細な議論をしてくれた．相転移と固体物理学については，Franz Wegner（ハイデルベルク大学）とReiner Kühn（ハイデルベルク大学）から個人的に教示を受けた．Samo Fšinger（ハイデルベルク大学）にはタンパク質の章でお世話になった．量子気体と液体についての章が書けたのは，Allard Mosk（ユトレヒト大学）とMattias Weidemüller（ハイデルベルク大学）のおかげである．Claus Rolfs（ボーフム大学）は星の章を詳細に直してくれた．ニュートリノに関する最新の結果については，Stephan Schönert（ハイデルベルク大学）が詳しく議論してくれた．Ingmar KöserとClaudia Riesは我々のドイツ語をよくしてくれた．組版と図は，Jürgen Sawinskiによる．

シュプリンガー出版のWolf BeiglböckとGertrud Dimlerと仕事ができたのは，ありがたいことだった．

ハイデルベルクにて　　ボクダン・ポフ
2002年7月　　ミーチャ・ロシナ

*1　第2版への改訂に際して章の並べ替えがあったので，章の番号は第2版に合わせた．

訳者まえがき

本書は，Bogdan Povh と Mitja Rosina 共著の “Scattering and Structures: Essentials and Analogies in Quantum Physics, 2nd Edition”(Springer 社，2017 年) の翻訳である．Bogdan Povh は Heidelberg 大学の名誉教授で，原子核物理実験が専門である．日本では，『素粒子・原子核物理入門』（シュプリンガー・ジャパン社，1997 年）の著者の一人としてよく知られている．Mitja Rosina はスロベニアの Ljubljana 大学教授で，専門はやはり原子核物理実験である．

この本の意図することは，ドイツ語版の序文で明らかにされているとおりである．つい最近までドイツは，日本の旧制大学が模範にしていた大学制度を維持していた．すなわち，大学卒業のレベルは日本の大学の修士卒業レベルに対応し，したがって Diplomat（ディプロマ）の学位は日本の修士号に相当する．日本では，修士号の口頭試験というと修士論文の内容に限られるのが常だが，ドイツでは，物理の一般的な理解も試されるようである．物理は理解するものであって，修士号を受ける者には物理全般の教養が必要ということである．

このたびこの本を翻訳したのは，日本で物理を勉強し研究する人たち，とくに若い人たちと，教養としての物理の大事さ，楽しさを共有したいと思ったからである．専門化ばかり急がれる日本の大学では，研究重視の名のもとに大学院生ばかりか，学部生までも物理学を広く学ぶ機会を失ってしまったようである．数少ない原理をもとに広範な現象を理解することに物理学の真骨頂がある．専門のこと以外はわからない，というのでは物理を勉強したかいがないだろう．

翻訳にあたっては，石川がまずひととおり訳した原稿を，二人で詳細に再検討した．また，読者の理解を助けることを期待して，わずかではあるが，訳者の力の及ぶ限り脚注をつけた．1 章のはじめに引用されている詩については，その翻訳を教えていただいた東京ゲーテ記念館資料室に感謝したい．そして，校正の段階では，編集者の村瀬健太氏に大変お世話になった．ここに感謝したい．

この本を紹介し，さらに翻訳を勧めてくれた，我々二人の恩師である中井浩二先生にこの翻訳を捧げたい．

東京，神戸にて　　石川　隆
2019 年 7 月　　園田　英徳

前　奏

13 世紀のこと，時の皇帝は中国をかつてないほどの栄光に導いた．帝国の力を象徴する龍の絵で宮廷を飾ろうということになり，皇帝は帝国一の画家に龍の絵を描くことを命じた．

2 年の後，ついに画家は絵を携えて皇帝の御前に参上した．巻物がほどかれて，皇帝が目にしたのは，緑色の背景にわずかに蛇のようにくねる黄色の線だった．

「こんなものに 2 年もかかったのか?」と皇帝は怒って尋ねた．てっきり侮辱されたと思った皇帝は，画家を捕らえさせ，死刑を宣告した．ところが，聡明な相談役が「陛下，この 2 年間画家が何をしてきたか，じかにご覧になってはいかがでしょうか」と進言した．皇帝と相談役が画家の仕事場に行ってみると，700 あまりの絵が，描かれた順番に並べられていた．画家は毎日新しく絵を描いたのだった．最初の頃の絵には細部にわたって精密に龍が描かれていた．後のほうになると，どうでもよい細部はだんだんと失われ，その代わりに龍の本質がいっそう明らかになってきた．最後のほうに描かれた絵は，すでに画家がもってきた絵に近くなっていた．皇帝はいった．「これでわかった．龍の本質は完全にとらえられている．」

皇帝は画家を赦免した．

中国の寓話

目 次

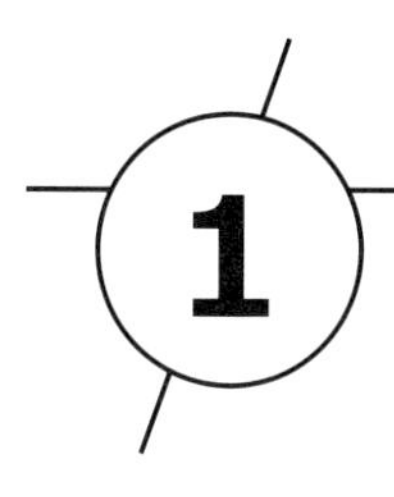

光子散乱 —— 構造因子

Und so lasset auch die Farben
Mich nach meiner Art verkünden,
Ohne Wunden, ohne Narben,
Mit der lässlichsten der Sünden.

—— Goethe*1

散乱実験は，量子力学的な測定の典型である．原子，イオン，電子や光子のビームを作るには加速器が用いられ，散乱された粒子のエネルギー（または運動量の絶対値）と散乱角を測るには検出器が使われる．測定の結果から，散乱中心へどれだけの運動量とエネルギーが移ったかが計算でき，散乱中心としてはたらく物理系の性質が調べられる．

素粒子（光子，レプトンとクォーク）どうしの散乱の特徴は，これらの粒子が励起されないことであり，交換されるボーズ粒子（ボゾン）への素粒子の基本的な結合によって，相互作用が記述される．原子，原子核や核子による素粒子の散乱は，これら複合系の構造を探求するための理想的な方法を提供してくれる．

光子は電荷をもつどんな粒子によっても散乱される．散乱断面積は，加速度の2乗に比例し，したがって粒子の質量の2乗に反比例するので，電磁的効果がもっとも顕著に現れるのは，荷電粒子の中で一番軽い電子によって，光子が散乱されるときである．

1.1 コンプトン効果

自由電子による光子の散乱は，**コンプトン散乱**とよばれ，その計算は，相対論的量子力学において，誰もが一度は辛抱して行わなければならない標準的な練習問題である．ここでは，Klein–Nishina（クライン・仁科）の公式だけを扱い，二つの興味深い運動学的領域での散乱の特性について議論しよう．散乱に寄与する二つの振幅が図

*1 だからまた色のことでも　ぼくの流儀で語るとしよう　他人（ひと）の傷つくこともなく　罪のとがめも軽いから．—— ゲーテ

［出典：ゲーテ『神と世界』，世間のならわし，自然と象徴．訳は，前田富士男訳，高橋義人編訳『自然と象徴—自然科学論集』（冨山房）より引用.］

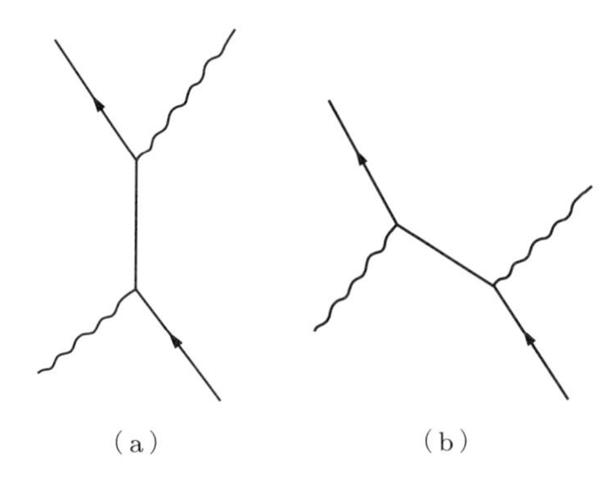

図 1.1　コンプトン散乱に最低次で寄与する確率振幅 (a) と (b) を表す模式図．電子は時間の正方向に動く．陽電子は時間の逆方向に動く負のエネルギーをもつ電子である．

1.1 に表されている．偏極していない輻射に対する有名な**クライン・仁科の公式**は，

$$\frac{\mathrm{d}\sigma}{\mathrm{d}\Omega'_{\omega}} = \frac{1}{2}{r_{\mathrm{e}}}^2 \left(\frac{\omega'}{\omega}\right)^2 \left(\frac{\omega'}{\omega} + \frac{\omega}{\omega'} - \sin^2\theta\right) \tag{1.1}$$

で与えられる．ここで，$\hbar\omega$ と $\hbar\omega'$ はそれぞれ散乱前と散乱後の光子のエネルギーで，θ は光子の散乱角である．θ とエネルギーは，つぎの式によって結び付けられる．

$$\cos\theta = 1 - \frac{m_{\mathrm{e}}c^2}{\hbar\omega'} + \frac{m_{\mathrm{e}}c^2}{\hbar\omega} \tag{1.2}$$

ここで，m_{e} は電子の質量，r_{e} はいわゆる**電子の古典半径**

$$r_{\mathrm{e}} = \frac{e^2}{4\pi\varepsilon_0 m_{\mathrm{e}}c^2} = \frac{\alpha\hbar c}{m_{\mathrm{e}}c^2} = \alpha\lambda\!\!\!^{-}_{\mathrm{e}} = 2.82\,\mathrm{fm} \tag{1.3}$$

で，その物理的解釈については後で述べる [*1]．**電子のコンプトン波長**は

$$\lambda\!\!\!^{-}_{\mathrm{e}} = \frac{\hbar}{m_{\mathrm{e}}c} = 386\,\mathrm{fm}$$

である．エネルギーの高い ($E_\gamma \gg m_{\mathrm{e}}c^2$) 光子の，原子内に束縛された電子によるコンプトン散乱については，電子は自由とみなしても，よい近似になる．ストーレッジ（蓄積）リングの実験では，本当に自由な電子からの散乱を観測することができる．それについては 1.5 節で簡単に取り扱う．

低エネルギー光子が原子内のすべての電子によってコヒーレントに散乱される場合は，とくに興味深い．原子が結晶中にあるならば，散乱のコヒーレンスは結晶全体に

---

*1　ここで，$\alpha \equiv \dfrac{1}{4\pi\varepsilon_0}\dfrac{e^2}{\hbar c} \simeq \dfrac{1}{137}$ は微細構造定数とよばれる無次元量である．4 章で，α が原子のエネルギー準位を決めていることが説明される．

まで拡張され得る．

低いエネルギー，つまり $E_\gamma \ll m_\mathrm{e}c^2$ のときは，反跳は無視できて，$\omega = \omega'$ とおくことができる．この近似の範囲内では，クライン・仁科の公式は，古典的に計算されるトムソン散乱の断面積と完全に一致する．

$$\frac{\mathrm{d}\sigma}{\mathrm{d}\Omega} = r_\mathrm{e}^2 \frac{1+\cos^2\theta}{2} \tag{1.4}$$

この散乱振幅（図 1.1）の一体どこに，「入射する放射の中で振動する電子」という古典的な描像が隠れているのかを疑問に思うかもしれないが，とにかく，この描像が **Thomson（トムソン）の公式**の導出の基礎となる．

1.2 トムソン散乱

1.2.1 古典的な導出

はじめに原子の中に束縛された電子による，直線偏光した光の散乱を考えよう（図 1.2）．反跳を無視すれば，電子は入射光の電場 $\mathbf{E}_0\,\mathrm{e}^{i\omega t}$ の中で運動し，その加速度は

$$\mathbf{a} = \mathbf{E}_0 \frac{e}{m_\mathrm{e}} \mathrm{e}^{i\omega t} \tag{1.5}$$

となる．加速された電荷は放射を行う．誘導された双極子に垂直な方向に広がる放射

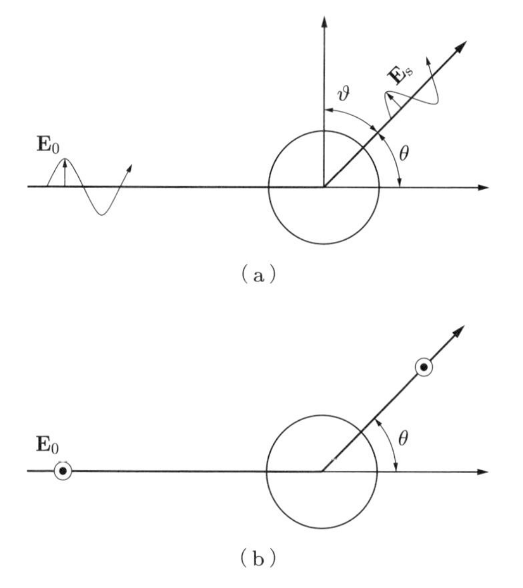

図 1.2　原子による光子の散乱．偏極ベクトルは，(a) では平面 $(\vartheta = \pi/2 - \theta)$ 内にあり，(b) ではそれに直交している．

に対しては，放射領域中の電場の強さは，加速度と電荷の積に比例する．

$$\mathbf{E}_s(t, r, \vartheta = \pi/2) = \frac{1}{4\pi\varepsilon_0}\frac{e^2}{m_\mathrm{e}c^2}\mathbf{E}_0\frac{\mathrm{e}^{i(\omega t - kr)}}{r} \tag{1.6}$$

ここで，係数 $1/(4\pi\varepsilon_0)$ は正しい単位を保証し，$1/r$ という依存性はエネルギー保存を保証する（$\int \mathbf{E}_s^2 r^2 \mathrm{d}\Omega$ が r に依存しなくなるため）．電場の振幅は $\vartheta \neq \pi/2$ であるすべての方向で式 (1.6) より小さい．入射波の偏光方向からの角度を ϑ とすると，$\sin\vartheta$ だけ小さくなる．この係数は，放射波の偏光方向に対する入射波の偏光ベクトルの射影を与える（図 1.2）．

エネルギー密度

$$\frac{1}{2}\left(\varepsilon_0\mathbf{E}_s^2 + \mu_0\mathbf{B}_s^2\right) = \varepsilon_0\mathbf{E}_s^2 \tag{1.7}$$

に c をかけたものは，エネルギー流量を与える．したがって，立体角 $d\Omega$ に散乱されるエネルギー流量は，つぎのようになることがわかる．

$$\begin{aligned} c\varepsilon_0\mathbf{E}_s^2 r^2 \mathrm{d}\Omega &= \frac{c\varepsilon_0\mathbf{E}_0^2}{(4\pi\varepsilon_0)^2}\left(\frac{e^2}{m_\mathrm{e}c^2}\right)^2 \sin^2\vartheta\,\mathrm{d}\Omega \\ &= c\epsilon_0\mathbf{E}_0^2 r_\mathrm{e}^2 \sin^2\vartheta\,\mathrm{d}\Omega \end{aligned} \tag{1.8}$$

いわゆる**電子の古典半径**は，電場中を運動する電子の加速度の大きさを表し，電子の幾何学的な広がりとは関係がない．

その半径という歴史的な名称は，つぎの関係式から来ている．

$$m_\mathrm{e}c^2 = \frac{e^2}{4\pi\varepsilon_0 r_\mathrm{e}} \tag{1.9}$$

半径 r_e，電荷 e の球体の静電エネルギーは，古典的描像では電子質量 m_e と関係がある．電気力学に半径 r_e が登場するのにはそれなりの理由がある．二つの電子が距離 r_e まで近づいたとすると，ポテンシャルエネルギーが非常に大きくなるので，$\mathrm{e}^+\mathrm{e}^-$ 対が生成される．したがって，単一の電子という概念は意味を失う．

偏光していない光に対しては，ビーム方向からの角度 θ を測ることになる（図 1.2）．散乱された光の全強度は，二つの直交する偏光状態の寄与 (1.8) を非コヒーレントに平均することで得られる．Z 個の電子をもつ原子と原子半径より長い波長の場合には，電子はみな同じ位相で振動し，個々の電子による散乱の寄与はコヒーレントに足され，

$$c\varepsilon_0\mathbf{E}_s^2\,\mathrm{d}\Omega = c\varepsilon_0\mathbf{E}_0^2 Z^2 r_\mathrm{e}^2 \frac{1+\cos^2\theta}{2}\mathrm{d}\Omega \tag{1.10}$$

となる．光子の流量，別のいい方をすれば，1 秒あたり単位面積あたりに標的に当た

る光子数は，$\Phi_0 = c\varepsilon_0 \mathbf{E}_0^2/(\hbar\omega)$ である．立体角 $\mathrm{d}\Omega$ の中に散乱される光子数は

$$\Phi_s \mathrm{d}\Omega = \Phi_0 Z^2 r_\mathrm{e}^2 \frac{1+\cos^2\theta}{2} \mathrm{d}\Omega \tag{1.11}$$

となることがわかり，これから微分断面積

$$\frac{\mathrm{d}\sigma}{\mathrm{d}\Omega} = Z^2 r_\mathrm{e}^2 \frac{1+\cos^2\theta}{2} \tag{1.12}$$

が導出される．

1.2.2 量子力学的な導出

低エネルギーでは，同じ結果を量子力学的に非常に簡単に導出することができる．非相対論的に計算してよいので，光子と電子の間の相互作用は，ハミルトニアン

$$\frac{(\mathbf{p} - e\mathbf{A})^2}{2m_\mathrm{e}} = \frac{\mathbf{p}^2}{2m_\mathrm{e}} - \frac{e\mathbf{A}\cdot\mathbf{p}}{m_\mathrm{e}} + \frac{e^2\mathbf{A}^2}{2m_\mathrm{e}} \tag{1.13}$$

で与えられる [*1]．第 1 項は電子の運動エネルギーに対応し，残りの項は摂動に対応している．図 1.3 では，α に比例する振幅がダイアグラムによって表現されている．振幅 (a) と (b) は

$$M \sim \frac{e\langle \mathbf{A}\cdot\mathbf{p}\rangle}{m_\mathrm{e}} \frac{1}{\Delta E} \frac{e\langle \mathbf{A}\cdot\mathbf{p}\rangle}{m_\mathrm{e}} \tag{1.14}$$

という形をとる．両方の振幅を明確に書き出せば，それらは逆の符号をもち，$\omega \to \omega'$ となるときには，互いに打ち消しあうということを容易に確かめることができる．実際，振幅 (a) では $\Delta E = +\hbar\omega$，振幅 (b) では $\Delta E = -\hbar\omega$ となるので，両方の振幅が逆符号をもつことはすぐにわかる．さらに，エネルギーが $\hbar\omega \ll m_\mathrm{e}c^2$ のときには，

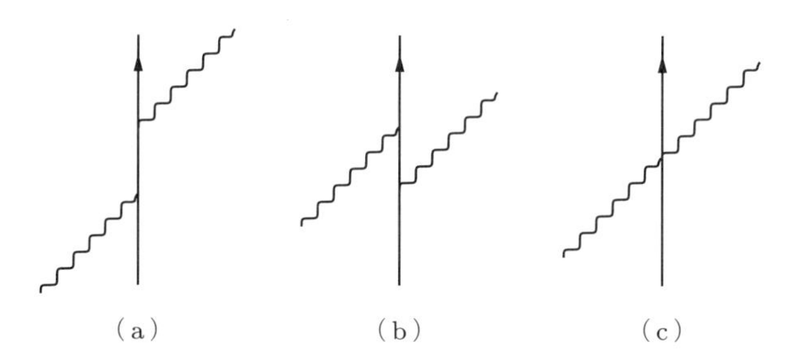

図 1.3 非相対論の極限でコンプトン散乱に寄与する振幅は三つある [*2]．

*1 電子の電荷を $e < 0$ としている．

*2 (a) と (b) は式 (1.13) の右辺第 2 項に対応し，(c) は第 3 項に対応する．

振幅 (a) と (b) はいずれにしても振幅 (c) に比べ小さい．振幅 (a) と (b) は二つの離れた相互作用点をもち，その結果，分母に m_e^2 という係数をもつのに対し，振幅 (c) では電子質量は 1 乗でしか効かない．

表面的に考察すると，振幅 (c) は，(a) と (b) の特別な場合だと考えられるかもしれない．しかし，そうではないことは，つぎのようにしてわかるだろう．振幅 (c) を計算しようとすると，電磁場 $\mathbf{A}$ を量子化しなければならない．偏光 $\boldsymbol{\epsilon}$ の光子が生成あるいは消滅するときは，$\mathbf{A}$ の期待値は $\left(\hbar/\sqrt{2\varepsilon_0\hbar\omega}\right)\boldsymbol{\epsilon}$ で与えられる．この「規格化」を導くためには，規格化体積中の電磁固有モードを周期的境界条件のもとで考えて，

$$\begin{aligned}\frac{E}{\mathcal{V}} &= \frac{\varepsilon_0\mathbf{E}^2}{2} + \frac{\mathbf{B}^2}{2\mu_0} = \frac{\varepsilon_0}{2}\left|\frac{\mathrm{d}\mathbf{A}}{dt}\right|^2 + \frac{|\nabla\times\mathbf{A}|^2}{2\mu_0}\\ &= \frac{\varepsilon_0}{2}[(\omega A)^2 + c^2(kA)^2] = \varepsilon_0\omega^2A^2 = \frac{\hbar\omega}{2}\end{aligned}$$

とすればよい．電場と磁場はともに A によって表されているが，どちらの場も同じ寄与をしている．こうして，振幅 (c) は $\omega' \to \omega$ のときに，

$$M = 2\frac{e^2}{2m_\mathrm{e}}\frac{\boldsymbol{\epsilon}_\mathrm{i}\hbar}{\sqrt{\varepsilon_0}\sqrt{2\hbar\omega}}\cdot\frac{\boldsymbol{\epsilon}_\mathrm{f}\hbar}{\sqrt{\varepsilon_0}\sqrt{2\hbar\omega}} = \frac{2\pi r_\mathrm{e}(\hbar c)^2}{\hbar\omega}\boldsymbol{\epsilon}_\mathrm{i}\cdot\boldsymbol{\epsilon}_\mathrm{f} \tag{1.15}$$

のように与えられる．ここで，$\boldsymbol{\epsilon}_\mathrm{i}$ と $\boldsymbol{\epsilon}_\mathrm{f}$ はそれぞれ入射光子と放出光子の偏光ベクトルであり，それらの内積は 1（図 1.2 (b)）か $\cos\theta$（図 1.2 (a)）である．このようにして，Z 個の電子による偏光していない光に対する断面積は，

$$\frac{\mathrm{d}\sigma}{\mathrm{d}\Omega} = \frac{2\pi}{\hbar}Z^2\overline{|M|^2}\frac{(\hbar\omega/c)^2}{(2\pi\hbar)^3c^2} = Z^2r_\mathrm{e}^2\frac{1+\cos^2\theta}{2} \tag{1.16}$$

となり，古典的に導かれた方程式 (1.12) と一致する [*1]．

1.2.3　電子の古典半径の量子力学的な解釈

ディラック方程式は $\mathbf{p} - e\mathbf{A}$ に比例し，式 (1.13) の $\mathbf{A}^2$ に当たる項をもたず，図 1.3 (c) に対応する振幅がない．それにもかかわらず，非相対論的極限では式 (1.12) と同じ結果になることは，表面的には驚くべきことに思える．以下にこの理由を説明してみよう．相対論的な場合には，図 1.1 の振幅 (a) と (b) のプロパゲーター（伝搬関数）

---

*1　$\overline{|M|^2}$ の後の因子は，つぎの計算から得られる単位エネルギーあたりの状態密度を，光子のフラックス c で割って得られる．

$$\frac{\mathrm{d}^3k}{(2\pi)^3}\,\delta(E-\hbar ck) = \frac{k^2\mathrm{d}\Omega}{(2\pi)^3}\frac{1}{\hbar c} = \frac{(\omega/c)^2\mathrm{d}\Omega}{(2\pi)^3\hbar c} = \frac{(\hbar\omega/c)^2}{(2\pi\hbar)^3c}\mathrm{d}\Omega$$

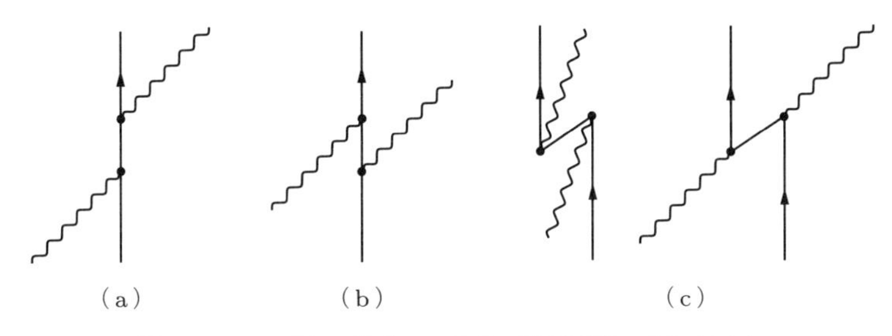

図 1.4 コンプトン散乱への電子・陽電子対の寄与が (c).

は陽電子も含んでいる．図 1.4 では，(c) の二つのダイアグラムで，陽電子を明快に示している．振幅 (a) と (b) は，カレント結合 $\sqrt{\alpha}\,p/(m_e c)$ のために小さな速度では消滅するのに対し，光子の電子・陽電子対への結合は $\sqrt{\alpha}$ である．電子対生成の場合には，中間状態に電子質量が二つ余分に含まれ，プロパゲーターは $1/(2m_e)$ に比例する．このことから，図 1.4 の (c) に表される振幅は $\left\langle e^2\mathbf{A}^2/(2m_e)\right\rangle$ に比例することになる．

電磁場中での電子の古典的振動は，相対論的場合には，真空中での電子・陽電子対のゆらぎと光子の結合に対応するということを強調しておきたい．これは，相対論的な計算においては，ディラック波動関数の小さな成分の寄与の和としてトムソン散乱が得られることを意味している．

電子の古典半径も新しい解釈を受ける．トムソン散乱は

$$r_e^2 = \alpha \cdot \alpha \cdot \lambda\!\!\!^{-}{}_e{}^2 \tag{1.17}$$

に比例する．つまり，電子・陽電子対を大きさ $\lambda\!\!\!^{-}{}_e{}^2$ の領域内に見出す確率に比例し，さらに，この電子・陽電子対が入射光子と反応する確率 (α) と散乱光子と反応する確率 (α) に比例する．

1.3 構造因子

複合系の広がりを測定する最良の手段は，素粒子を散乱させることである．

1.3.1 構造因子の幾何学

X 線の波長が原子の広がりと同等な場合には，原子の異なる領域から散乱される波の位相を考慮しなければならない．図 1.5 には，移行運動量ベクトル $\mathbf{q}$ と直交する面が波線で描かれている．

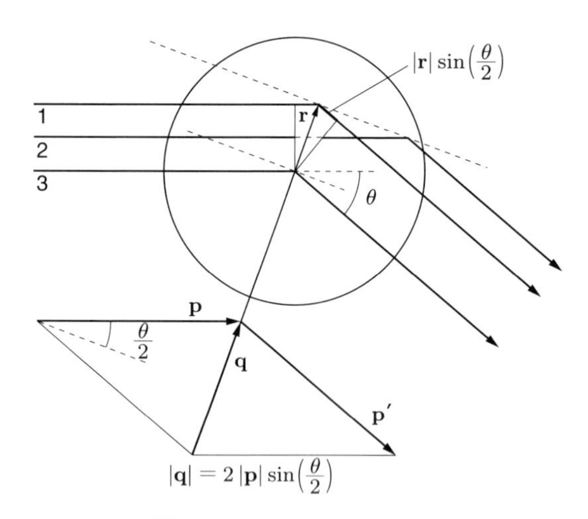

図 1.5　原子による X 線回折.

同じ面の中で散乱されるすべてのビーム（ビーム 1, 2）は同じ位相をもち，それらの振幅は消し合うことなく足される．したがって，それぞれの面に対してビームを一つだけ考えれば，球の中心を通る面（ビーム 3）に対する位相の違いを決定できる．ビーム 1 とビーム 3 の行路差は $\Delta = 2r\sin(\theta/2)$ で，位相差は

$$\frac{2\pi\Delta}{\lambda} = \frac{2pr\sin(\theta/2)}{\hbar} = \frac{\mathbf{q}\cdot\mathbf{r}}{\hbar} \tag{1.18}$$

となる．ここで，$\lambda = 2\pi\hbar/p$ である．角度 θ で弾性散乱された放射の振幅は，つぎの係数だけ減衰される．

$$F(q^2) = \int \rho(\mathbf{r})\,\mathrm{e}^{i\mathbf{q}\cdot\mathbf{r}/\hbar}\mathrm{d}^3r \tag{1.19}$$

この係数は構造因子とよばれる．これは原子の電荷密度 $\rho(\mathbf{r})$ のフーリエ変換である *1．そして，原子による X 線の散乱微分断面積は，

$$\frac{\mathrm{d}\sigma}{\mathrm{d}\Omega} = Z^2 r_\mathrm{e}^2 F^2(q^2)\frac{1+\cos^2\theta}{2} \tag{1.20}$$

となる．原子半径の 2 乗の期待値を $\langle r^2\rangle$ と書いて，式 (1.19) を $q^2 = 0$ のまわりで q^2 について展開すれば，

$$\begin{aligned} F(q^2) &= 1 - \frac{q^2}{2\hbar^2}\overline{\cos^2\theta}\int r^2\rho(r)4\pi r^2\mathrm{d}r + \cdots \\ &= 1 - \frac{\langle r^2\rangle}{6\hbar^2}q^2 + \cdots \end{aligned} \tag{1.21}$$

*1　$\rho(\mathbf{r})$ は電荷密度を Z で割ったもので，$F(0) = \int\rho(\mathbf{r})\mathrm{d}^3r = 1$ を満たす．

となる．ここで，$\cos^2\theta$ の平均値はよく知られているように 1/3 である *1．

原子の構造因子は，結晶による X 線回折によって発見された．図 1.6 に，実験によって決定された NaCl 結晶中の Na^+ イオンと Cl^- イオンの**電子密度**が描かれている．これらの密度は，希ガスのネオンとアルゴンの電子密度と大雑把に対応している．構造因子を導くには，両方のイオンについて電子密度分布を Z で割らなくてはならない．希ガスにおける密度分布はほとんど同一の広がりをもち，指数関数で非常によく近似でき，そのフーリエ変換は，

$$F(q^2) \approx \frac{1}{[1+(qa)^2]^2} \tag{1.22}$$

となる．ここで，$a^2 = \langle r^2 \rangle / (12\hbar^2)$ である．両方のイオンの平均 2 乗半径はほぼ同じで $\sqrt{\langle r^2 \rangle} \approx 0.13\text{nm}$ である．

図 1.6 には，相対的な電子密度が示されており， Cl^- イオンが Na^+ イオンより大きいように見える．

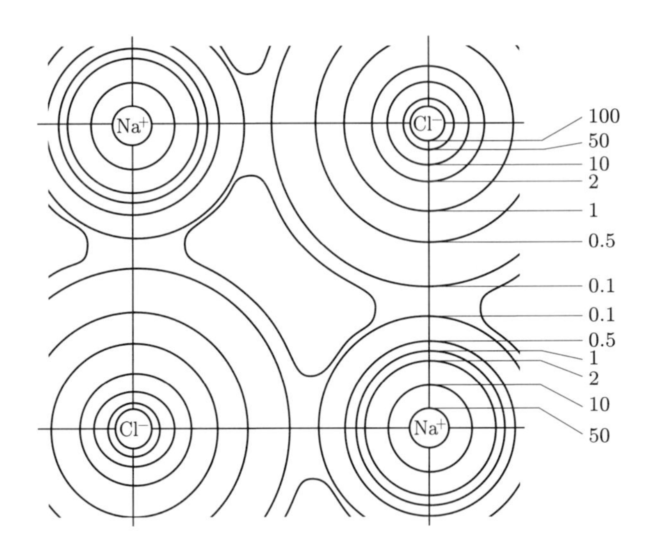

図 1.6 NaCl 結晶中の電子密度．数字は相対的な電子密度を表す．

1.3.2 構造因子の力学

構造因子を力学的に解釈してみよう．原子の広がりは，不確定性原理によってクーロン場における電子の束縛エネルギーと結び付けられている．束縛エネルギーに関連して，系の典型的な励起という概念を導入しよう．これを D と書く．振動ポテンシャ

*1 3 次元空間の場合，極座標を使うと，$\langle\cos^2\theta\rangle = (1/2)\int_{-1}^{1} \mathrm{d}(\cos\theta)\,\cos^2\theta = 1/3$ である．

ルの場合，D は励起状態の間隔であるが，原子の場合には，D は束縛エネルギーの大きさを与える．したがって，$\langle r^2 \rangle$ の期待値は D で書き換えることができ，

$$\langle r^2 \rangle = f \frac{\hbar^2}{\langle p^2 \rangle} = f \frac{\hbar^2}{2m_e D} \tag{1.23}$$

となる．f の値は具体的なポテンシャルによるが，大きさは1のオーダーである．したがって，構造因子 (1.21) は，系の典型的な励起 D（式 (1.23)）によって

$$F(q^2) = 1 - \frac{f}{12m_e D} q^2 + \cdots \tag{1.24}$$

と表現される．

移行する運動量が増加していくと，反跳エネルギーは，いつかは電子を高い励起状態か連続状態に励起するのに十分になる．系が散乱ののち基底状態に留まる確率は，

$$\frac{q^2}{2m_e} \geq D \tag{1.25}$$

の場合，急速に減少する．

1.4 結晶による無反跳散乱

結晶からの反跳のない X 線の散乱と，結晶による反跳のないガンマ線の放出の発見に対して，それぞれノーベル賞が与えられている (von Laue (1920)，Mössbauer (1957))．そこで，散乱が結晶全体によって起こる確率を大雑把に [*1] 導出しよう．

原子間のポテンシャルが調和振動子型をしている結晶を考えよう．原子の励起の典型的なエネルギーは $D = \hbar\omega$ である．波動関数が

$$\psi_0(r) = \left(\frac{M\omega}{\hbar\pi} \right)^{3/4} \mathrm{e}^{-M\omega r^2/(2\hbar)} \tag{1.26}$$

である原子の基底状態について考えよう．反跳の直後には，波動関数は空間的形状を変化させる時間はないが，受け取った運動量は，

$$\psi_0(r) \longrightarrow \psi'(r) = \mathrm{e}^{iqr/\hbar} \psi_0(r) \tag{1.27}$$

---

*1　ドイツ語版の序文でも出てきたが，桁を求めるための大まかな短い計算のことを「封筒の裏を使った (back of an envelope)」計算という．

のように，位相因子 $\exp(iqr/\hbar)$ として現れる．原子が基底状態に留まる確率は，新しい波動関数 ψ' と基底状態の波動関数 ψ_0 の重なりの 2 乗である．

$$P(0,0) = \left|\left\langle \psi_0 \mid \mathrm{e}^{iqr/\hbar}\psi_0 \right\rangle\right|^2 = \left|\int \psi_0^* \mathrm{e}^{iqr/\hbar}\psi_0 \, \mathrm{d}^3 r\right|^2 = \mathrm{e}^{-q^2/(2M\hbar\omega)} \tag{1.28}$$

ここで，典型的な励起 D または $\hbar\omega$ を定義しなければならない．結晶に関するデバイモデルでは，デバイ温度 Θ によって $D \approx (2/3)k\Theta$ となる．式 (1.28) の $\hbar\omega$ をこの値で置き換えると，

$$P(0,0)_{\mathrm{DW}} = \mathrm{e}^{-3q^2/(4Mk\Theta)} \tag{1.29}$$

となる．式 (1.29) は $T = 0\,\mathrm{K}$ で**デバイ・ワラー因子**の単純化された形である．これは結晶からのコヒーレントな散乱の確率を与えるだけでなく，結晶状線源からの反跳のないガンマ線の放出（**メスバウアー効果**）の確率をも与える．構造因子の力学的解釈と幾何学的解釈の相補性を強調するために，デバイ・ワラー因子が，結晶に束縛された原子の構造因子であることを改めて指摘しておきたい．

1.5　自由な電子による光子散乱

自由な電子による光子散乱（コンプトン散乱）は，電子のストーレッジリングによって容易に実行でき，加速器物理に多くの応用をもたらす．たとえば，DESY（ハンブルクにある加速器センター）では，$\hbar\omega = 2.415\,\mathrm{eV}$ のレーザービームを $27.570\,\mathrm{GeV}$ の電子に当てている．後方に散乱された光子は，$13.92\,\mathrm{GeV}$ の高いエネルギーをもつガンマ線である（図 1.7）．

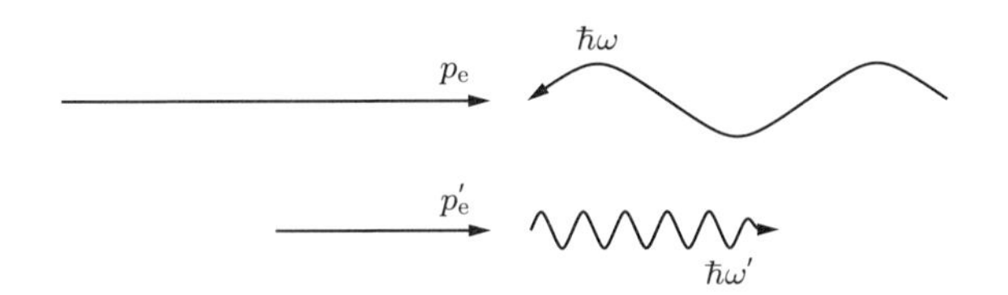

図 1.7　高いエネルギーをもつ電子によるレーザー光の散乱．

重心系のエネルギーの 2 乗は相対論的に不変であり，散乱の前後で同じ値をもつことから，後方に散乱される光子のエネルギーが容易に概算される．散乱前には，重心系のエネルギーの 2 乗は

$$
\begin{aligned}
s &= (E_\mathrm{e} + E_\gamma)^2 - (p_\mathrm{e}c - E_\gamma)^2 \\
&= m_\mathrm{e}^2c^4 + 2E_\gamma(E_\mathrm{e} + p_\mathrm{e}c) \\
&\approx m_\mathrm{e}^2c^4 + 4E_\gamma E_\mathrm{e} \qquad (1.30)
\end{aligned}
$$

と与えられる．ここで，$E_\mathrm{e} = p_\mathrm{e}c$ と仮定した．そして，散乱後は，

$$
\begin{aligned}
s' &= (E'_\mathrm{e} + E'_\gamma)^2 - (p'_\mathrm{e}c + E'_\gamma)^2 \\
&= m_\mathrm{e}^2c^4 + 2E'_\gamma(E'_\mathrm{e} - p'_\mathrm{e}c) \\
&\approx m_\mathrm{e}^2c^4 + E'_\gamma \frac{m_\mathrm{e}^2c^4}{E'_\mathrm{e}} \qquad (1.31)
\end{aligned}
$$

と与えられる．式(1.31)の最後のステップは，s' に $(E'_\mathrm{e}+p'_\mathrm{e}c)/(2E'_\mathrm{e})$ をかけ，$E'_\mathrm{e} \approx p'_\mathrm{e}c$ と仮定することで得られる．

エネルギー保存則を利用すると，$E'_\mathrm{e} = E_\mathrm{e} - E'_\gamma$ となり，s についての二つの表現を比較すると，

$$
E'_\gamma = 4E_\gamma E_\mathrm{e} \frac{E_\mathrm{e} - E'_\gamma}{m_\mathrm{e}^2c^4} \qquad (1.32)
$$

となって，つぎの結果が得られる．

$$
E'_\gamma = \frac{E_\mathrm{e}}{1 + m_\mathrm{e}^2c^4/(4E_\gamma E_\mathrm{e})} = E_\mathrm{e} \cdot \frac{4E_\gamma E_\mathrm{e}}{s} \qquad (1.33)
$$

DESY の例では，$m_\mathrm{e}^2c^4/4E_\gamma E_\mathrm{e} = 0.98$ で $E'_\gamma \approx E'_\mathrm{e} \approx E_\mathrm{e}/2$ である．このことから，重心系のエネルギーは $\sqrt{s} \approx \sqrt{2}m_\mathrm{e}c^2$ となることがわかる．この値は静止エネルギー $m_\mathrm{e}c^2$ を含んでおり，運動エネルギーは全エネルギーの一部分でしかない [*1]．したがって，断面積を非相対論的に見積もることができ，**トムソン断面積**

$$
\sigma = \frac{8}{3}\pi r_\mathrm{e}^2 \qquad (1.34)
$$

を使うことができる．立体角全部について積分した**クライン・仁科の断面積**の正確な計算は，上の例に対しては，0.51 という係数だけ小さい結果を与える．重心系のエネルギーが電子質量の 2 倍より小さい場合，つまり $pc \leq m_\mathrm{e}c^2$ の場合，トムソン断面積はよい近似になる．

---

*1　電子の静止系での光子の入射エネルギーを E''_γ とすると，$s = m_\mathrm{e}^2c^4 + 2m_\mathrm{e}c^2E''_\gamma$ となる．いまの場合，$s \approx 2m_\mathrm{e}^2c^4$ だから，$E''_\gamma \approx (1/2)m_\mathrm{e}c^2$ となる．このとき，全断面積はトムソン断面積の 0.51 倍になる．

コンプトン散乱というと通常は，原子の中にある電子による準弾性光子散乱のことである．測定のエネルギー分解能と角度分解能が低い場合には，静止した電子による散乱と考えてよい．しかしながら，現在の測定器の性能は十分高くて，原子・分子・固体が粒子の散乱に与える効果を観測することができる．

参考文献

R. P. Feynman, *Quantum Electrodynamics.* (Benjamin, New York, 1962)

R. P. Feynman, R. B. Leighton, M. Sands, *The Feynman Lectures on Physics*, vol. II. (Addison-Wesley, Reading, 1964)

2 レプトン散乱 ── 原子核の半径

J.J. Thomson got the Nobel prize for demonstrating that the electron is a particle. George Thomson, his son, got the Nobel prize for demonstrating that the electron is a wave. For me the electron is simply a second quantized relativistic field operator.

── Physics Colloquium, Heidelberg, 2001

Cecilia Jarlskog*1

陽子による電子散乱は，陽子が有限の大きさをもっていることの最初の証拠となり (Hofstadter, 1957)，さらに核子のパートンモデルの実験的証拠となった (Friedman, Kendall, Taylor, 1967).

近年は，ニュートリノ実験が流行している．これらの実験の目標は，ファミリー（世代）の異なるニュートリノ間の振動を観測することによって，ニュートリノの質量を測ることである．実際に振動は観測されて，ニュートリノに質量のあることが明らかにされている．ニュートリノは，弾性散乱による電子の反跳を検知する測定器や，クォークからの荷電交換による弾性散乱を同定できる測定器によって観測される．もう一つの目標は，弱い相互作用によって核子の性質を調べることである．

この章で，電子・クォーク散乱，ニュートリノ・電子散乱，ニュートリノ・クォーク散乱の間の類似性を明らかにしていこう．

2.1 電子・クォーク散乱

散乱過程を表記するために必要な記号を図 2.1 に定義した．散乱で電子から移行する 4 元運動量の 2 乗は負 ($q^2 < 0$) であるので，正の変数 $Q^2 = -q^2$ を用いるほうが都合がよい．**仮想光子**は，不変質量 $M_\gamma = Q/c$ とエネルギー ν をもっている．実験室

*1 J. J. Thomson は電子が粒子であることを示してノーベル賞を受賞した．彼の息子 George Thomson は電子が波であることを示してノーベル賞を受賞した．私にとって電子は，第二量子化された相対論的な場の演算子にすぎない．── Cecilia Jarlskog，物理コロキウム，ハイデルベルク，2001 年

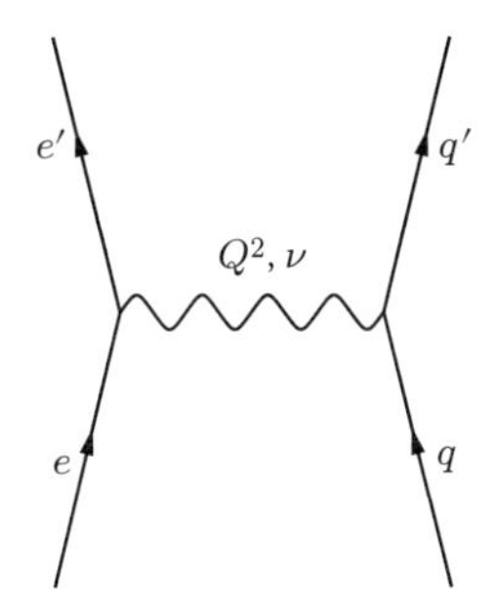

図 2.1 電子・クォーク散乱．e, e', q, q' は 4 元ベクトル，Q^2 は散乱で移行する 4 元運動量の 2 乗の符号を正に変えたもの，そして ν は移行するエネルギーを表す．

系では，光子質量の 2 乗（に c^4 をかけたもの）は $(Qc)^2 = 4EE' \sin^2(\theta/2)$ で与えられ，光子のエネルギーは $\nu = E - E'$ である [*1]．ここで，θ は電子の散乱角である．

2.1.1 モット散乱

スピンゼロの荷電粒子による電子の散乱は，モット (Mott) 散乱とよばれる．光子のプロパゲーターは，よく知られているように $1/Q^2$ に比例する．これを導くためにはすでにさまざまな方法があるが，ここでは新たに一つの導出法を提案したい．それによって，光子のプロパゲーターがなぜ移行運動量の 2 乗に依存するのか，仮想粒子の到達範囲がその質量に対してなぜ指数関数的に減少するのかが明らかになるだろう．

二つの振幅が散乱に寄与する．電子は光子を放出することができ，クォークも同様である．行列要素を決めるためには，両方の光子の仮想性を求める必要がある．実在の光子については $\hbar\omega = |\mathbf{q}|c$ という関係が成り立つので，一つの光子の仮想性は $\Delta E_1 = \hbar\omega - |\mathbf{q}|c$ であり，もう一つの光子の仮想性は $\Delta E_2 = \hbar\omega' - |\mathbf{q}|c$ である．相互作用点における結合定数はもちろん電荷である．国際単位系 (SI) の不都合な定数 ε_0 を避けるために，光子・電子の結合定数を $e/\sqrt{\varepsilon_0} = \sqrt{4\pi\alpha\hbar c}$ と書けば，光子・クォークの結合定数は $z_{\mathrm{q}}\sqrt{4\pi\alpha\hbar c}$ となる．光子の波動関数の規格化定数として $\hbar c/\sqrt{2|\mathbf{q}|c}$ を選ぶ．この規格化が妥当であることを見るために，体積 $\mathcal{V}$ 中で周期的境界条件を満たす電磁場の固有モードを考えよう．体積あたりのエネルギーは $E/\mathcal{V} = \varepsilon_0\mathbf{E}^2/2 + \mathbf{B}^2/(2\mu_0)$ で与えられる．電気的寄与と磁気的寄与は等しいので，エネルギーを電気的ポテンシャル ϕ によって表せる．電場の強度はポテンシャル ϕ に比例するので，$\varepsilon_0\mathbf{E}^2 = \varepsilon_0(k\phi)^2 = \hbar\omega/2$ となる．よって，電子の電場との相互作用は

---

*1 E と E' はそれぞれ散乱前と散乱後の電子のエネルギーで，$E > E'$ である．

$H' = e\phi = (e/k)\sqrt{\hbar\omega/(2\varepsilon_0)} = (e/\sqrt{\varepsilon_0})(\hbar c)/\sqrt{2\hbar\omega}$ となる（式 (1.15) を参照）．

したがって，散乱振幅は

$$M = 4\pi\hbar c\frac{\sqrt{\alpha}\hbar c}{\sqrt{2|\mathbf{q}|c}}\left(\frac{1}{\hbar\omega - |\mathbf{q}|c} + \frac{1}{\hbar\omega' - |\mathbf{q}|c}\right) z_{\mathrm{q}}\frac{\sqrt{\alpha}\hbar c}{\sqrt{2|\mathbf{q}|c}} \tag{2.1}$$

となる（図 2.2）．当たり前のことではあるが，規格化のために採用した体積 $\mathcal{V}$ は，最終結果では打ち消され，式 (2.1) の中には現れない．

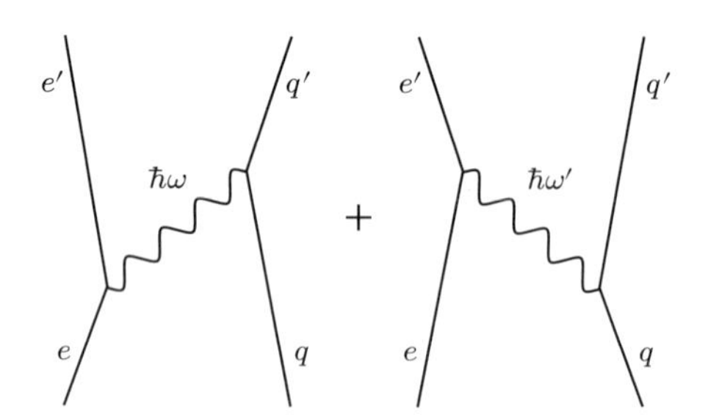

図 2.2　散乱振幅への二つの寄与．

クォークから電子へ移行するエネルギーについては $\omega' = -\omega$ が成り立つ．したがって，上の表現で ω' の代わりに ω を使うことができる．そうすると，散乱振幅は，

$$M = -\frac{4\pi z_{\mathrm{q}}\alpha(\hbar c)^3}{(\hbar\omega)^2 - (\mathbf{q}c)^2} = -\frac{4\pi z_{\mathrm{q}}\alpha(\hbar c)^3}{q^2c^2} \tag{2.2}$$

と書かれ，よく知られた光子のプロパゲーター $1/q^2$ を認めることができる．散乱で移行する 4 元運動量は $q^2 < 0$ と負なので，変数 $Q^2 = -q^2$ を使うほうが具合がよい．

上の議論から，光子やほかのすべてのボーズ粒子に対してプロパゲーターの分母に来るのが，なぜ $Q^2 = -q^2$ になるのかは明らかである．交換されるボーズ粒子の二つの振幅（一つは左から右へ，もう一つは右から左へ移る）は，対称な状態を表しており，これらの振幅の和が移行運動量の 2 乗に反比例する．

もし相対論的な電子がクーロン場中で散乱されたとすると，ヘリシティ

$$h = \frac{\mathbf{s}\cdot\mathbf{p}}{|\mathbf{s}|\,|\mathbf{p}|} \tag{2.3}$$

は保存される．電子はビームの方向のスピンをもっていると仮定しよう．散乱角 θ に対して，ヘリシティ保存から，振幅の中に余分の係数 $\cos(\theta/2)$ が導かれる（図 2.3）．図 2.3 からよくわかるように，$\theta = 180°$ で散乱確率は消滅する．

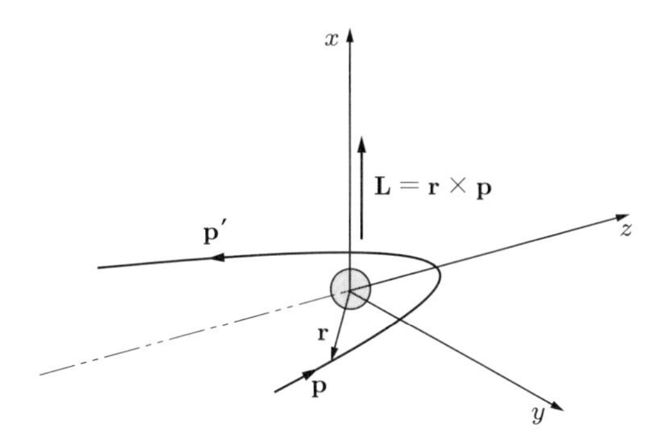

図 2.3　相対論的極限 $v/c \to 1$ でヘリシティは保存する．スピンゼロ粒子から 180° の散乱をする場合，角運動量保存則のためヘリシティは保存しない．

いよいよ，スピンがゼロで電荷をもったクォークによる相対論的な電子の散乱の公式を書き下すことができる．単位時間あたりの散乱数は，黄金律より，

$$c\sigma = \frac{2\pi}{\hbar}|M^2|\frac{\mathrm{d}n}{\mathrm{d}E} \tag{2.4}$$

となる．行列要素については，ここでも規格化のための体積を無視した．スピンがなく電荷 $z_q e$ のクォークによる電子のモット散乱の公式は，立体角 $\mathrm{d}\Omega$ でエネルギー E' に対して，

$$\frac{\mathrm{d}\sigma(\mathrm{eq}\to\mathrm{eq})}{\mathrm{d}E'\mathrm{d}\Omega} = \frac{4z_q^2\alpha^2E'^2(\hbar c)^2}{Q^4c^4}\cos^2\left(\frac{\theta}{2}\right)\cdot\delta\left(\nu - \frac{Q^2}{2m}\right) \tag{2.5}$$

と書かれる．反跳があるために，$E \neq E'$ である．デルタ関数が，状態密度 $\mathrm{d}n/\mathrm{d}E$ のために登場し，以下で手短かに説明するように，弾性散乱における Q^2 と $\nu = E - E'$ の間の正しい関係を保証している．

クォークはエネルギー ν と 3 元運動量 $\mathbf{q}$ を光子から受け取る．散乱後のクォークの不変質量 m を考えると，

$$(\nu + mc^2)^2 - (\mathbf{q}c)^2 = \left(mc^2\right)^2 \tag{2.6}$$

となり，これから

$$\nu^2 + 2mc^2\nu + \left(mc^2\right)^2 - (\mathbf{q}c)^2 = \left(mc^2\right)^2 \tag{2.7}$$

を得る．移行する 4 元運動量の定義から，

$$-\left(Qc\right)^2 = (qc)^2 = \nu^2 - (\mathbf{q}c)^2 \tag{2.8}$$

となり，式 (2.7) を使えば，

$$Q^2 = 2m\nu \tag{2.9}$$

となる．モット断面積に関する通常の表現は，以下のように，角度 θ を固定して（つまり Q^2/E' を固定して），E' について積分することによって得られる．デルタ関数についての積分には，$\delta(ax) = \delta(x)/a$ を使えばよい．

$$\begin{aligned}
&\int \delta\left(E - E' - \left(\frac{Q^2}{2mE'}\right)E'\right) \mathrm{d}E' \\
&= \int \frac{\delta\big(E' - E/[1 + Q^2/(2mE')]\big)}{1 + Q^2/2mE'} \mathrm{d}E' \\
&= \frac{1}{1 + Q^2/(2mE')} = \frac{1}{1 + (E - E')/E'} = \frac{E'}{E}
\end{aligned} \tag{2.10}$$

最後のステップで式 (2.9) を用いて，結果を E' で表した．**モット散乱**の微分断面積の通常の表現は，$z_q = 1$ の場合には，

$$\frac{\mathrm{d}\sigma_{\mathrm{Mott}}}{\mathrm{d}\Omega} = \frac{4\alpha^2 E'^2 (\hbar c)^2}{Q^4 c^4} \frac{E'}{E} \cos^2\left(\frac{\theta}{2}\right) \tag{2.11}$$

である．

2.1.2 クォークスピンの導入

しかしながら，クォークはスピン $s = 1/2$ と電荷 $z_{\mathrm{q}}e$ をもっている．それゆえに，磁気モーメントももっている．磁気モーメントをもった荷電粒子の散乱においては，スピンの反転が起こる．この寄与は，以下のように，移行する 4 元運動量と $\sin^2(\theta/2)$ に比例する．

$$\begin{aligned}
\frac{\mathrm{d}\sigma(\mathrm{eq} \to \mathrm{eq})}{\mathrm{d}E'\mathrm{d}\Omega} &= \frac{4z_q^2\alpha^2 E'^2 (\hbar c)^2}{Q^4 c^4} \delta\left(\nu - \frac{Q^2}{2m}\right) \\
&\quad \times \left[\cos^2\left(\frac{\theta}{2}\right) + 2\frac{Q^2}{4m^2c^2}\sin^2\left(\frac{\theta}{2}\right)\right]
\end{aligned} \tag{2.12}$$

電子・クォーク散乱に対する式 (2.12) は，式 (2.11) を用いると，

$$\frac{\mathrm{d}\sigma(\mathrm{eq} \to \mathrm{eq})}{\mathrm{d}\Omega} = \frac{\mathrm{d}\sigma_{\mathrm{Mott}}}{\mathrm{d}\Omega} z_q^2 \left[1 + 2\tau \tan^2\left(\frac{\theta}{2}\right)\right] \tag{2.13}$$

のようにもっと短く書くことができる．ただし，

$$\tau = \frac{Q^2}{4m^2c^2} \tag{2.14}$$

とした．

2.2 電子・核子散乱

核子の中の電荷はクォークに担われているので，200 MeV ($\lambda\!\!\!^{-} = \hbar/p \approx 1\,\mathrm{fm}$) 以下のエネルギーでの電子・核子の弾性散乱は，クォークによるコヒーレントな散乱として記述することができる．式 (2.13) を電子・クォーク散乱に適用するには，つぎのことを考慮しなければならない．核子は有限な広がりをもった複合系であり，磁気モーメントはディラック粒子の値ではない ($g \neq 2$)．有限な広がりは，電荷の分布と磁荷の分布それぞれに対する構造因子によって記述できる．異常磁気モーメントが磁気的散乱だけでなく，電気的散乱においても重要であるのは，異常磁気モーメントによって電場が誘導されるからである．これらの補正は通常，いわゆる Rosenbluth（ローゼンブルース）の式

$$\frac{\mathrm{d}\sigma}{\mathrm{d}\Omega} = \frac{\mathrm{d}\sigma_{\mathrm{Mott}}}{\mathrm{d}\Omega}\left[\frac{G_{\mathrm{E}}^2(Q^2) + \tau G_{\mathrm{M}}^2(Q^2)}{1+\tau} + 2\tau G_{\mathrm{M}}^2(Q^2)\tan^2\left(\frac{\theta}{2}\right)\right] \tag{2.15}$$

によって表される．ここで，$G_{\mathrm{E}}^2(Q^2)$ と $G_{\mathrm{M}}^2(Q^2)$ は，電気的構造因子と磁気的構造因子で，Q^2 に依存する．これらは，$Q^2 \to 0$ で総電荷と核磁子単位での磁気モーメントになるように規格化されている．したがって，陽子に対しては，$G_{\mathrm{E}}^{\mathrm{p}}(Q^2 = 0) = 1$ で，$G_{\mathrm{M}}^{\mathrm{p}}(Q^2 = 0) = 2.79$ であり，中性子に対しては，$G_{\mathrm{E}}^{\mathrm{n}}(Q^2 = 0) = 0$ で，$G_{\mathrm{M}}^{\mathrm{n}}(Q^2 = 0) = -1.91$ である．

2.2.1 核子半径

荷電半径の 2 乗の期待値は式 (1.21) で与えられ，

$$\langle r^2 \rangle = -6\hbar^2 \left(\frac{\mathrm{d}G_{\mathrm{E}}}{\mathrm{d}Q^2}\right)_{Q^2=0} \tag{2.16}$$

となる．対応する磁気半径の表現は，G_M の Q^2 による微分を含んでいる．陽子の荷電半径と，陽子や中性子の磁荷半径は，だいたい同じ大きさである．$\sqrt{\langle r^2 \rangle}$ の値は，0.81 fm と 0.89 fm の間にあり，Q^2 のどの領域で構造因子の微分が計算されたかに依存している．

2.2.2 核子構造因子

半径と陽子の構造因子は，実験的に $Q^2 \approx 20\,(\mathrm{GeV}/c)^2$ まで知られている．$Q^2 \geq 0.2\,(\mathrm{GeV}/c)^2$ については，構造因子は，つぎの，いわゆる双極子フィットによって記述される．

$$G_{\mathrm{E}}(Q^2) = \left[1 + \frac{Q^2}{0.71\,(\mathrm{GeV}/c)^2}\right]^{-2} = 1 - \frac{Q^2}{0.36\,(\mathrm{GeV}/c)^2} + \cdots \tag{2.17}$$

さて，構造因子 (2.17) を典型的な核子の励起 (1.24) と関係付けてみよう．パリティマイナスの核子の第 1 励起状態は，基底状態の上 0.6 GeV に存在する．このエネルギーを典型的な核子の励起エネルギー D とする．方程式 (1.24) の電子質量は構成子クォーク質量 0.35 GeV で置き換える．そうすると，第 1 次近似で，構造因子は

$$F(Q^2) = 1 - \frac{Q^2}{2m_{\mathrm{q}}D} = 1 - \frac{Q^2}{0.42\,(\mathrm{GeV}/c)^2} + \cdots \tag{2.18}$$

となり，式 (2.17) とよく一致する．これは，量子論的な物体の広がりとその励起が不確定性関係によって結ばれていることのさらなる証拠である．

構造因子 (2.17) を電荷分布のフーリエ変換と解釈すると，電荷分布は

$$\rho(r) = \rho(0)\mathrm{e}^{-2r/a_0^{\mathrm{p}}} \tag{2.19}$$

という形をしており，$a_0^{\mathrm{p}} = 0.47\,\mathrm{fm}$ である．興味深いことに，陽子の中の電荷分布の動径方向の依存性は，水素原子の場合と同じく，指数関数型になっている．陽子を非相対論的な系として取り扱うことができるのであれば，陽子中の静的なグルオンの場は，$1/r$ という依存性をもち，陽子のボーア半径 a_0^{p} の値は，$a_0^{\mathrm{p}} \approx 0.5\,\mathrm{fm}$ となる．

これは大して驚くことではない．水素原子の典型的な励起エネルギーは，$D_{\mathrm{H}} \approx 10\,\mathrm{eV}$ で，陽子においては，$D_{\mathrm{p}} \approx 0.6\,\mathrm{GeV}$ である．したがって，

$$\frac{a_0^{\mathrm{p}}}{a_0} \approx \frac{\alpha_{\mathrm{s}}/D_{\mathrm{p}}}{\alpha/D_H} \approx 10^{-5} \tag{2.20}$$

となることが期待される．ここで，強い相互作用と電磁相互作用の結合定数の比が $\alpha_{\mathrm{s}}/\alpha = 100$ であると仮定した．しかしながら，驚くべきことは，陽子の電荷分布が，単純なクーロン場の中にいるクォークに対応していることである．これは，どのようなモデルでも記述できない性質である．$1/r$ ポテンシャルは，短距離離れたクォークにはもっともらしいが，小さな Q^2 に対応して長距離離れたときには，閉じ込めの影響が明らかに出ることが期待される．実際，陽子の中の電荷は構成子クォークによって担われている．陽子の外縁で電荷分布を担っているのは，閉じ込めの影響を受けない中間子（クォークと反クォークの対）である．閉じ込め現象の理論的な記述はいまだ存在しない．

2.3 ニュートリノ・電子散乱

電子によるニュートリノの散乱は，ラザフォード散乱またはモット散乱の弱い相互作用版である．光子の代わりに Z^0 ボゾンが交換される（図 2.4）．電磁相互作用の場合との主要な違いは，交換される Z^0 ボゾンの大きな質量にある．また，Z^0 はすべてのレプトン対に同じ強さで結合するわけではない．そこで，弱い相互作用の有効結合定数として，$\tilde{\alpha}_Z = f\alpha_Z$ を使うことにしよう．係数 f は大体の大きさが 1 であるが，電磁弱相互作用に関する 16 章で詳しく議論する．

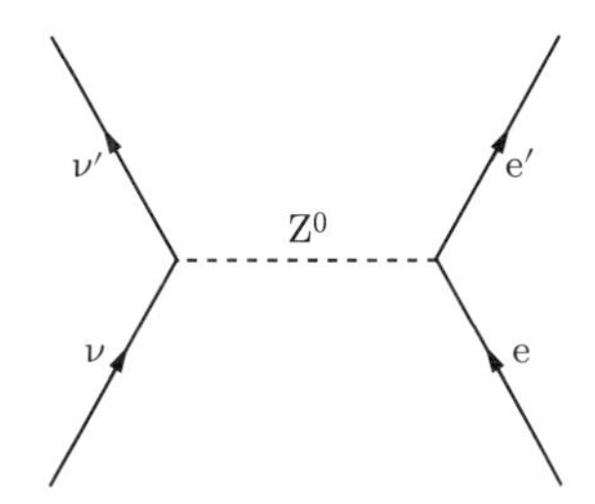

図 2.4　電子による電荷の交換を伴わないニュートリノの散乱.

$\nu e \to \nu' e'$ 散乱に関する式 (2.11) と類似した式は，

$$\frac{d\sigma(\nu e \to \nu' e')}{d\Omega} = \frac{4(\tilde{\alpha}_Z \hbar c)^2 E'^2}{\{(\hbar\omega)^2 - [(\mathbf{q}c)^2 + (m_Z c^2)^2]\}^2} \frac{E'}{E} \cos^2\left(\frac{\theta}{2}\right) \cdot f^2(\theta) \qquad (2.21)$$

と書かれる．ここで，$f(\theta)$ は角度分布のスピン依存性を与える [*1]．

低いエネルギー（およそ 10GeV 以下）では，質量 $M_Z c^2 = 91\,\mathrm{GeV}$ に比べて $\hbar\omega$ と qc を無視することができる．ラザフォード散乱またはモット散乱と違って，前方での発散 $1/\sin^4(\theta/2)$ が存在しないことに注意する．

さて，ニュートリノ・電子全散乱断面積について，大雑把な見積りをしてみよう．まず，重心系に行く ($E_{\mathrm{cm}} = E'_{\mathrm{cm}}$)．この系では角度依存性が大きくないので，立体角の積分を 4π で置き換える．弱い相互作用と電磁相互作用の結合定数の比は $\alpha_W/\alpha \approx 4$ であるが，大雑把な見積りには，$\tilde{\alpha}_W \approx \tilde{\alpha}_Z \approx \alpha$ を採用する．そうすると，積分断面積について

$$\sigma(\nu e \to \nu' e') \approx 4\pi \frac{4(\alpha \hbar c)^2 E_{\mathrm{cm}}^2}{(m_Z c^2)^4} \qquad (2.22)$$

を得る．$E_{\mathrm{cm}}^2 = (1/2) m_e c^2 E_{\mathrm{lab}}$ に $E_{\mathrm{lab}} = 10\,\mathrm{MeV}$ を代入して，$3.5 \times 10^{-18}\,\mathrm{fm}^2$ を

---

*1　$f(\theta)$ は有効結合定数 $\tilde{\alpha}_Z = f\alpha_Z$ の f とは無関係である．

得る．正確な計算では，さらに係数 $1/(96\sin^4\theta_{\mathrm{W}}\cdot\cos^4\theta_{\mathrm{W}})=0.30$ が生じる．電磁相互作用との違いを Z^0 の質量を通して補正しただけの非常に単純な計算がうまくいっていることがわかる．

低いエネルギー $E_\nu=10\,\mathrm{MeV}$ でのニュートリノ・電子散乱の実験的検出は容易ではない．これと比較して，水素原子によるトムソン散乱の断面積は，$\approx\pi r_{\mathrm{e}}^2=33\,\mathrm{fm}^2$ で，典型的なハドロンの断面積は，ハドロンの大きさに対応して $\approx 1\,\mathrm{fm}^2$ となっている．

人間が利用できる最強のニュートリノ源は太陽である．一方，原子炉は反ニュートリノを作り出す．太陽ニュートリノは，たとえば，32000 トンの水を貯めたチェレンコフ検出器カミオカンデ（日本）で測定されている．5.5 MeV のエネルギーをもったニュートリノは電子に十分大きな反跳を与えるので，そのチェレンコフ光が検出できるのである．

2.4 ニュートリノ・クォーク散乱

もちろん，ニュートリノは Z^0 の交換によってクォークからも散乱される．電荷交換を伴わない散乱を測定するには，反跳されたクォークに起因する「ジェット」を検出しなければならない．実験的には，$\mathrm{W}^\pm$ ボゾンを通した電荷交換による弾性散乱を解析するほうがもっと容易である．クォークによるニュートリノの散乱を記述するのに，電子 e をニュートリノで置き換え，e′ はそのまま保つことによって，図 2.1 のグラフをそのまま焼き直すことができる．散乱 $\nu+\mathrm{q}\to\mathrm{l}^-+\mathrm{q}'$ における二つのクォーク q と q′ は異なる**フレーバー**[*1] をもっている．1987 年に有名な超新星 SN1987A が大マゼラン雲の中で観測された．カミオカンデ検出器の中で，星の爆発によって生まれた 11 個の反ニュートリノが観測された．これらの反ニュートリノはどこから来たのか？ニュートリノはおもに超新星爆発の際に鉄のコアの崩壊により，$\mathrm{p}+\mathrm{e}^-\to\mathrm{n}+\nu_{\mathrm{e}}$ という反応を通じて生成される．

一方，崩壊を通じて芯は加熱され，3 から 5 MeV のエネルギーをもつ熱的な $\nu\bar{\nu}$ 対が放出される．これらの熱的反ニュートリノが，$\bar{\nu}_{\mathrm{e}}+\mathrm{p}\to\mathrm{e}^++\mathrm{n}$ （図 2.5）を通じて，検出器中で記録されたのである．この反応の断面積の大きさを式 (2.2) の場合と同様に大雑把に見積もってみると，

$$\sigma(\bar{\nu}_{\mathrm{e}}\mathrm{p}\to\mathrm{e}^+\mathrm{n})\approx 4\pi\frac{4(\alpha\hbar c)^2E_{\mathrm{cm}}^2}{(m_{\mathrm{W}}c^2)^4}\approx 3\times10^{-16}\,\mathrm{fm}^2 \qquad (2.23)$$

---

*1　16 章で説明するように，クォークには u, d, c, s, t, b の六つのフレーバー（種類）がある．

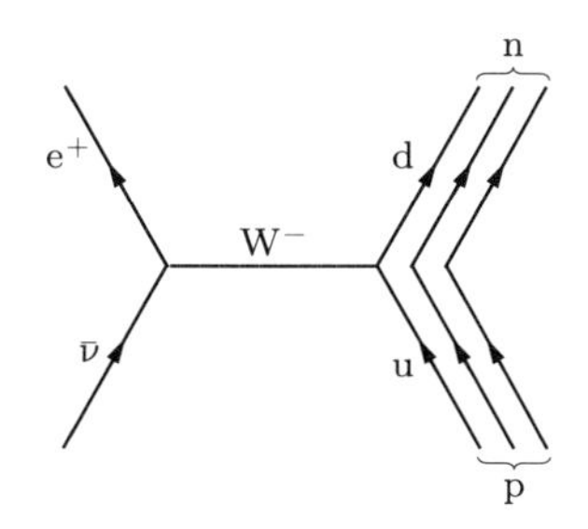

図 2.5 陽子による反ニュートリノの荷電交換を伴う散乱.

となる．もっと正確な計算では，係数 $1/(8\sin^4\theta_\mathrm{W}) \approx 2$ がこの結果にかかる．

電荷交換散乱の断面積は，ニュートリノ・電子散乱の場合 (2.22) より 2 桁大きくなる．この違いは，重い核子からの散乱で著しく大きくなった E_cm によっている．

2.4.1 弱ポテンシャル

ボルン近似での散乱振幅は，ポテンシャルのフーリエ変換とみなすことができる．一方，弱ポテンシャルは散乱振幅から導くことができる．対応するポテンシャルは，湯川型で，

$$V_\mathrm{W} = \frac{\alpha_\mathrm{W}\hbar c}{r}\exp\left(-\frac{m_\mathrm{W}c}{\hbar}r\right) \tag{2.24}$$

と与えられる．低エネルギーでは，散乱振幅は，ポテンシャルの体積積分

$$\int V_\mathrm{W}(r)\mathrm{d}^3r = \frac{4\pi\alpha_\mathrm{W}(\hbar c)^3}{(m_\mathrm{W}c^2)^2} = 4\sqrt{2}\,G_\mathrm{F} \tag{2.25}$$

となる．したがって，**フェルミ定数** $G_\mathrm{F} = 90\,\mathrm{eV\,fm^3}$ は弱ポテンシャルの体積積分とみなせる [*1]．係数 $4\sqrt{2}$ がかかってしまうのは，昔から使われている G_F の規格化のためである．

参考文献

I. J. R. Aitchinson, A. J. G. Hey, *Gauge Theories in Particle Physics.* (Hilger, Bristol, 1989)

B. Povh et al., *Particles and Nuclei.* (Springer, Berlin, 2015)

*1 フェルミ定数は $G_\mathrm{F}/(\hbar c)^3 \cong 1.17\times10^{-5}\,\mathrm{GeV}^{-2}$ と表されることが多い．

弾性レプトン・クォーク散乱 —— 仮想光子と仮想グルオン

In jeden Quark begräbt er seine Nase.
—— Mephistopheles in Goethe's Faust*1

電子のエネルギーが $E > 15\,\mathrm{GeV}$ で，移行する運動量が $Q^2 > 1\,\mathrm{GeV}^2$ の場合，散乱は核子の構成要素によって引き起こされると考えたほうがよい．歴史的には，これらの構成要素は**パートン** (parton) と名付けられた．パートンという名前は，高エネルギーの散乱で観測される核子の構成要素，つまり価クォーク (valence quark)，海クォーク (sea quark) とグルオン (gluon)，の総称である．価クォークという用語は，核子のバリオン数と電荷に寄与する三つのクォークを指している．海クォークのほうは，対生成と対消滅を繰り返してグルオンと平衡を保っている．しかしながら，この区別は，少しばかり人為的なものである．レプトン散乱では，電荷と弱電荷をもったクォークしか見えない．

陽子の中で，クォークは束縛されていて，閉じ込めによって限られた領域の中で，この領域に対応したフェルミ運動量をもって動いている．移行される運動量が大きければ，散乱は十分短い時間に起きて，クォーク間の相互作用は無視できる．したがって，散乱は，静止はしていないが，自由なクォークによって引き起こされていると考えることはよい近似である．歴史的には，この準弾性散乱の領域は深非弾性散乱とよばれてきたが，以下では準弾性散乱とよぶことにする．

軽い裸のクォークの質量は，大雑把にいって $10\,\mathrm{MeV}/c^2$ くらいである．直径 $\approx 1\,\mathrm{fm}$ の体積に閉じ込められて，そのような小さな質量をもったクォークは，必然的に相対論的な粒子である．相対論的な多体系の高エネルギー過程に対しては，統計的な記述が適切で，核子の場合，パートン的な構造はクォークとグルオンの運動量分布によって（波動関数については言及せずに）記述することになる．

大きな移行運動量に対しては，強い相互作用に関する摂動論的場の理論 (QCD) を適用してよい．準弾性散乱はローレンツ不変な定式化をする必要がある．けれども，

*1　やたらとどぶ泥 (Quark) めがけて鼻を突っ込みやがる．—— ゲーテ
［出典：ゲーテ『ファウスト 悲劇』，天井の序曲．訳は山下肇，前田和美訳『ゲーテ全集 3』（潮出版社）より引用.］
元々 Quark はドイツ語圏で作られる柔らかいフレッシュチーズのこと．転じて，くだらないもの，些細なことの意．

形式的な理論を明快に解釈することも必要であり，ワイツゼッカー・ウィリアムズ法の仮想光子の描像による QED の解釈にならえばよい．この方法の簡単な要約は，電気力学の場合には概念的に非常に単純で，パートン的な記述を理解するうえで非常に有効である．さらに，電荷による光子の場と強い相互作用の電荷によるグルオンの場を比較することにより，QED と QCD の違いを非常にうまく引き出すことができる．

この章を本書のほかの章より少し長くしたのは，強い相互作用に関する同様の導入が，既存の教科書の中にはなかなか見当たらないからである．

3.1 仮想的ワイツゼッカー・ウィリアムズ光子

制動放射は，原子核のクーロン場によって減速される電子による放射として通常理解される．しかし，制動放射もほかの過程も，電子の静止系で考察することができる．これは，仮想量子法とよばれている．強い相互作用をする系にはこの方法が非常に適していることが後でわかる．

電子の静止系では，陽子は非常に大きなエネルギー $E \gg Mc^2$ をもって電子に近づいてくる．質量 M とエネルギー E をもって運動する電荷 $+e$ の作るクーロン場は，図 3.1 に図示されているように，ローレンツ収縮している．

横方向の電場は，ローレンツ収縮を通じて，係数 $\gamma = E/(Mc^2)$ だけ増加している．運動方向に対して横方向に距離 b だけ離れた点では，横方向の電場は

$$E_\perp = \frac{e\gamma}{4\pi\varepsilon_0 b^2} \tag{3.1}$$

となる．点 P（図 3.1）にいる観測者は，通過する電荷を電気的な，また磁気的なパルスとして見ることになる．以下では，電気パルスの横方向成分が重要なので，それだけを考察しよう．パルスの続く時間は，

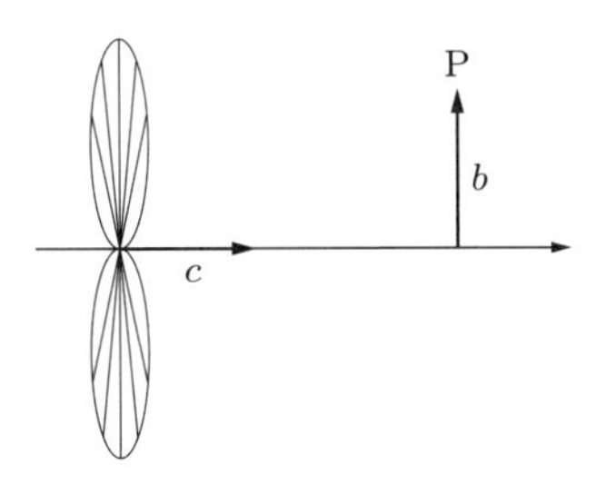

図 3.1 静止した電荷による球対称なクーロン場は，電荷が動いているときにはローレンツ収縮している．横方向の電場は，係数 $\gamma = E/(Mc^2)$ だけ増幅されている．

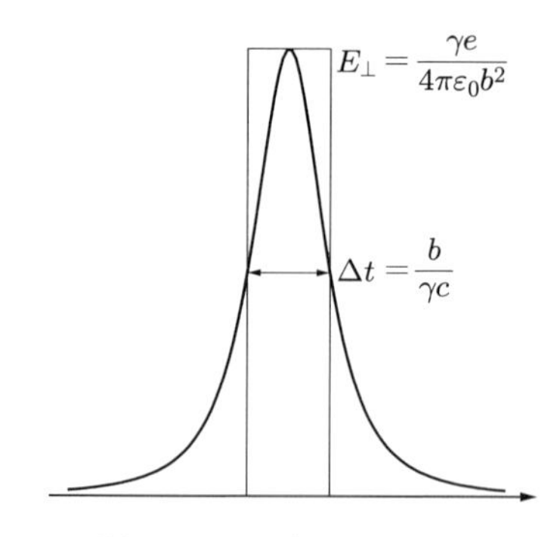

図 3.2　パルスの単純な見積り（長方形 $E_\perp \times \Delta t$，細い線）とその現実的な形（太い線）．

$$\Delta t \approx \frac{b}{\gamma c} \tag{3.2}$$

となる．ここで，電荷の速度は c であると仮定してよく，実験室系に変換するときは，時間スケールの分母に係数 γ がかかる．電気パルスの形を図 3.2 に示す．入射エネルギーの周波数依存性は，フーリエ変換を正確に計算しなくても簡単に見積もることができる．エネルギーパルスは，$E_\perp$ と同様に，継続時間が短く，そのエネルギー流量の合計は，

$$\Phi = c\varepsilon_0 \int_{-\infty}^{+\infty} E_\perp^2 \mathrm{d}t \tag{3.3}$$

と与えられる．デルタ関数的なパルス ($\Delta t \to 0$) のフーリエ変換は，定数である．有限の幅 Δt がある場合，スペクトルは最大周波数 $\omega_{\max} = 1/\Delta t = \gamma c/b$ で途切れる (図 3.3)．

仮想光子のスペクトルを構造関数と比較するために，エネルギー流量を量子化し，QCD でよく使われる変数 $Q \propto \hbar/b$ と $x = \omega/\omega_{\max}$ を導入しなければならない．

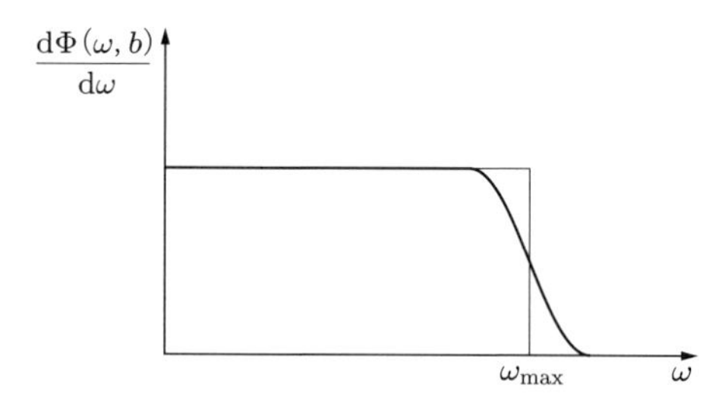

図 3.3　エネルギー流量の ω 分布．細い線は周波数が鋭く途切れた場合で，太い線はより現実的な振る舞いを表す．

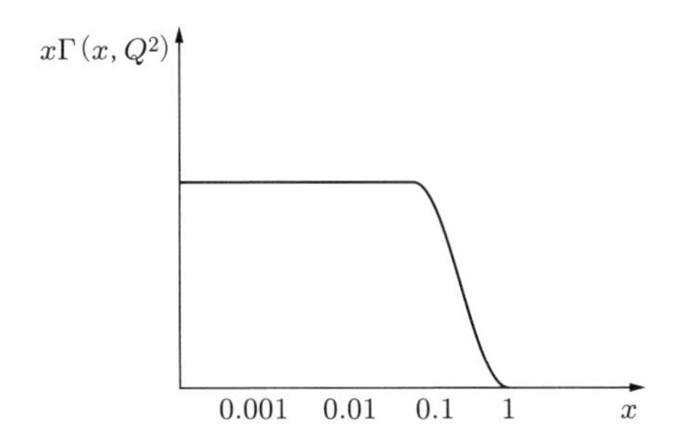

図 3.4　関数 $\Gamma(x, Q^2)$ は，Q^2 を固定したときの，区間 $\mathrm{d}(\hbar\omega)$ での制動放射光子数を与える．

$$\frac{\mathrm{d}\Phi(\omega, b)}{\mathrm{d}\omega}\mathrm{d}\omega\,\mathrm{d}b^2 \propto \hbar\omega\Gamma(\hbar\omega, Q^2)\,\mathrm{d}(\hbar\omega)\,\mathrm{d}Q^2 \tag{3.4}$$

比較を可能な限り簡単にするために，x で電磁場によって運ばれるエネルギーの割合を表す．**仮想光子の分布** $x\Gamma(x, Q^2)$（図 3.4）とグルオンの構造関数 $xG(x, Q^2)$ を直接比べることにする．

Q^2 を固定したときの制動放射のスペクトルは，関数 $\Gamma(x, Q^2)$ に，コンプトン散乱の断面積をかけることによって得られる．実験的には，スペクトルは，制動放射光子と反跳された電子の同時検出によって決定される．図 3.4 から，「構造関数」の形状は，Q^2 に依存しない，つまり $x\Gamma(x, Q^2 = \mathrm{const}) =$ 定数 となる．この定数は Q^2 とともに増加し，光子数も同様である．

軟 X 線に対する断面積を具体的に書いてみよう．この場合，電子・光子の断面積をトムソンの公式 (1.16) で近似すると，

$$\frac{\mathrm{d}\sigma(\omega, \theta)}{\mathrm{d}\omega\,\mathrm{d}\Omega} \propto Z^2 r_\mathrm{e}^2 \frac{1 + \cos^2\theta}{2} \int \mathrm{d}b^2 \frac{\mathrm{d}\Phi(\omega, b)}{\mathrm{d}\omega} \tag{3.5}$$

となる．制動放射のスペクトルは，b^2 の可能なすべての値（あるいはすべての移行運動量 Q^2）に対する積分である．

次節で，式 (3.5) は直接的に準弾性電子・クォーク散乱に引き継がれることがわかる．

3.2　ビョルケン・ファインマンの仮想パートン — 深非弾性散乱

高速で動いている陽子を考えてみよう．前に電磁気の場合に，場の縦波成分に対してそうしたように，陽子の運動量に対して垂直な方向の運動量は無視する．陽子の全エネルギーは，パートンによって担われている．それぞれのパートンは，全エネルギー，全運動量と全質量のうち x の割合を占める（表 3.1 と図 3.5 を参照）．

表 3.1　高速運動系における陽子とパートンの運動学変数．
p_L は運動量の縦成分，p_T は横成分を表す．

	陽子	パートン
エネルギー	E	xE
運動量	p_{L}	xp_{L}
	$p_{\mathrm{T}}=0$	$p_{\mathrm{T}}=0$
質量	M	$m=(x^2E^2-x^2p_{\mathrm{L}}^2)^{1/2}=xM$

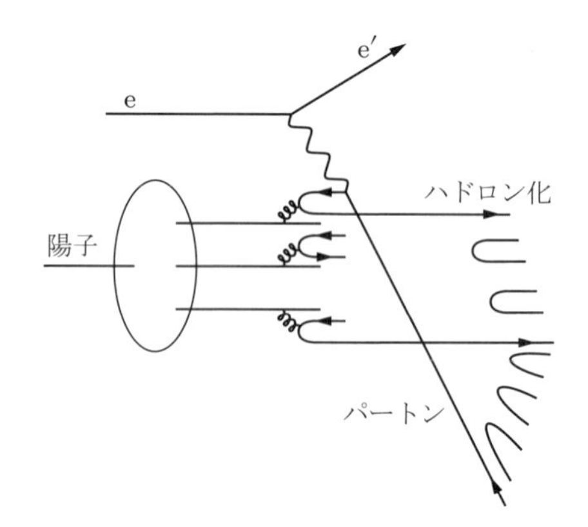

図 3.5　パートン．

はじめに，核子からの準弾性散乱と，仮想光子描像との関係を議論しよう．グルオンは特別な困難を引き起こす．というのは，強い相互作用の結合定数 α_{s} の大きさと閉じ込めのために，静的なグルオンの場を解析的に表すことができないからである．とにかく高速で動いている系においては，グルオンの場は仮想的なグルオンの量子とみなせると仮定する．さらに，もう一つ複雑なのは，グルオンが電荷も弱電荷ももっていないことである．グルオンはレプトン散乱では観測することができない．電荷と弱電荷をもつパートンはクォークである．そこでまず，クォークからの散乱について考察してみよう．

3.2.1　クォークによる電子散乱

変数 x は，ローレンツ不変な量によって表すことができる．質量 $m=xM$ のパートンからの弾性散乱の条件は，式 (2.9) に従って，

$$x=\frac{Q^2}{2M\nu} \tag{3.6}$$

となる．構造関数の定義における前因子を正しく得るためには，変数 x をもう少し形式的な方法で導入しなくてはならない．陽子の全運動量のうち x の割合だけを占め

るパートンを見つける確率は，分布関数 $q_i(x)$ で与えられる．指標 i はパートンのフレーバーを表し，したがって，その電荷を表す．クォークの電荷は，素電荷 e を用いて $z_i e$ のように表現される．準弾性散乱の断面積は，クォークによる弾性散乱の断面積 (2.12) のコヒーレントでない和として，つぎのように記述できるだろう．

$$\left(\frac{\mathrm{d}\sigma(\mathrm{eq}\to\mathrm{eq})}{\mathrm{d}E'\mathrm{d}\Omega}\right)_{\mathrm{nucleon}} = \frac{\mathrm{d}\sigma_{\mathrm{Mott}}}{\mathrm{d}\Omega}\sum_i z_i^2 q_i(x)\cdot\left[1+2\frac{Q^2}{4m_i^2c^2}\tan^2\left(\frac{\theta}{2}\right)\right]\cdot\delta\left(\nu-\frac{Q^2}{2m_i}\right) \tag{3.7}$$

ここで，新しい変数 $\xi = Q^2/(2M\nu)$ を導入し，デルタ関数

$$\delta\left(\nu-\frac{Q^2}{2m}\right) = \delta\left(\frac{\nu}{x}(x-\xi)\right) = \frac{x}{\nu}\delta(x-\xi) \tag{3.8}$$

の中で置き換えると，断面積への唯一の寄与は，全運動量のうちのつぎの x の割合を占めるクォークだけからであることがわかる．

$$x = \xi = \frac{Q^2}{2M\nu} \tag{3.9}$$

したがって，最終的な表現は，

$$\left(\frac{\mathrm{d}\sigma(\mathrm{eq}\to\mathrm{eq})}{\mathrm{d}E'\mathrm{d}\Omega}\right)_{\mathrm{nucleon}} = \frac{\mathrm{d}\sigma_{\mathrm{Mott}}}{\mathrm{d}\Omega}\left[\frac{\sum_i z_i^2 x q_i(x)}{\nu}+\frac{\sum_i z_i^2 q_i(x)}{Mc^2}\tan^2\left(\frac{\theta}{2}\right)\right] \tag{3.10}$$

となる．断面積に対する個々のクォークの寄与のコヒーレントでない和を，**構造関数**で表すことはよくある．準弾性散乱の断面積のスピン反転の部分を決める構造関数は，

$$F_1 = \frac{1}{2}\sum_i z_i^2 q_i(x) \tag{3.11}$$

のように規格化され，クーロン項を記述する構造関数は，スピンのないクォークと同様に，つぎのようになる．

$$F_2 = \sum_i z_i^2 x q_i(x) \tag{3.12}$$

構造関数の解釈は，前述のように，陽子が高速で動いている座標系ではとりわけ明らかである．そのような系では，関数 $2F_1$ は，パートンが陽子の全運動量のうち x の割合を占めることを見出す確率を与える．関数 F_2 は，x をかけた同じ確率である．式 (3.10) と (3.5) の類似性ははっきりしている．電子・クォーク散乱断面積は光子・クォーク散乱断面積に対応し，クォークの構造関数は光子の構造関数に対応している．

ワイツゼッカー・ウィリアムズの仮想光子の方法を強い相互作用に導入するというのは，驚きかもしれない．そもそも，この方法は，光子・電子散乱が半古典的に取り扱われていた時代に関心を集めたものである．古典的な系を量子化するのに適していたからだが，後になって，場の理論 QED の発展にとって代わられた．QCD でも，「まともな」理論家は，ローレンツ不変な場の理論の枠組みの中で，できる限りの計算をするものである．強い相互作用を研究するためにワイツゼッカー・ウィリアムズの方法を選んだのには，二つの理由がある．一つには，実験で観測されるグルオンが制動放射グルオンとして解釈できるので，この方法が大変わかりやすいということがある．もう一つには，QCD を非摂動論的な領域に適用できる最も重要な理論的方法である光円錐法が，実はワイツゼッカー・ウィリアムズの方法を少し形式化したものとあまり変わらないということがある．

3.2.2 クォークによるニュートリノ散乱

準弾性ニュートリノ散乱の構造関数の測定において興味深いのは，ニュートリノと反ニュートリノの断面積が，クォークと反クォークで異なっていることである．実験的には，ミューニュートリノと反ミューニュートリノの，以下の反応が最も徹底的に調べられている．

$$\nu_\mu + q_{d,s,\bar{u}} \to \mu^- + q_{u,c,\bar{d}} \tag{3.13}$$

$$\bar{\nu}_\mu + q_{u,\bar{d},\bar{s}} \to \mu^+ + q_{d,\bar{u},\bar{c}} \tag{3.14}$$

これは，純度の高い高エネルギーのビームはミューニュートリノに対してだけ得られるからである．このビームは，パイ中間子崩壊 $\pi^+ \to \nu_\mu + \mu^+$ と $\pi^- \to \bar{\nu}_\mu + \mu^-$ の後の，いわゆる三次ビームとして生成される．CERN では，パイ中間子は 400 GeV の陽子から生成される．パイ中間子と K 中間子は，ひとかたまりにおよそ 300 m にわたって運ばれて，グラファイトの標的に止められる．崩壊によって生じるニュートリノは，運動学的に前方を向いている．エネルギースペクトルは広い領域にわたり，26 GeV で最大値をとり，150 GeV あたりまで高エネルギーのすそは続いている．準弾性散乱は，カロリメーターの中で生成された粒子のエネルギーを測定することにより同定される．ミュー粒子（ミューオン）の運動学変数と散乱で生成されたハドロンのエネルギーから，ニュートリノの運動量とエネルギー両方の変化を決めることができる．高エネルギーではフェルミ粒子（フェルミオン）のヘリシティが保存するので，クォークからの散乱断面積にはニュートリノと反ニュートリノで違いがある．この違いは，クォークに質量がないと仮定すると，見積もることができる．重心系では，ニュートリノとクォークの全スピンの z 成分は $S_z = 0$ である．これは，弱い相互作用におけるパリティ非保存のために，ニュートリノもクォークも負のヘリシティをもっているからである．

これらのエネルギーではニュートリノ散乱においてS波散乱だけが起こるので，終状態についても $S_z = 0$ である．これは，クォークによるニュートリノ散乱と反クォークによる反ニュートリノ散乱の場合に成り立つ（図3.6 (a)）．反クォークによるニュートリノ散乱の場合には成り立たない（図3.6 (b)）．散乱前のスピン成分は，$S_z = -1$（クォークによる反ニュートリノ散乱では $S_z = +1$）である．散乱振幅は散乱角 θ に依存し，$\cos\theta$ に比例する．よって，断面積は $\cos^2\theta$ に比例する．平均は $\langle\cos^2\theta\rangle = 1/3$ なので，両方の断面積の比は $3:1$ になるのではないかと期待される．この比は，運動学変数に依存するが，x にも依存する（式 (3.9) を参照）．正確な計算によっても，ニュートリノ・クォークの断面積と反ニュートリノ・クォークの断面積を x について平均した比がおよそ $3:1$ になることが確かめられる．

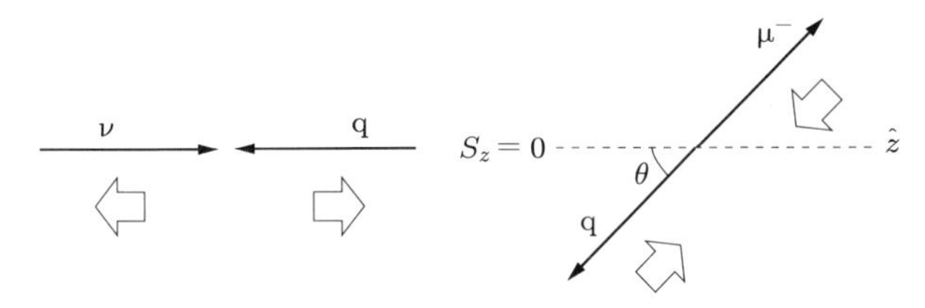

（a）クォークによるニュートリノの散乱

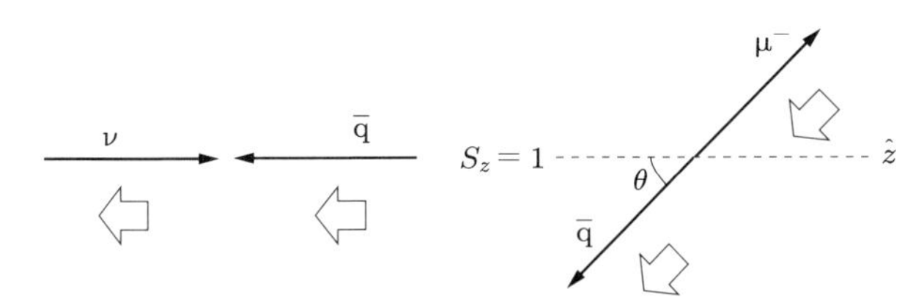

（b）反クォークによるニュートリノの散乱

図3.6 クォークによるニュートリノの散乱は，$S_z = 0$ 状態のときに起き，角度分布は等方的である．反クォークによる散乱では $S_z = -1$ で，角度分布は $\cos^2\theta$ に比例する．

ニュートリノと反ニュートリノの準弾性散乱の比較により，核子の中でクォークと反クォークのどちらが優勢かを決定することができる．図3.7に，価クォークと海クォークの分布を $Q^2 \approx 5\,\mathrm{GeV}^2/c^2$ と $Q^2 \approx 50\,\mathrm{GeV}^2/c^2$ について示す．式 (3.12) からわかるように，$F_2(x)$ はクォークの分布関数 $q_i(x)$ に電荷の2乗 z_i^2 と割合 x の重みがかかったものである．したがって，$F_2(x)/x$ への価クォークの寄与だけを積分して，

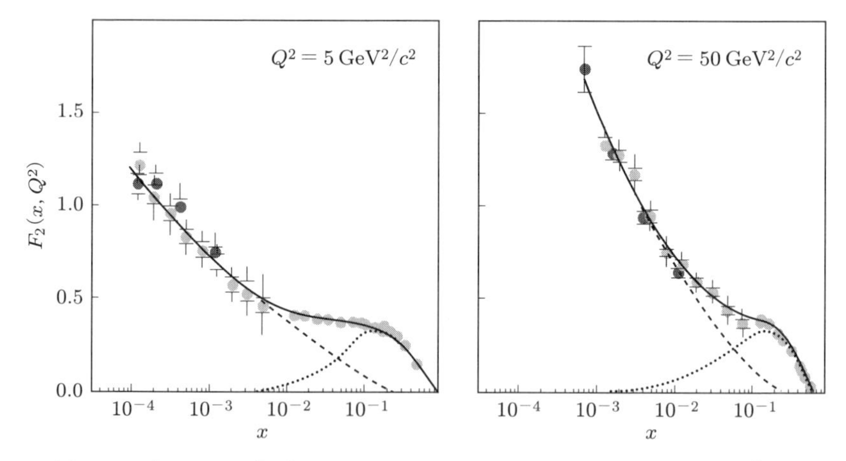

図 3.7 $Q^2 \approx 5\,\mathrm{GeV}^2/c^2$ に対する構造関数 $F_2(x)$（左）と $Q^2 \approx 50\,\mathrm{GeV}^2/c^2$ に対するもの（右）．価クォーク（点線）と海クォーク（破線）の分離は，ニュートリノ散乱から決められた．

$$\int_0^1 \frac{F_2(x)}{x}\mathrm{d}x \approx \int_0^1 \left[\left(\frac{2}{3}\right)^2 + \left(\frac{2}{3}\right)^2 + \left(\frac{1}{3}\right)^2\right] q(x)\,\mathrm{d}x = 1 \tag{3.15}$$

を得る [*1]．ここでは，u クォークと d クォークが同じ分布をしていると仮定した．

3.2.3 グルオン制動放射

上述のように，準弾性レプトン散乱では電荷か弱電荷をもつパートンしか見えない．グルオンの存在は間接的にしか決められない．準弾性散乱でのクォークの運動量の合計は，核子の全運動量の約半分にしかならず，残りの半分はグルオンが担っている．

制動放射グルオンは，強電荷が加速されれば，必ず観測される．それらは**ハドロンジェット**として現れる．たとえば，電子・陽電子の対消滅からクォーク・反クォークが対生成されると，ハドロン化によって二つの反対方向へのジェットが観測される．時々，制動放射グルオンは，3 番目のジェットとして現れる（図 3.8）．

グルオン制動放射は，これから簡単に述べるように，準弾性散乱によって最も徹底的に研究されてきた．Q^2 の値は，以下のように，空間分解能 Δr を決める．

$$\Delta r \propto \frac{\hbar c}{Q} \tag{3.16}$$

構造関数は，図 3.7 からわかるように Q^2，したがって測定の分解能に明らかに依存している．この Q^2 依存性は図 3.9 に示されている．分解能が不十分な場合には，分解

---

*1 価クォークの分布関数 $q_i(x)$ は $\int_0^1 \mathrm{d}x\, q_i(x) = 1$ を満たす．

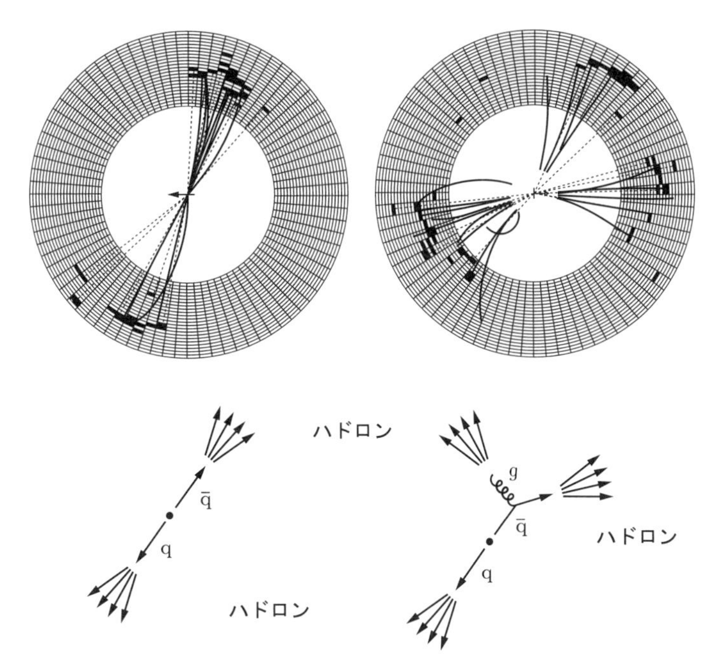

図 3.8 PETRA e^+e^- 蓄積リングの JADE 検出器で測定された典型的な 2 ジェットと 3 ジェット事象.

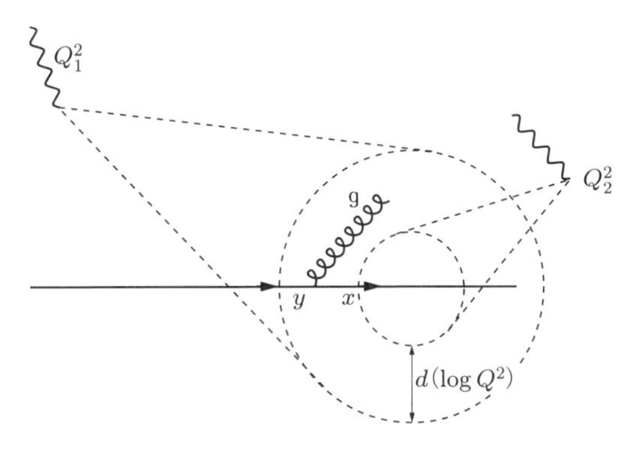

図 3.9 グルオン放出を伴う光子とクォークの反応. 小さな Q_1^2 に対しては，クォークとグルオンは分離されていない. 大きな Q_2^2 に対しては，分解能が向上し，グルオンを伴わないクォークの運動量の割合が測定される. 分解能の対数関数的依存性は，式 (3.17) に従っている.

能によって決まる体積の内側にあるパートンの運動量が測定される．分解能がよくなれば，より多くのパートンが測定される．結合定数がわかれば，クォークとグルオンの分離を引き起こす過程の確率が計算できる．「分離関数」の確率は，図 3.10 に図解的に表されている．

$$\frac{\mathrm{d}}{\mathrm{d}(\ln Q^2)}\begin{pmatrix} F_2^N(x,Q^2) \\ xG(x,Q^2) \end{pmatrix} = \frac{\alpha_{\mathrm{s}}(Q^2)}{2\pi}\int_0^1 \mathrm{d}y \begin{pmatrix} P_{\mathrm{qq}} & P_{\mathrm{qg}} \\ P_{\mathrm{gq}} & P_{\mathrm{gg}} \end{pmatrix}\begin{pmatrix} F_2^N(y,Q^2) \\ yG(y,Q^2) \end{pmatrix}$$

ここで，$\begin{pmatrix} P_{\mathrm{qq}} & P_{\mathrm{qg}} \\ P_{\mathrm{gq}} & P_{\mathrm{gg}} \end{pmatrix} =$

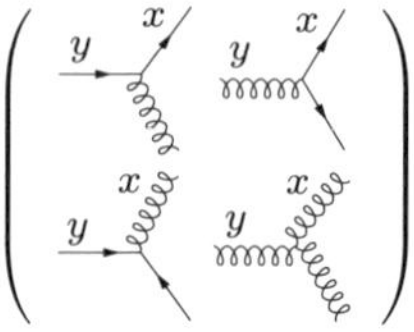

図 3.10　関数 P_{qq} は，測定の分解能を $\mathrm{d}(\ln Q^2)$ だけ上げたときにクォークがグルオンを放出する確率である．P_{qg} は x をもったクォークが対生成される確率，P_{gq} は x をもったグルオンがクォーク消滅で生成される確率で，さらに P_{gg} はグルオン分裂の確率である．

この連立方程式の系は，構造関数の Q^2 依存性を非常によく記述している．測定で決定できるのは，クォークの構造関数だけである．グルオンは電荷も弱電荷ももっていない．しかし，クォークの構造関数 $F_2(x,Q^2)$ の Q^2 依存性から，図 3.10 に与えられる方程式の助けを借りて，**グルオンの構造関数** $G(x,Q^2)$ を決定することができる．すべての Q^2 の値に対して，クォークとグルオンの運動量の和は，核子の全運動量に等しくなくてはならない．この条件から，**グルオンの構造関数**は決定できるだろう．図 3.11 に，グルオンの構造関数を $Q^2 = 5\mathrm{GeV}^2/c^2$ と $Q^2 = 50\mathrm{GeV}^2/c^2$ について示している．

これらのグルオンの構造関数は，光子の $x\Gamma(x,Q^2)$ と比較すべきものである（図 3.4 を参照）．光子とグルオンの制動放射は，同じ一般法則に従う．もしグルオン自身が強電荷をもっていなかったとしたら，両方の制動放射スペクトルは同じように見えるだろう．違いは，グルオンの自己結合に起因する．これにより，高エネルギーのグルオンはもっと低いエネルギーのグルオン（ソフトグルオン）に分解し，グルオンのスペクトルは低い x のほうにシフトする．分解能がよくなればなるほど，全運動量のより多くが，ソフトグルオンによって担われる．

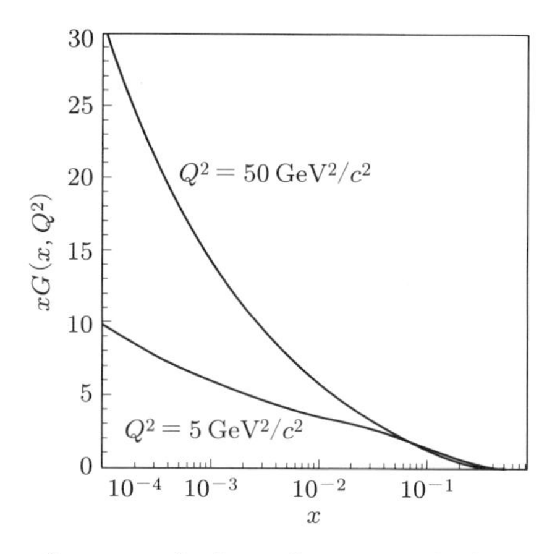

図 3.11　$Q^2 = 5\,\mathrm{GeV}^2/c^2$ と $Q^2 = 50\,\mathrm{GeV}^2/c^2$ に対するグルオンの構造関数．Q^2 の値が大きくなればなるほど，ソフトグルオンの割合が増える．

3.3　結合定数

量子色力学 (QCD) は，強い相互作用を説明する理論として，一般に認められている．クォークはカラーという強電荷をもっている．クォーク間の相互作用は，グルオンによって媒介される．グルオン自身も強電荷をもっており，互いに相互作用している．クォークとグルオン間，グルオンとグルオン間の結合の強さは，**結合定数** α_{s} によって与えられる．しかし，この定数は Q^2 に強く依存する．α_{s} の値は，$Q^2 \approx 10^4\,\mathrm{GeV}^2/c^2$ ではおよそ 0.12 となり，$Q^2 \approx 100\,\mathrm{GeV}^2/c^2$ ではおよそ 0.16 となり，$Q^2 \approx 1\mathrm{GeV}^2/c^2$ ではおよそ 0.5 となる．Q^2 依存性は対数関数的で，つぎのように表現される．

$$\alpha_{\mathrm{s}}(Q^2) = \frac{12\pi}{(33 - 2n_{\mathrm{f}}) \cdot \ln(Q^2/\Lambda^2)} \tag{3.17}$$

ここで，n_{f} は関与するクォークのフレーバーの数を表す．重いフレーバーの仮想的なクォーク・反クォーク対は，非常に短い寿命しかもたないために，散乱されたクォークからの距離はとても小さく，そのため非常に大きな Q^2 の値に対してでないと分離されない．Q^2 が $1\,\mathrm{GeV}^2/c^2$ の領域にあるときは，$n_{\mathrm{f}} \approx 3$ が期待され，$Q^2 \to \infty$ では，$n_{\mathrm{f}} = 6$ となる．QCD で唯一の自由なパラメータである Λ は実験的に決めなければならない．その値はおよそ $250\,\mathrm{GeV}/c$ である．これに対して，QED も一つ自由なパラメータとして微細構造定数 α をもっているが，トムソン断面積から実験的に容易に求められる．

QCD の実験的な検証は，QED の場合のようにエレガントに実行することはできない．また，QEDがテストされた精度は，QCDでは到底達成できないだろう．クォークもグルオンも散乱の前後両方で閉じ込められている．観測できるのは，反応後にハドロンとなったクォークとグルオンだけである．しかしながら，ハドロンは散乱されたクォークとグルオンの方向に束（ジェット）になっているので，素過程はうまく再構成することができる．

以下，式(3.17)の起源を解明しよう．結合定数のQ^2依存性は，強い相互作用だけの特性ではなく，実は，すべての相互作用に全般的な特性であり，真空の分極の帰結である．

3.3.1　電磁結合定数 α

正と負の電荷の間の引力は，クーロンの法則では，正確に与えられない．短距離$r < \lambda\!\!\!^{-}_{e}$では，電荷が仮想的な電子・陽電子対を生成するので，有効電荷は増大する．この分極は，電場に平行である．分極ベクトルは，電荷が正の場合には，$\mathbf{r}$の方向を指している．なぜかというと，仮想的な電子・陽電子対（図3.12）が，正電荷が中心から外に押し出されるように分布しているからである．この補正の効果は大雑把に見積もることができる．図3.12のループの値は，$\log Q^2$に従うことがよく知られている．積分は0から∞までで，積分値は発散する．しかしながら，移行運動量μ^2における結合定数の値が実験からすでにわかっている場合には，そのQ^2依存性だけに興味がある．そうすると，ループの値は

$$-\frac{\alpha}{3\pi}\ln\left(\frac{Q^2}{\mu^2}\right) \tag{3.18}$$

となる（図3.12）．結合定数に関する最終的な結果は，図3.13に示される高次の補正を含めることにより得られる．

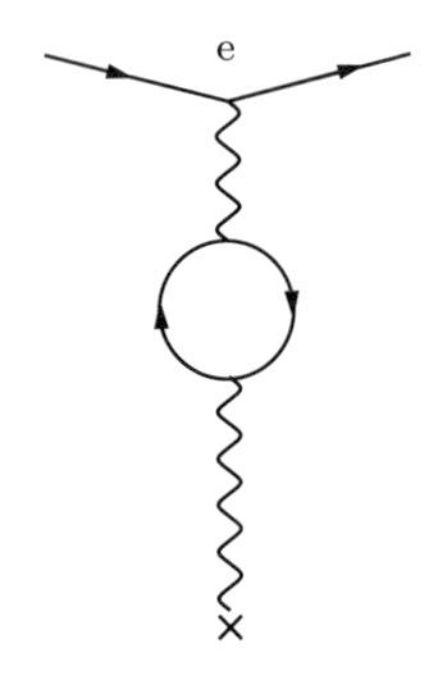

図3.12　クーロンの法則に対する最低次の補正．電子・陽電子対は，同じ電荷どうしが反発するように分布する．

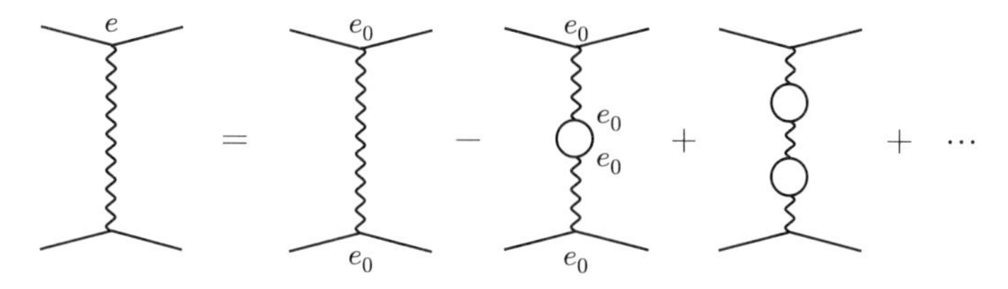

図 3.13　真空分極への高次の補正は幾何級数になる．

図 3.13 に示された補正の合計は，図 3.14 に図式的に表されており，式 (3.18) の累乗の幾何級数として，

$$\alpha(Q^2) = \frac{\alpha(\mu^2)}{1 - \dfrac{\alpha(\mu^2)}{3\pi}\ln\left(\dfrac{Q^2}{\mu^2}\right)} \tag{3.19}$$

のように解析的に表せる．この公式は $Q, \mu \gg m_{\mathrm{e}}c^2$ のときに成り立ち，α の値はスケール μ で与えられる．距離 $r \geq \lambda\!\!\!^{-}_e$ では，真空の分極は無視できる．α の値は $Q^2 = 10^4\,\mathrm{GeV}^2/c^2$ まで測定されており，式 (3.19) の表現と一致している．

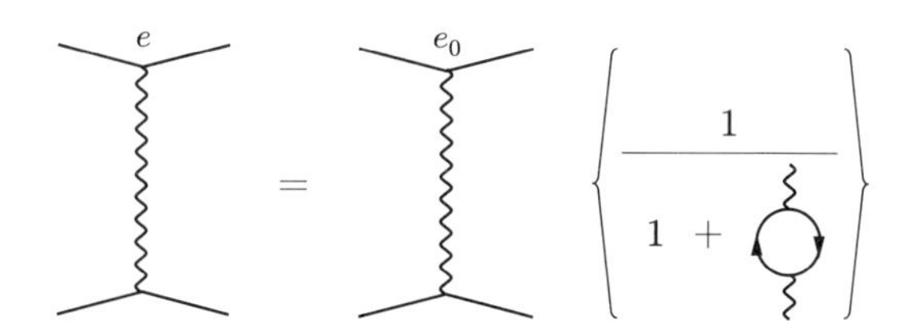

図 3.14　真空分極に寄与するループの和の図式的描写．

3.3.2　強結合定数 α_{s}

強い相互作用をする粒子の真空分極は，電磁相互作用をする粒子の場合とちょうど同じように扱うことができる．わずかに異なっている点は，クォーク・反クォーク対（図 3.15）だけでなく，グルオンのループが分極に寄与することである．クォーク・反クォーク対からの分極への寄与は，電子・陽電子対が電荷を遮蔽するのと同様に，強電荷を遮蔽する（図 3.15：$\mathrm{g} \to \mathrm{q}\overline{\mathrm{q}}$）．この寄与にはフレーバーの数 n_{f} の重みが付く．グルオンの横波成分の自己結合（図 3.15：$\mathrm{g} \to \mathrm{g_T g_T}$）は同じ分極を与える．しかし，QCD に従えば，主要な項（図 3.15：$\mathrm{g} \to \mathrm{g_C g_T}$）は横波成分のグルオンと縦波成分（クーロン的）グルオンの自己結合であり，これは強電荷を外側に押し出す．

幾何級数（図 3.13）の和と同様に，$\alpha_{\mathrm{s}}(Q^2)$ の表式は，$Q^2 = \mu^2$ での値と比べると，

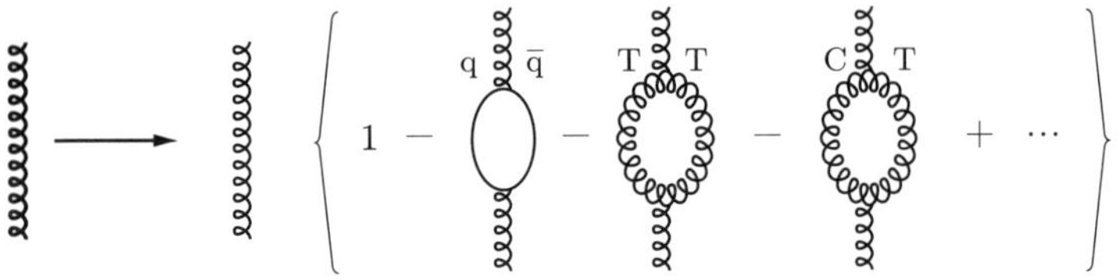

図 3.15　グルオンのループの真空分極への寄与は $g \to q\overline{q}$, $g \to g_T g_T$, $g \to g_C g_T$.

$$\alpha_s(Q^2) = \frac{\alpha_s(\mu^2)}{1 + \dfrac{\alpha_s(\mu^2)}{12\pi}(33 - 2n_f)\ln\left(\dfrac{Q^2}{\mu^2}\right)} \tag{3.20}$$

となる.

式 (3.17) を得るには，スケール

$$\Lambda^2 = \mu^2 \exp\left[\frac{-12\pi}{(33 - 2n_f)\alpha_s(\mu^2)}\right] \tag{3.21}$$

を使って，式 (3.20) を書き換えればよい [*1].

3.3.3　弱結合定数 α_W

ウィークボゾン $W^{\pm,0}$（16 章を見よ）は弱アイソスピンを担い，自己結合の効果が真空分極へのおもな寄与を与え，α_W の強さは Q^2 が大きくなると減少する.

参考文献

F. Halzen, A. D. Martin, *Quarks and Leptons.* (Wiley, New York, 1984)

J. D. Jackson, *Classical Electrodynamics.* (Wiley, New York, 1975)

B. Povh et al., *Particles and Nuclei.* (Springer, Berlin, 2015)

*1　まず，式 (3.20) を

$$\alpha_s(Q^2) = \frac{1}{\dfrac{1}{\alpha_s(\mu^2)} + \dfrac{1}{12\pi}(33 - 2n_f)\ln\left(\dfrac{Q^2}{\mu^2}\right)}$$

と書き換える. これに式 (3.21) から得られる

$$\frac{1}{\alpha_s(\mu^2)} = -\frac{1}{12\pi}(33 - 2n_f)\ln\left(\frac{\Lambda^2}{\mu^2}\right)$$

を代入すればよい.

4 水素原子 ── 量子力学の遊び場

Das Atom der modernen Physik kann allein durch eine partielle Differentialgleichung in einem abstrakten vieldimensionalen Raum dargestellt werden. Alle seine Eigenschaften sind gefolgert; keine materiellen Eigenschaften können ihm in direkter Weise zugeschrieben werden. Das heißt jedes Bild des Atoms, das unsere Einbildung zu erfinden vermag, ist aus diesem Grunde mangelhaft. Ein Verständnis der atomaren Welt in jener ursprünglichen sinnlichen Weise ist unmöglich.

── Heisenberg in 1945*1

水素原子は，最も単純な原子系である．非常によい精度で，一体系として記述することが可能で，解析的に解くことができるため，量子力学の検証に適している．さらに，水素原子に関する精密なテストは，量子電気力学 (QED) の最も高精度の検証を与えている．

水素原子に関するすべての性質は，電子の電荷 e，電子の質量 m_{e}，プランク定数 $\hbar$ によって決まっている．無次元の**微細構造定数** $\alpha = e^2/(4\pi\varepsilon_0\hbar c)$ を電磁相互作用の結合定数として用いる．

4.1 レベルダイアグラム

4.1.1 半古典論

電子は，陽子の作るクーロン場の中で，平均してポテンシャルエネルギー $\bar{V} = -\alpha\hbar c/\bar{r}$ をもって運動している．ここで，$\bar{r}$ は陽子のまわりの電子の古典軌道半径（実

*1 現代物理学の原子は，抽象的な多次元空間上の偏微分方程式によって，そのすべてを表すことができる．原子のすべての性質が導かれるが，物質のいかなる性質も直接に記述することは不可能である．つまり，直観によって築くことのできる原子のどんなイメージも，この意味で正しくないのである．原子の世界の理解は，本質的に思考によっては得られないのである．── ハイゼンベルク，1945 年

際には $\bar{r} = \langle 1/r \rangle^{-1}$）である．

電子の平均運動エネルギーは，$\bar{K} = \bar{p}^2/(2m_\mathrm{e})$ で，$\bar{p}$ は平均運動量（より正確には $\sqrt{\langle p^2 \rangle}$）である．原子の基底状態における位置と運動量の広がりは，不確定性関係に従わなくてはならない．不確定性関係は不等式である．もしそれを等式として用いるならば，$\Delta r \cdot \Delta p = k\hbar$ で，$\hbar$ の前の係数 k はポテンシャルに依存する．クーロンポテンシャルの場合，定量的な結果を得るためには，$\bar{r}\bar{p} = \hbar$ を要請しなければならない．これは，安定な軌道の周長は，**ド・ブロイ波長** $\lambda = h/p$ の整数倍になっていなければならないという，**ド・ブロイの規則**を思い出させる．

ここで少し説明が必要だろう．束縛状態において波長はうまく定義できないが，節をもたない大きさ $\bar{r}$ の量子状態においては，$\bar{r} \approx \lambda\!\!\!^{-}$ となる．これを示すためには，シュレーディンガーの波動関数をフーリエ変換しなければならない．大きさ $\bar{r}$ の物体では，$\lambda\!\!\!^{-} = \bar{r}$ のフーリエ成分がおもに寄与することがわかる．水素原子の場合について後でわかるように，$\bar{r}$ は r^2 をかけた電子密度分布が最大になる半径である．この半径を最尤半径ともよぶ．

不確定性関係の助けを借りると，平均運動エネルギーは

$$\bar{K} = \frac{\hbar^2}{2m_\mathrm{e}\bar{r}^2} \tag{4.1}$$

と書けるだろう．基底状態半径 $\bar{r}$ は，系の全エネルギー

$$E = -\frac{\alpha\hbar c}{\bar{r}} + \frac{\hbar^2}{2m_\mathrm{e}\bar{r}^2} \tag{4.2}$$

が最小になる $\mathrm{d}E/\mathrm{d}\bar{r} = 0$ という条件から見つけることができる．最小になる半径はボーア半径 a_0 とよばれ，

$$a_0 = \frac{\hbar c}{\alpha m_\mathrm{e} c^2} = \frac{\lambda\!\!\!^{-}_\mathrm{e}}{\alpha} \tag{4.3}$$

である．ここで，$\lambda\!\!\!^{-}_\mathrm{e} \equiv \hbar/(m_\mathrm{e} c)$ は電子のコンプトン波長である．水素原子の束縛エネルギーは，**リュードベリ定数** Ry とよばれ [*1]，

$$E_1 = -\frac{1}{2}\alpha^2 m_\mathrm{e} c^2 = -\frac{\alpha\hbar c}{2a_0} = -1\,\mathrm{Ry} = -13.6\,\mathrm{eV} \tag{4.4}$$

となる．主量子数 $n = 1$ の基底状態において，波動関数は節をもたず，ド・ブロイ波長は $\lambda\!\!\!^{-}_1 \approx \bar{r}$ である．第1励起状態 $(n = 2)$ では，波動関数は節を一つもち，波長は $\lambda\!\!\!^{-}_2 = \bar{r}/2$ である．n 番目の状態については，$\lambda\!\!\!^{-}_n = \bar{r}/n$ となる．このことから，半径

---

*1　細かいことだが，Ry はリュードベリエネルギーとよぶほうが正しい．リュードベリ定数は波数の次元をもつ $\mathrm{R} = \mathrm{Ry}/(\hbar c) \simeq 1.1 \times 10^{-7}\,\mathrm{m}^{-1}$ である．

と束縛エネルギーについて，

$$\bar{r}_n = n^2 a_0, \qquad E_n = -\frac{\mathrm{Ry}}{n^2} \tag{4.5}$$

となる．図 4.1 に，波動関数の節が描かれており，よく知られた水素のレベルダイアグラム（エネルギー準位図）が示されている．

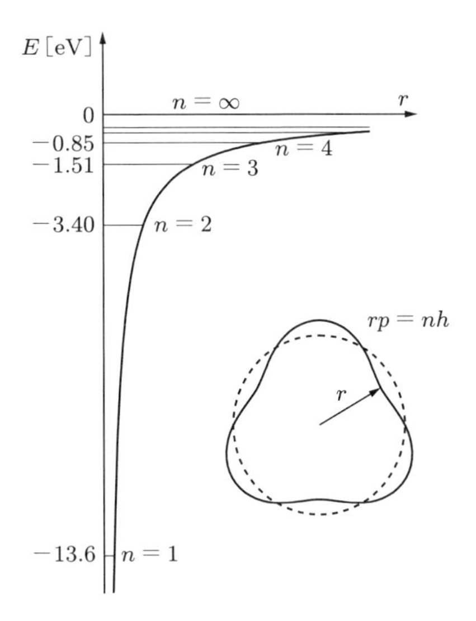

図 4.1　半古典論的近似による水素のレベルダイアグラム．ここで，電子は定在波として解釈されている．

4.1.2 ディラックレベルダイアグラム

ディラック方程式の解を使うことによって，水素原子をさらによく理解できる．その解によって水素原子をほとんど完全に記述することができるのは，電子のスピンと相対論的運動が考慮されているからである．ただ不完全なのは，陽子のスピン，陽子の大きさおよび輻射補正にかかわる 3 点だけである．これらについて，超微細構造とラムシフトを例にして，以下に議論しよう．**ディラック方程式**から計算された水素原子のレベルダイアグラムが図 4.2 に描かれている．比較のために，スピンと相対論を無視した場合に得られるエネルギーレベルも与えられている．レベルの違いは，相対論的補正およびスピン・軌道相互作用として知られている．微細構造分岐 ΔE_{fs} は，非相対論的エネルギーからのシフトとして理解されており，α^2 のオーダーまででは，

$$\Delta E_{\mathrm{fs}} = -\frac{\alpha^2}{n^3}\left(\frac{1}{j+1/2} - \frac{3}{4n}\right)\mathrm{Ry} \tag{4.6}$$

となる．ディラック方程式から計算される状態が，主量子数を別とすると，全角運動

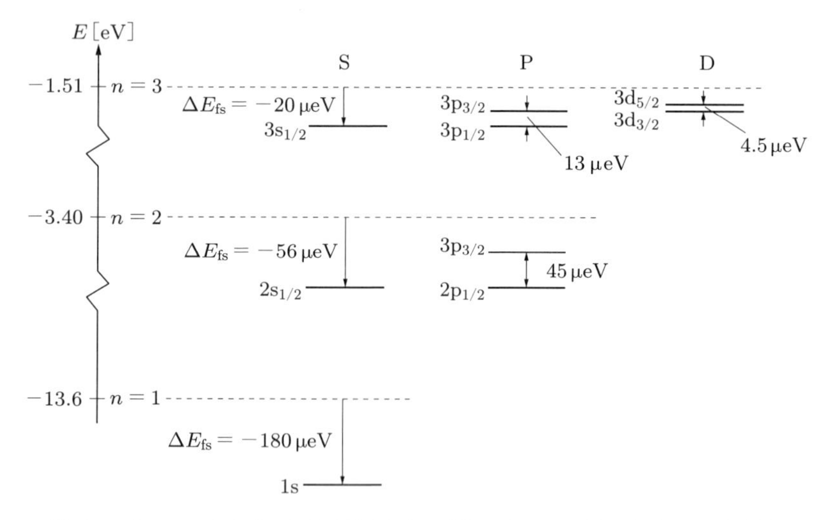

図 4.2　ディラック方程式から計算された水素原子のレベルダイアグラム．非相対論的計算によるエネルギーレベルも比較のため示されている．

量 $\mathbf{j} = \boldsymbol{\ell} + \mathbf{s}$ だけに依存しているということは，実に興味深いことである．つまり，軌道角運動量 $\boldsymbol{\ell}$ は，よい量子数ではないのである．

ここでは，非相対論的エネルギーからのさまざまなシフトの大きさが妥当であることだけを示そう．これは非常に教育的なことである．ディラック方程式がいかにエレガントに相対論的効果を含んでいるかがわかる．ただし，ディラック方程式は，水素型の原子とイオンについてのみ正確に解くことができるのであって，1 個より多い電子を含む原子については，厳密な解はない．

$n = 1$ については，相対論的補正を 1 次の摂動論を用いて，かなり正確に見積もることができるので，詳細に考察しよう．

運動エネルギーに対する補正は

$$\Delta_{\mathrm{K}} = -\frac{p^4}{8m_{\mathrm{e}}^3 c^2} \tag{4.7}$$

である．基底状態では，

$$E_0 = \frac{p^2}{2m_{\mathrm{e}}} + V \tag{4.8}$$

であるから，運動エネルギーに対する補正はつぎのように書ける [*1]．

---

*1　$V = -\dfrac{e^2}{4\pi\varepsilon_0 r} = -\dfrac{\alpha\hbar c}{r}$ である．Δ_{K} の計算では p^4 の（基底状態に対する）期待値を求める必要があるので，$\dfrac{p^2}{2m_{\mathrm{e}}} = E_0 - V = E_0 + \dfrac{\alpha\hbar c}{r}$ の 2 乗を利用する．

$$\Delta_{\mathrm{K}} = -\frac{p^4}{8m_{\mathrm{e}}^3c^2} = -\frac{1}{2m_{\mathrm{e}}c^2}\left(\frac{p^2}{2m_{\mathrm{e}}}\right)^2$$
$$= -\frac{1}{2m_{\mathrm{e}}c^2}\left[E_0^2 + 2E_0\alpha\hbar c\left\langle\frac{1}{r}\right\rangle + \alpha^2(\hbar c)^2\left\langle\frac{1}{r^2}\right\rangle\right] \tag{4.9}$$

$E_0 = -1\,\mathrm{Ry}$ を代入し，基底状態では $\langle 1/r\rangle = 1/a_0$ で $\langle 1/r^2\rangle = 2/a_0^2$ となることを考慮すると，

$$\Delta_{\mathrm{K}} = -\frac{5}{4}\alpha^2\,\mathrm{Ry} \tag{4.10}$$

となることがわかる．

4.1.3 Zitterbewegung

電子は，そのコンプトン波長 $\lambda\!\!\!^{-}_{\mathrm{e}}$ よりよい精度で，位置を特定することはできない．ディラック方程式の解として電子と一緒に現れる陽電子は，一時的に電子を消滅させて別の場所に電子を生成する．これによってもたらされる電子の位置の広がりは，歴史的な理由で「**Zitterbewegung**（ジグザグ運動）」とよばれている．大きさ $\lambda\!\!\!^{-}_{\mathrm{e}}$ の領域で起こる電子のゆらぎは，点 $r = 0$ でのポテンシャルを減少させる．この補正を見積もるために，ポテンシャルを $\mathbf{r}$ のまわりでテイラー級数に展開する．

$$V(\mathbf{r}+\delta\mathbf{r}) = V(\mathbf{r}) + \nabla V\cdot\delta\mathbf{r} + \frac{1}{2}\sum_{ij}\nabla_i\nabla_j V\cdot\delta r_i\delta r_j + \cdots \tag{4.11}$$

広がりがベクトルの性質をもっているために，1 次の項は平均するとゼロになるが，2 次の項は

$$\frac{1}{2}\sum_{ij}\nabla_i\nabla_j V\cdot\delta r_i\delta r_j \longrightarrow \frac{1}{6}\nabla^2 V\cdot(\delta\mathbf{r})^2 \tag{4.12}$$

という形をもつ．この項は，クーロンポテンシャルに適用されたラプラス演算子が，ポアソン方程式，$\nabla^2(1/r) = -4\pi\delta(\mathbf{r})$ を満たすために，$\mathbf{r} = \mathbf{0}$ でのみゼロでない値をもつ．ここで，$\delta(\mathbf{r})$ は，もちろんディラックのデルタ関数である．

$\langle(\delta\mathbf{r})^2\rangle = \lambda\!\!\!^{-}_{\mathrm{e}}{}^2$ という近似を使うと，クーロンポテンシャルに対する補正は

$$\Delta_{\mathrm{D}} = \frac{1}{6}\lambda\!\!\!^{-}_{\mathrm{e}}{}^2\alpha\hbar c\,4\pi\delta(\mathbf{r}) \tag{4.13}$$

となる．Δ_{D} の期待値を計算すると，エネルギーシフトが得られる．唯一の寄与は，$\mathbf{r} = 0$ から来る．したがって，式 (4.13) のデルタ関数は，$\mathbf{r} = \mathbf{0}$ での電子確率密度

$$|\psi(0)|^2 = \frac{1}{4\pi}\frac{4}{a_0^3} = \frac{1}{\pi a_0^3} \tag{4.14}$$

で置き換えねばならない．この概算値は，ダーウィン項として知られるつぎの値に比べて，30%しかずれていない [*1]．

$$\Delta_{\mathrm{D}} = \alpha^2 \mathrm{Ry} \tag{4.15}$$

基底状態のエネルギーシフトは，二つの寄与の和

$$\Delta E_{\mathrm{fs}} = \Delta_{\mathrm{K}} + \Delta_{\mathrm{D}} = -\frac{\alpha^2}{4}\mathrm{Ry} = -1.8 \times 10^{-4}\,\mathrm{eV} \tag{4.16}$$

となる．励起状態に対して正確な補正を得るためには，上記の粗い見積りでは不正確な結果がもたらされるので，運動量分布について平均をとらなくてはならない．

ここで，$n = 2$ の準位を少しだけ見てみよう．$\ell = 0$ の状態では，$\Delta_{\mathrm{fs}} = -0.562 \times 10^{-4}\,\mathrm{eV}$ となる．$\ell \neq 0$ の状態に対しては，さらにスピン・軌道結合を考慮しなくてはならない．これは，ほかの相対論的補正と同程度の大きさをもち，やはり $\alpha^2 E_n$ に比例している．

4.1.4 スピン・軌道分岐

式 (4.6) から，j が同じで，ℓ が異なる状態は縮退していることがわかる．このことは，$n = 2$ の準位については，$\ell = 0$ の状態に対する相対論的エネルギーシフト $\Delta_{\mathrm{K}} + \Delta_{\mathrm{D}}$ が，$\ell = 1, j = 1/2$ の状態に対するこれら両方とスピン・軌道シフトの和に等しいことを意味している．

$\ell = 1$ の状態におけるスピン・軌道分岐は，

$$\Delta E_{\mathrm{ls}} = \frac{\alpha\hbar}{2\,m_{\mathrm{e}}^2 c}\left\langle \frac{1}{r^3} \right\rangle (\boldsymbol{\ell}\cdot\mathbf{s}) \tag{4.17}$$

で，これは容易に理解できる．電子の静止系において陽子が作る磁場は，ビオ・サバールの法則から，

$$\mathbf{B} = \frac{e}{4\pi\varepsilon_0 c^2 r^3}\,\mathbf{r}\times\mathbf{v} \tag{4.18}$$

である．場を原子の回転系に変換するには，これに因子 1/2（トーマス因子）を場にかけねばならない．式 (4.18) の角運動量を置き換えることにより，場は

$$\mathbf{B} = \frac{e}{8\pi\varepsilon_0 m_{\mathrm{e}} c^2 r^3}\,\boldsymbol{\ell} \tag{4.19}$$

となる．スピン・軌道シフト (4.17) は，磁場に電子の磁気モーメント $-(e/m_{\mathrm{e}})\mathbf{s}$ を

---

*1 式 (4.13) と (4.14) から得られる Δ_{D} の概算値は，$(4/3)\alpha^2\mathrm{Ry}$ である．

かけることによって得られる．$n=2, \ell=1$ のときの動径方向の波動関数は

$$\psi(r)=\frac{1}{\sqrt{24\,a_0^3}}\frac{r}{a_0}\exp\left(-\frac{r}{a_0}\right) \tag{4.20}$$

なので，$1/r^3$ の期待値は

$$\left\langle\frac{1}{r^3}\right\rangle=\frac{1}{24\,a_0^3}\int_0^\infty \exp\left(-\frac{2r}{a_0}\right)\frac{r}{a_0}\frac{\mathrm{d}r}{a_0}=\frac{1}{24\,a_0^3} \tag{4.21}$$

となることがわかる．したがって，

$$\begin{aligned}\boldsymbol{\ell}\cdot\mathbf{s}&=\frac{1}{2}\Big[j(j+1)-\ell(\ell+1)-s(s+1)\Big]\hbar^2\\&=\begin{cases}+\dfrac{1}{2}\hbar^2 & (j=3/2\text{ の場合})\\ -1\hbar^2 & (j=1/2\text{ の場合})\end{cases}\end{aligned} \tag{4.22}$$

から，$n=2, \ell=1$ の状態でのスピン・軌道分岐は

$$\Delta E_{\mathrm{ls}}(j=3/2)-\Delta E_{\mathrm{ls}}(j=1/2)=\frac{1}{4}\,\alpha^2E_2=0.446\times10^{-4}\,\mathrm{eV} \tag{4.23}$$

となる *1．図 4.2 は，$n=1,2,3$ の状態でのエネルギーシフトを模式的に表している．

4.2 ラムシフト

ディラック方程式は，それが素粒子である限り，フェルミ粒子を完璧に記述することができる．相対論的効果，スピン，粒子・反粒子対称性のすべてが適切に考慮されている．しかし，原子のエネルギーレベルに微調整をするには，さらに輻射補正，つまり電荷と仮想光子，仮想電子・陽電子対（図 4.3）の結合を考慮しなければならない．実のところ，自由電子のエネルギーもシフトを受ける．それは無限大ではあるが，電子質量への寄与の一部に過ぎず，ほかのよくわかっていない寄与と共存している．実験的にも理論的にも最もよく研究されている輻射補正は，水素原子の束縛状態に対してのもの（ラムシフト）と，電子の磁気モーメントに対してのもの（ディラックの値 $\mu_{\mathrm{e}}=e\hbar/(2m_{\mathrm{e}})$ からのずれ）である．ここでは，ラムシフトについてのみ議論する．

$n=1,\ \ell=0$ と $n=2,\ \ell=0$ の状態のラムシフトは，理論的には，6 桁まで知ら

---

*1 分岐のエネルギーは式 (4.17)，(4.21)，(4.22) より，$\dfrac{\alpha\hbar}{2m_{\mathrm{e}}^2c}\dfrac{1}{24a_0^3}\dfrac{3}{2}\hbar^2=\dfrac{1}{4}\alpha^2E_2$ となる．ここで，$E_2=(1/4)\,\mathrm{Ry}$ は $n=2$ 準位の束縛エネルギーである．よって，分岐は $(1/16)\alpha^2\,\mathrm{Ry}=0.452\times10^{-4}\,\mathrm{eV}$ となる．

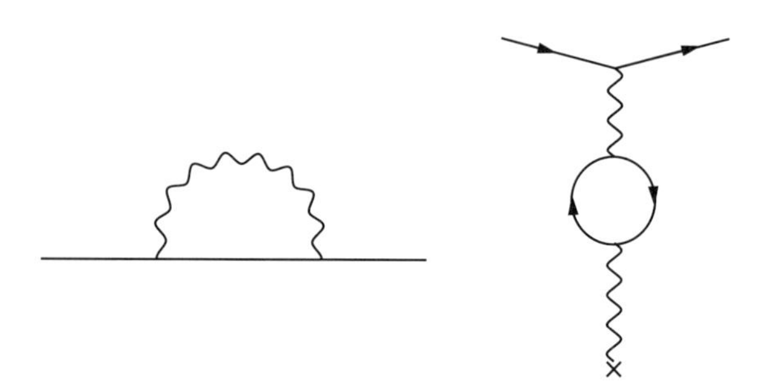

図 4.3　電子は仮想光子を放出，再吸収し，その間に反跳を受ける．そのポテンシャルエネルギーは変化する（左図）．陽子の電荷は，縦方向の光子の電子・陽電子対との結合のために遮蔽される（右図）．

れている．実際には，ラムシフトの最高精度のデータは水素原子の 2s と 1s 準位の差の測定から得られている．これを大雑把に見積もってみよう．ラムシフトは，主として二つの輻射補正を受ける．第 1 の補正は，仮想光子の放出によって電子が反跳を受け，その位置が広がることから得られる．第 2 の補正は，真空の分極によって電荷が遮蔽されることが原因となっている（図 4.3）．

第 1 の補正が，水素原子のラムシフトに対して主要（約 90%）なので，ここではこれについてのみ議論する．陽子が有限の広がりをもつことは，水素原子のラムシフトのおよそ 1%しか寄与しない．

4.2.1　ゼロ点振動

仮想光子を取り扱うにはさまざまな方法があるが，Feynman（ファインマン）の方法を使うのが一番具合がよい．しかし，電子の位置の広がりについては，電磁場のゼロ点振動という半古典論的アプローチで，もっと簡単に可視化することができる．仮想光子の吸収と放出による電子の反跳は，電子とゼロ点振動の相互作用を考慮することにより，計算できる [*1]．

電磁場を，サイズ L^3 の箱の中の平面波のコヒーレントでない和であるとして考える．それぞれの自由度は，与えられた位相空間 $L^3 4\pi(\hbar\omega/c)^2 \mathrm{d}(\hbar\omega/c)$ の中で，ゼロ点エネルギー $(1/2)\hbar\omega$ をもっている．よって

$$\begin{aligned}\frac{1}{2}\int \mathrm{d}^3x\ \left(\varepsilon_0\mathbf{E}^2 + \mu_0^{-1}\mathbf{B}^2\right) &= \frac{1}{2}L^3\left(\langle\varepsilon_0\mathbf{E}^2\rangle + \langle\mu_0^{-1}\mathbf{B}^2\rangle\right) \\ &= 2L^3\int\frac{4\pi(\hbar\omega/c)^2\,\mathrm{d}(\hbar\omega/c)}{(2\pi\hbar)^3}\,\frac{\hbar\omega}{2}\end{aligned} \tag{4.24}$$

*1　以下の導出の原典は，T. A. Welton, Phys. Rev. **74** (1948), 1157-1167.

となる．最後の積分の前の因子 2 は，光子の偏極の自由度である．最後の表式の半分は，電場から来ているから，

$$\langle \mathbf{E}^2 \rangle = \int \frac{2}{\pi} \frac{\hbar}{c^3} \frac{1}{4\pi\varepsilon_0} \omega^3 \, \mathrm{d}\omega \tag{4.25}$$

である．この積分は発散する．しかし，ラムシフトを見積もるためには，$\hbar\omega_{\mathrm{min}} \approx 2\,\mathrm{Ry}$ と $\hbar\omega_{\mathrm{max}} \approx m_{\mathrm{e}}c^2$ の間の周波数領域を考察すれば十分である．なぜそうなるのか，以下で説明する．

電場 $\mathbf{E}$ は電子を加速し，その座標に広がりを与える．運動方程式

$$m_{\mathrm{e}}\delta\ddot{\mathbf{r}} = e\mathbf{E} \tag{4.26}$$

を用いて，$\langle (\delta\mathbf{r})^2 \rangle$ を見積もってみよう．2 階の時間微分は ω に関する積分に因子 $(-1/\omega^2)^2$ を与える．よって，

$$\begin{aligned} \langle (\delta\mathbf{r})^2 \rangle &= \int \left(-\frac{e}{m_{\mathrm{e}}\omega^2} \right)^2 \frac{2}{\pi} \frac{\hbar}{c^3} \frac{1}{4\pi\varepsilon_0} \omega^3 \, \mathrm{d}\omega = \frac{2\alpha(\hbar c)^2}{\pi m_{\mathrm{e}}^2 c^4} \int \frac{\mathrm{d}\omega}{\omega} \\ &\approx \frac{2}{\pi}\alpha \left(\frac{\hbar c}{m_{\mathrm{e}}c^2} \right)^2 \ln \left(\frac{\omega_{\mathrm{max}}}{\omega_{\mathrm{min}}} \right) \end{aligned} \tag{4.27}$$

となる．電子の座標は $\delta\mathbf{r}$ 程度ふらつき，運動エネルギーとポテンシャルエネルギーの両方を変化させる．運動エネルギーの変化は，自由粒子に対しても，束縛された粒子に対しても同じで，質量にくりこめる．ポテンシャルエネルギーの変化は，ラムシフトに寄与する．

ここで，ポテンシャルエネルギーの変化に対して意味をもつ，紫外および赤外のカットオフ（ω_{max} および ω_{min}）を見積もらねばならない．

上限としては，電子質量 ($\hbar\omega_{\mathrm{max}} \approx m_{\mathrm{e}}c^2$) を選ぶ．なぜなら，コンプトン波長 $\hbar c/(m_{\mathrm{e}}c^2)$ よりよい分解能は得られないからである．一方，下限としては典型的な原子エネルギー ($\hbar\omega_{\mathrm{min}} \approx 2\,\mathrm{Ry}$) を選ぶ．なぜなら，束縛された電子の広がりは原子半径を越えることはないからである．したがって，上限と下限のエネルギーの比は，

$$\frac{\omega_{\mathrm{max}}}{\omega_{\mathrm{min}}} \approx \frac{m_{\mathrm{e}}c^2}{m_{\mathrm{e}}c^2\alpha^2} = \frac{1}{\alpha^2} \tag{4.28}$$

となる．電子のふらつきによるクーロンポテンシャルへの補正は，式 (4.11) と (4.12) より，

$$\Delta_V = \frac{1}{6} \nabla^2 V \langle (\delta\mathbf{r})^2 \rangle \tag{4.29}$$

である．ところで，ポアソン方程式は

$$\nabla^2 V = 4\pi\alpha\hbar c\,\delta(\mathbf{r}) \tag{4.30}$$

である．ここで $\delta(\mathbf{r})$ は，おなじみディラックのデルタ関数である．よって，クーロンポテンシャルへの補正は，

$$\langle \Delta_V \rangle = \frac{2\pi}{3}\alpha\hbar c\,|\psi_n(0)|^2 \langle (\delta\mathbf{r})^2 \rangle = \frac{2\pi}{3}\alpha\hbar c\,\frac{1}{\pi}\left(\frac{m_\mathrm{e}c^2\,\alpha}{\hbar c\,n}\right)^3 \langle (\delta\mathbf{r})^2 \rangle \tag{4.31}$$

となる．最後に，式 (4.27) と (4.28) より，ポテンシャルエネルギーのシフト

$$\Delta E_\mathrm{Lamb} = \langle \Delta_V \rangle \approx \frac{4}{3\pi}\frac{m_\mathrm{e}c^2\,\alpha^5}{n^3}\ln\left(\frac{1}{\alpha^2}\right) = \frac{8}{3\pi}\frac{\mathrm{Ry}\,\alpha^3}{n^3}\ln\left(\frac{1}{\alpha^2}\right) \tag{4.32}$$

を得る．この結果をより詳しい計算と比較すると，たとえば，$n = 2$ の状態については 20%以内で一致している．

4.3 超微細構造

つぎに，陽子と電子の磁気モーメントの間の相互作用について考えよう．磁気双極子の作る磁場，たとえば陽子の磁気双極子 $\boldsymbol{\mu}_\mathrm{p}$ の作る磁場は，

$$\mathbf{B}(\mathbf{r}) = \frac{\mu_0}{4\pi}\frac{3\mathbf{r}(\mathbf{r}\cdot\boldsymbol{\mu}_\mathrm{p}) - \mathbf{r}^2\,\boldsymbol{\mu}_\mathrm{p}}{|\mathbf{r}|^5} + \frac{2\mu_0}{3}\,\boldsymbol{\mu}_\mathrm{p}\delta(\mathbf{r}) \tag{4.33}$$

となる．双極子・双極子相互作用のエネルギーは，式 (4.33) の磁場と電子の磁気双極子モーメントのスカラー積をとり，全空間での電子の分布について積分することによって得られる．したがって，第 1 項の寄与は打ち消しあい，重なりあうモーメントの寄与だけが生き残る．よって，電子と陽子の磁気モーメントの相互作用に関しては，つぎの接触ポテンシャル V_ss だけが重要である．

$$V_\mathrm{ss}(\mathbf{r}) = -\frac{2\mu_0}{3}\,\boldsymbol{\mu}_\mathrm{p}\cdot\boldsymbol{\mu}_\mathrm{e}\,\delta(\mathbf{r}) \tag{4.34}$$

これによって，超微細分岐は

$$\Delta E_\mathrm{ss} = -\frac{2\mu_0}{3}\,\boldsymbol{\mu}_\mathrm{p}\cdot\boldsymbol{\mu}_\mathrm{e}\,|\psi(0)|^2 \tag{4.35}$$

となる．$\ell = 0$ の状態にある電子だけが，有限の確率で原子核の位置に見出される．水素原子の 1s 状態の超微細分岐だけを計算しよう．陽子の位置に電子を見出す確率は，式 (4.14) より，$|\psi(0)|^2 = 1/(\pi a_0^3)$ である．原子の全角運動量は $\mathbf{F}$ と表され，電子の角

運動量と原子核のスピンの和である．1s 状態にある水素原子の場合には，$\mathbf{F} = \mathbf{s}_\mathrm{e} + \mathbf{s}_\mathrm{p}$ となる．よく知られているように，

$$\mathbf{s}_\mathrm{p} \cdot \mathbf{s}_\mathrm{e} = \frac{1}{2}[F(F+1) - 2s(s+1)]\hbar^2 = \begin{cases} +\dfrac{1}{4}\hbar^2 & (F=1\text{ の場合}) \\ -\dfrac{3}{4}\hbar^2 & (F=0\text{ の場合}) \end{cases} \tag{4.36}$$

で，$\boldsymbol{\mu}_\mathrm{p} = 2.973(e/m_\mathrm{p})\mathbf{s}_\mathrm{p}$ および $\boldsymbol{\mu}_\mathrm{e} = -(e/m_\mathrm{e})\mathbf{s}_\mathrm{e}$ だから，超微細分岐の値は

$$\Delta E_\mathrm{ss}(J=1) - \Delta E_\mathrm{ss}(J=0) = \frac{2 \cdot 2.793\mu_0}{3}\frac{e^2(\hbar c)^2}{m_\mathrm{p}c^2 m_\mathrm{e}c^2}\frac{1}{\pi a_0^3} \tag{4.37}$$

$$= \frac{8\pi \cdot 2.793\alpha(\hbar c)^3}{3m_\mathrm{p}c^2 \cdot m_\mathrm{e}c^2}\frac{1}{\pi a_0^3} \tag{4.38}$$

$$= 6 \times 10^{-6}\,\mathrm{eV} \tag{4.39}$$

となる [*1]．このエネルギーは，星間水素から放出される，よく知られた 21 cm の放射に対応しており，地球上のアンテナで容易に検出される．超微細遷移の寿命（$\approx 10^7$ 年）は，実験室で観測するにはあまりに長すぎるが，星間水素の場合は事情が違っている．そこでは原子衝突の確率が十分小さいので，電磁遷移が許される．図 4.4 に，水素原子の完全なレベルダイアグラムを，超微細構造分岐も含めて示す．

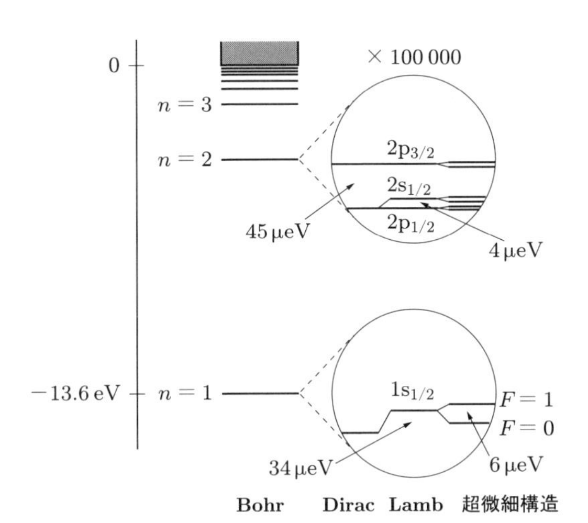

図 4.4 超微細構造分岐も含んだ水素原子の完全なレベルダイアグラム．

*1 結果をまとめると，$\dfrac{16 \times 2.793}{3}\alpha^2\dfrac{m_\mathrm{e}}{m_\mathrm{p}}\mathrm{Ry} \simeq 6 \times 10^{-6}\,\mathrm{eV}$ となる．

4.4 水素型原子

負の電荷をもつ粒子（たとえば μ^-, π^-, K^-, $\bar{p}$, Σ^-, Ξ^- など）は，原子核のクーロン場の中にうまく置けることがある．1s 軌道の半径は $r \propto 1/(mZ)$ のようにふるまうので，重い粒子は電子雲の内側を運動し，中心にあるのは陽子に限らず重い原子核の場合もあるが，水素型原子とみなすことができるだろう．原子核のクーロン場の中に束縛された，強い相互作用をする粒子をもつ原子は，非常に低いエネルギーでの粒子と原子核の相互作用を調べるのに適している．ミュー粒子（ミューオン）の質量は電子の質量の約 200 倍も大きいので，原子の内側を運動しているミュー粒子の原子核からの距離はボーア半径 a_0 の 1/200 程度となり，電子による遮蔽をほんのわずかしか受けない．

以下に手短かに議論するように，これが理由で，ミューオン原子 *1 は原子核の電磁気的性質を調べるのに適している．

4.4.1 ミューオン原子

ミューオン原子の束縛エネルギーは，ほとんどの状態について，水素原子の公式を用い，電子質量をミューオン質量で置き換え，陽子の電荷を問題になっている原子核の電荷で置き換えることによって，計算することができる．この見積りからの重要なずれは，$\ell = 0$ の状態，とくに $1s_{1/2}$ 状態に対して見つかる．これについて，ミューオン鉛原子を例として示してみよう．ミューオン鉛原子の基底状態のエネルギーを見積もるために，鉛の中の電荷が原子核半径 $R = 7.11\,\mathrm{fm}$ の内側で一様であると考える．鉛の電荷 $(Z = 82)$ を担っている点状の原子核をもつミューオン原子では，$1s_{1/2}$ 状態にあるミュー粒子の最尤半径は，

$$a_\mu = \frac{a_0}{Zm_\mu/m_e} = \frac{a_0}{16960} \approx 3.1\,\mathrm{fm} \tag{4.40}$$

で，その結合エネルギーは

$$E_{1s} = -Z^2 \frac{m_\mu}{m_e}\,\mathrm{Ry} \approx -18.92\,\mathrm{MeV} \tag{4.41}$$

である．ところが，$1s_{1/2}$ 状態のミューオン鉛の束縛エネルギーに関する実験結果は，$E_{1s} = -9.744\,\mathrm{MeV}$ しかなかった．

鉛の原子核は，約 7.1 fm の半径をもっており，ミュー粒子の波動関数の広がりと同程度なので，原子核のかなり近くを運動しているミュー粒子は，強く修正されたクー

*1　原子の電子の一つがミュー粒子で置き換えられたものをミューオン原子とよぶ．

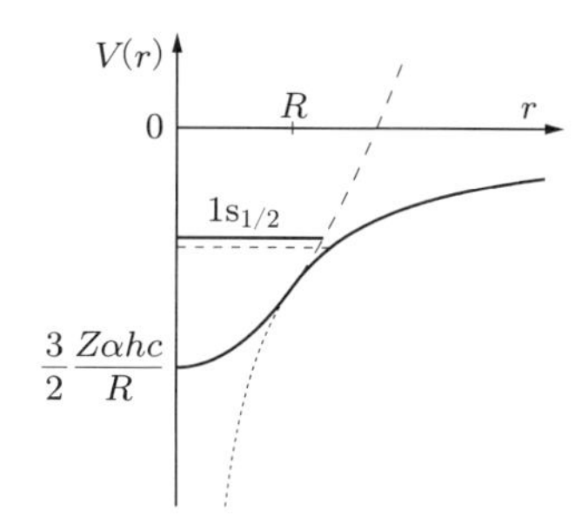

図 4.5　鉛原子の有効クーロンポテンシャル．原子核の端 $r = R$ で原子核の内部のポテンシャルを記述する関数 r^2/R^3 は，双曲線と一致する．振動子ポテンシャルから計算された基底状態（実線）は，実験結果（破線）のわずか 1.5 MeV 上に位置している．

ロンポテンシャルを感じる．鉛原子核の実際のクーロンポテンシャルは，図 4.5 に描かれている．ここで，原子核は一様に帯電した半径 R の球体だと仮定した．原子核の内側では，ポテンシャルは r^2/R^3 のように増大し，調和振動子型をしているが，原子核の外側では，単純な $1/r$ 依存性が成り立つ．原子核の端 R では，二つの関数は同じ値と同じ微分係数をもたねばならない．これは，つぎのような仮定をすることにより実現される．

$$V(r) = -Z\alpha\hbar c \times \begin{cases} \dfrac{1}{R}\left(\dfrac{3}{2} - \dfrac{1}{2}\dfrac{r^2}{R^2}\right) & (r \le R \text{ の場合}) \\ \dfrac{1}{r} & (r \ge R \text{ の場合}) \end{cases} \tag{4.42}$$

$1s_{1/2}$ のミュー粒子は，主として原子核の内側を運動し，ポテンシャルが調和振動子型であると仮定することにより，束縛エネルギーを計算することが可能になる．

調和振動子のハミルトニアンは，

$$H = \frac{p^2}{2m} + \frac{m\omega^2 r^2}{2} \tag{4.43}$$

で，ポテンシャルの形 (4.42) を思い出せば，

$$\omega^2 = \frac{Z\alpha\hbar c}{mR^3} \tag{4.44}$$

となる．3 次元の調和振動子の基底状態は，エネルギー $(3/2)\hbar\omega$ をもつから，この近似による束縛エネルギーは，

$$E_{1s} = -\frac{3}{2}\frac{Z\alpha\hbar c}{R} + \frac{3}{2}\hbar\sqrt{\frac{Z\alpha\hbar c}{mR^3}}$$
$$= -\frac{3}{2}\frac{Z\alpha\hbar c}{R}\left(1 - \sqrt{\frac{1}{Z\alpha}\frac{1}{R}\frac{\hbar}{mc}}\right) = -8.43\,\mathrm{MeV} \tag{4.45}$$

となる [*1]．この値は悪くない．ミュー粒子はいつも原子核の内側にいるわけではないので，実験値はもう少し低いところにある．

参考文献

R. P. Feynman, *Quantum Electrodynamics.* (Benjamin, New York, 1962)

H. Haken, H. C. Wolf, *The Physics of Atoms and Quanta*, 6th edn. (Springer, Berlin, 2000)

V .F. Weisskopf, *Search for simplicity: quantum mechanics of the hydrogen atom*, Am. J. Phys. **53**(3), 206-207. (1985)

*1 $mc^2 \simeq 106\,\mathrm{MeV}$, $\hbar c \simeq 197\,\mathrm{MeV}\cdot\mathrm{fm}$ より $\hbar/(mc) \simeq 1.86\,\mathrm{fm}$ である．これより，束縛エネルギーはつぎのようになる．

$$E_{1s} = -\frac{3}{2}\frac{82\cdot(1/137)\cdot 197\,\mathrm{MeV}}{7.11}\left(1 - \sqrt{\frac{137}{82\cdot 7.11}\cdot 1.86}\right) \simeq -8.43\,\mathrm{MeV}$$

5 多電子原子 —— 殻構造

Necessaria est methodus ad veritatem investigandam.

—— René Descartes[*1]

原子の最も重要な特徴は，その半径と典型的な励起エネルギーである．これらは，分子やさらに凝縮系の構成要素としての原子を特徴付けている．

5.1 束縛エネルギー

水素原子の場合と同様に，複雑な原子の束縛エネルギーを，半古典論的な近似で計算してみよう．

5.1.1 ヘリウム原子

ヘリウム原子核のまわりを周回している，基底状態にある二つの電子を考察してみよう．二つの電子の間の相互反発を無視すれば，平均のポテンシャルエネルギーは

$$\bar{V} = -\frac{Z^2\alpha\hbar c}{\bar{r}} = -4\frac{\alpha\hbar c}{\bar{r}} \tag{5.1}$$

となり，平均の運動エネルギーは

$$\bar{K} = 2\frac{(\hbar c)^2}{2mc^2\bar{r}^2} \tag{5.2}$$

となる．したがって，全エネルギーとして，

$$E = -4\frac{\alpha\hbar c}{\bar{r}} + 2\frac{(\hbar c)^2}{2mc^2\bar{r}^2} \tag{5.3}$$

を得る．水素原子の場合と同様に，エネルギーを最小化することにより，束縛エネルギーと半径を，以下のように計算することができる．

*1　真理を探求するための方法が必要である．—— ルネ・デカルト

$$E=\frac{4^2}{2}E_1=-8\,\mathrm{Ry}\,,\qquad \bar{r}=\frac{2}{4}a_0 \tag{5.4}$$

しかしながら，実験的に決定された束縛エネルギーは，$E=-5.8\,\mathrm{Ry}$ である．違いは明らかに，電子・電子の反発のせいである．

反発の影響は，二つの電子間の平均距離が $\bar{r}_{\mathrm{eff}}=\bar{r}/0.6$ であると仮定することによって，うまく見積もることができる．この仮定は，それがよい結果をもたらすことにより正当化できるが，もっと長々しい計算を通じても同じ値を得ることができる．しかし，重要なのは，複雑な原子の中で電子どうしの反発によって引き起こされる長距離相関が，周期表のどの元素についても，なんと一つのパラメータで表現できるということである．電子間の反発ポテンシャルは

$$\frac{\alpha\hbar c}{\bar{r}_{\mathrm{eff}}}=+0.6\frac{\alpha\hbar c}{\bar{r}} \tag{5.5}$$

で，全エネルギーに対する完全な表現は

$$E=(-4+0.6)\frac{\alpha\hbar c}{\bar{r}}+2\frac{(\hbar c)^2}{2mc^2\bar{r}^2} \tag{5.6}$$

となる．最低エネルギーは

$$E=\frac{(3.4)^2}{2}E_1=-5.8\,\mathrm{Ry} \tag{5.7}$$

で，実験と一致する．最尤半径 $\bar{r}$ は $0.6\,a_0$ である．

5.1.2 相　関

ヘリウム原子中の電子間の最尤距離は $r_{\mathrm{eff}}=\bar{r}/0.6$ である．この数値は，二つの電子間の強い相関，あるいは弱い相関を意味するだろうか？　もし，期待値 $\langle 1/r\rangle$ を相関のないヘリウムの波動関数に対して求めてみれば，電子・電子距離が $r_{\mathrm{eff}}=\bar{r}/0.625$ であることがわかる（これは簡単に確かめられる）．これは，二つの電子の反発はそれらの運動をほとんど変えない，つまり弱い相関であることを意味する．

5.1.3 負の H^- イオン

負の H^- イオンはヘリウム原子と比べて，原子核電荷が 2 ではなく，1 であるという点でだけ異なっている．したがって，結合はより弱い．第 2 の電子の束縛エネルギーを計算するのは，ヘリウムの場合と比べて難しい．というのは，第 2 の電子は非常に弱く束縛されており，それがそもそも束縛されているということを理解するには，巧妙にやらなくてはならないからだ．精密な計算によれば，$E=-1.055\,\mathrm{Ry}$ で，中性水

素原子のエネルギーが -1Ry なので，第 2 の電子の束縛エネルギーはわずか -0.055 Ry $= -0.75$ eV である．これは実験的にも証明されている．

ヘリウムの場合の仮説 (5.6) と類似した仮説を試してみよう．

$$E = (-2 + 0.6)\frac{\alpha\hbar c}{\bar{r}} + 2\frac{(\hbar c)^2}{2mc^2\bar{r}^2} \tag{5.8}$$

最小化は，ヘリウムの場合 $(0.6\,a_0)$ よりはるかに大きな半径 $\bar{r} = (1/0.7)\,a_0 = 1.43\,a_0$ と，エネルギー

$$E = -2\,(0.7)^2\,\mathrm{Ry} = -0.98\,\mathrm{Ry} \ > \ -1\,\mathrm{Ry} \tag{5.9}$$

をもたらし，束縛するのには十分でない．ほんのわずかな改善が必要である．つまり，電子間にもう少しの相関があって，第 2 の電子が遠くにあるときに残りの水素原子が分極される配位が混合されればよい．

正確な結果は，二つの電子間の平均距離を $\bar{r}/0.6$ の代わりに $\bar{r}_{\mathrm{eff}} = \bar{r}/0.547$ とする，（根拠のない）仮定によっても得ることができる．

5.1.4 2s，2p 殻

$2 < Z \leq 10$ の原子の束縛エネルギーと半径を見積もるために，最外殻だけを考察しよう．原子核と内部の殻は，有効電荷 Z_{eff} を用いて記述できる．最外殻にある電子数は，Z_{eff} と一致している．これらの電子の主量子数は $n = 2$ である．電荷 Z_{eff} のクーロン場の中の Z_{eff} 個の電子のポテンシャルエネルギーは，

$$V = -Z_{\mathrm{eff}}^2\frac{\alpha\hbar c}{\bar{r}} \tag{5.10}$$

である．電子間の反発を計算するために，電子対の数とそれらの反発エネルギーを知る必要がある．電子間の平均距離は，再び $\bar{r}_{\mathrm{eff}} = \bar{r}/0.6$ ととろう．対の数は

$$\frac{Z_{\mathrm{eff}}(Z_{\mathrm{eff}} - 1)}{2} \tag{5.11}$$

で，殻におけるポテンシャルエネルギーは

$$V = \left[-Z_{\mathrm{eff}}^2 + 0.6\,\frac{Z_{\mathrm{eff}}(Z_{\mathrm{eff}} - 1)}{2}\right]\frac{\alpha\hbar c}{\bar{r}} \tag{5.12}$$

である．運動エネルギーを計算するためには，$n > 1$ について角運動量（半古典的軌道）の量子化 $\bar{r}\bar{p} = n\hbar$ を考慮せねばならず，それは

$$E_{\mathrm{kin}} = Z_{\mathrm{eff}}\,n^2\frac{(\hbar c)^2}{2mc^2\bar{r}^2} \tag{5.13}$$

を意味する．水素原子に関しては，全エネルギーの最小値を探した．$Z_{\rm eff}$ 個の電子をもった殻の束縛エネルギーとその半径は，つぎのような表現で与えられる．

$$
\begin{aligned}
E &= -\frac{Z_{\rm eff}\,[Z_{\rm eff} - 0.3(Z_{\rm eff} - 1)]^2}{n^2}\,{\rm Ry} \\
\bar{r} &= \frac{n^2}{Z_{\rm eff} - 0.3(Z_{\rm eff} - 1)}\,a_0
\end{aligned}
\tag{5.14}
$$

これらの公式を使うと，表5.1に示されたように，エネルギーと最尤半径について，かなりよい評価が得られる．

表5.1　最尤半径 $\bar{r}$ と最外殻にある電子の結合エネルギー．

元素	Z	$Z_{\rm eff}$	n	$\bar{r}\,[a_0]$ 計算値	$-E\,[{\rm Ry}]$ 計算値	$\bar{r}\,[a_0]$ 測定値	$-E\,[{\rm Ry}]$ 測定値
H	1	1	1	1.0	1.0	1.0	1.0
He	2	2	1	0.6	5.8	0.6	5.8
Li	3	1	2	4.0	0.25	2.8	0.4
Be	4	2	2	2.4	1.4	2.2	2.0
B	5	3	2	1.7	4.3	1.6	5.2
C	6	4	2	1.3	9.6	1.2	10.9
N	7	5	2	1.1	18.0	1.0	19.3
O	8	6	2	0.9	30.5	0.8	31.8
F	9	7	2	0.8	42.0	0.7	48.5
Ne	10	8	2	0.7	69.0	0.6	70.0

5.2 原子半径

最尤半径は，測定量とは容易に関係付けられない．物理的に最も実用的な半径の定義は $\sqrt{\langle r^2\rangle}$ で与えられる．これを求めるには，電子の密度分布を知らなくてはならない．

5.2.1 水素とヘリウム

水素原子における基底状態の電子の動径方向の波動関数は，どんな教科書にもあるように，

$$
R(r) = \frac{2}{\sqrt{a_0^3}}\,e^{-r/a_0}
\tag{5.15}
$$

で与えられる．電子密度

$$r^2R^2(r) = r^2\frac{4}{a_0^3}e^{-2r/a_0} \tag{5.16}$$

を使って容易に確かめられるように，ボーア半径 a_0 は原子核と電子の最尤距離を与える．さらに，式 (5.15) から期待値 $\langle 1/r \rangle$ を計算することができて，確かに $\bar{r} = \langle 1/r \rangle^{-1} = a_0$ であることがわかり，$\bar{r}$ を使った見積りがどうしてこれほどうまくいったのかが納得できる．

X 線の散乱実験では，原子の電荷分布を測定することができ，これから，期待値 $\langle r^2 \rangle$ を計算することができる．水素については，

$$\langle r_{\mathrm{H}}^2 \rangle = \frac{4}{a_0^3}\int e^{-2r/a_0}r^4\mathrm{d}r = 3a_0^2 \tag{5.17}$$

となる．このように定義された水素原子の半径は，$\sqrt{\langle r_{\mathrm{H}}^2 \rangle} \approx 0.1\,\mathrm{nm}$ であり，ボーア半径よりも原子の大きさのよりよい目安となっている．ヘリウム原子の波動関数は水素の波動関数と似ているので，ヘリウム原子の大きさも $\sqrt{\langle r_{\mathrm{He}}^2 \rangle} \approx 0.06\,\mathrm{nm}$ と見積もることができる．ヘリウム原子は，水素原子より小さな原子半径をもっており，実際すべての原子半径のうちで一番小さいのである．

すべての希ガスの半径を式 (5.14) から計算することは，電荷分布がわからなければ不可能である．半径は原子番号とともに少しずつ増加し，0.12 nm と 0.16 nm の間にある．ここでは，トーマス・フェルミモデルを用いて，原子半径が電子数に非常に弱く依存していることを示そう．

5.2.2 トーマス・フェルミモデル

重い原子は，注釈付きではあるが，縮退したフェルミ粒子の系とみなすことができるだろう．電子は，原子核と電子が作り出したポテンシャル $U(r)$ の中で運動している．もしポテンシャルがゆっくりと変化するなら，電子のド・ブロイ波長は，半径にわずかしか依存しないということを意味する．したがって，それぞれの r で，電子をフェルミ気体模型を使って扱える領域 $\Delta r \geq \lambda$ を定義することができる（図 5.1）．領域 Δr に入る電子の数は，つぎのように，位相空間の体積を $(2\pi\hbar)^3$ 単位で測った数の 2 倍である．

$$n = \frac{2}{(2\pi\hbar)^3}\int_0^{p_{\mathrm{F}}} 4\pi p^2\mathrm{d}p \cdot 4\pi r^2\Delta r \tag{5.18}$$

局所的な電子密度は，式 (5.18) から容易に求めることができる．

$$\rho(r) = \frac{n}{4\pi r^2\Delta r} = \frac{(p_{\mathrm{F}})^3}{3\pi^2\hbar^3} \tag{5.19}$$

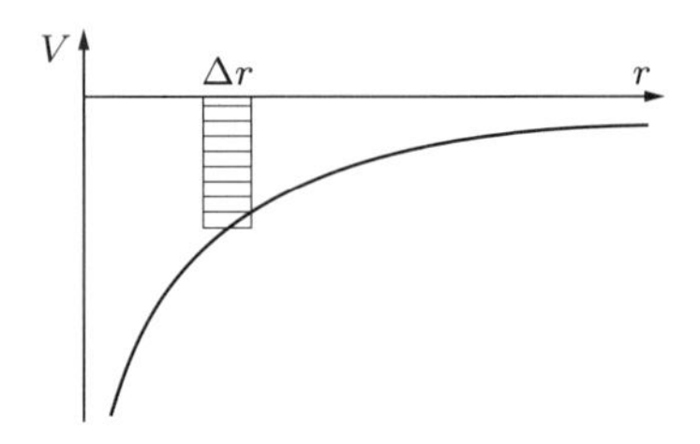

図 5.1　幅 Δr のそれぞれの殻の中の電子は，自由な縮退したフェルミ気体として取り扱われている．

このモデルでは，フェルミ運動量 p_{F} は束縛された電子の最大限の運動量に対応すると仮定する．これは，電子の全エネルギーが 0 のとき，すなわち，

$$\frac{p_{\mathrm{F}}^2}{2m_{\mathrm{e}}} = eU(r) \tag{5.20}$$

のように，運動エネルギーがポテンシャルエネルギーと等しいときには正しい [*1]．この仮定が矛盾のないようにする必要がある．ポテンシャル $U(r)$ は，電荷密度を $-e\rho(r)$ としたポアソン方程式

$$\nabla^2 U(r) = -\frac{-e\rho(r)}{\varepsilon_0} \tag{5.21}$$

より決めることができ，電子密度は，式 (5.19) と (5.20) から，

$$\rho(r) = \frac{[2m_{\mathrm{e}}eU(r)]^{3/2}}{3\pi^2\hbar^3} \tag{5.22}$$

となる．スケール則 [*2] を理解するには，式 (5.22) を無次元の変数で書き直すとよい．点 r でのポテンシャルは，有効電荷 $Z_{\mathrm{eff}}(r)$ で決定され，

$$U(r) = \frac{Z_{\mathrm{eff}}(r)e}{4\pi\varepsilon_0 r} \tag{5.23}$$

となる．二つの無次元変数

$$\Phi(r) = \frac{Z_{\mathrm{eff}}(r)}{Z}, \qquad x = \frac{1}{[9\pi^2/(2Z)]^{1/3}}\frac{4r}{a_0} \approx \frac{Z^{1/3}r}{0.8853a_0} \tag{5.24}$$

を導入する．そうすると，式 (5.21) と (5.22) は，境界条件 $\Phi(x \to \infty) \to 0$ のもとで，

$$\frac{\mathrm{d}^2\Phi}{\mathrm{d}x^2} = \Phi^{3/2}x^{-1/2} \tag{5.25}$$

---

*1　全エネルギーは $p_{\mathrm{F}}^2/(2m_{\mathrm{e}}) - eU(r)$ である．

*2　系の大きさを変えたときに物理量がどう変化するかを表す関係．

という形に書くことができる．これが，トーマス・フェルミ方程式の標準形である．これは解析的に解くことはできないが，Slater の本の中で数値的に解かれており，図 5.2 にその解を図示する．この単純な関数は，自己無矛盾法（ハートリー法）で求められた原子密度を，非常によい近似で再現する．重要なことは普遍性で，$\Phi(x)$ は r を $0.8853a_0/Z^{1/3}$ を単位とした関数としてプロットしたときに，$Z \geq 10$ のすべての原子について成り立つ関数である．Φ とちょうど同じように，電子密度と $\sqrt{\langle r^2 \rangle}$ は，$0.8853a_0/Z^{1/3}$ を単位として表すと，すべての重い原子について等しくなる．このことから，期待値に関する単純なスケール則が導かれる．半径に関してスケール則は $\sqrt{\langle r^2 \rangle} \propto Z^{-1/3}$ となる．もちろん，この結果は一つの殻について平均した半径を考えたときだけに成り立つ．希ガス原子とそれに続くアルカリ原子を比べると，それらの半径の違いは，たとえば，ネオン原子とキセノン原子の違いより大きい（表 5.1 を参照）．$\sqrt{\langle r^2 \rangle}$ が Z が増大するにつれ小さくなるというのは，驚くべきことのように見えるかもしれないが，内部の電子は Z が増大するにつれて原子核に近づき，外部の電子の分布はほんの少ししか増大しないことを考えれば，容易に理解できる．だから，主として外部の電子に興味がある化学者が，原子の大きさについて独自の定義を使っていることは，驚くに値しない．図 5.3 に，トーマス・フェルミモデルとハートリー計算の比較を示す．トーマス・フェルミ分布は，$x \geq 0.5$ または $r \geq 0.4\,a_0/Z^{1/3}$ に対しては，指数関数で近似することができる．

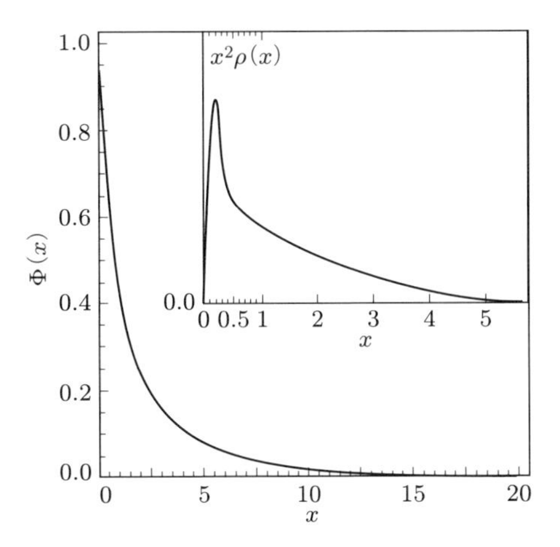

図 5.2　トーマス・フェルミ方程式の解．$\Phi(x)$ のパラメータ $x = Z^{1/3}r/(0.8853a_0)$ に対する依存性を表す．右上は，結果として得られた x の関数としての電子密度．

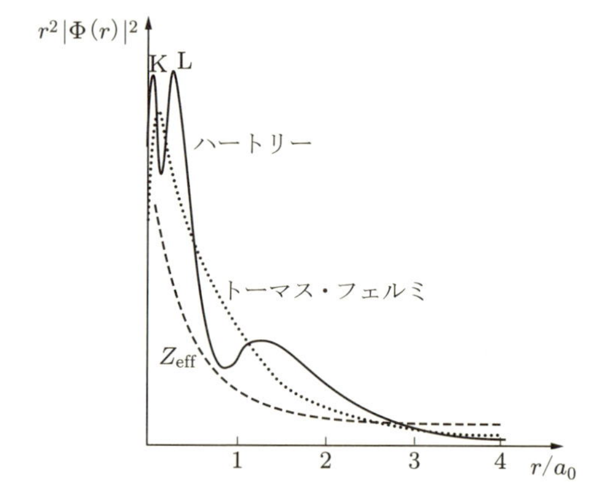

図 5.3　トーマス・フェルミモデルと $Z = 80$ に対するハートリー計算の比較.

5.2.3 代わりの定義

化学では，原子の大きさについて，化学結合に関連の深い別の定義（以下の 2 種類）を用いている.

1. 半径は，その外側に電子がいる確率が 50%となるように定義されている．この定義は，共有結合している原子間の距離をよく再現する.
2. 半径は，原子核からその距離以内には，別の原子がパウリの排他律のため来ないように選ばれている．この定義は，イオン結合している原子間の距離に対して用いられる.

異なる定義は系統的に食い違った値をもたらすが，Z に対する原子半径の全般的な依存性はよく再現している.

5.3 磁気モーメントをもつ原子

水素原子においては，主量子数 n が同じであれば，角運動量 ℓ が異なっていてもエネルギーは同じで，縮退している．つまり，縮退した状態はすべて同じ運動エネルギーとポテンシャルエネルギーをもっている．これは，同じ $\langle 1/r \rangle$ をもち，したがって，$\langle r \rangle$ の値は非常に近いことを意味している．しかし，これは，縮退した状態がすべて同じように広がっていることを意味するわけではない．たとえば，3s 状態は 2 個の，3p 状態は 1 個の，3d 状態は 0 個の動径方向の節をもっているということを忘れてはいけない．図 5.4 で電子密度の半径依存性を見ると，3d が唯一もつ極大が 3s と 3p の外側

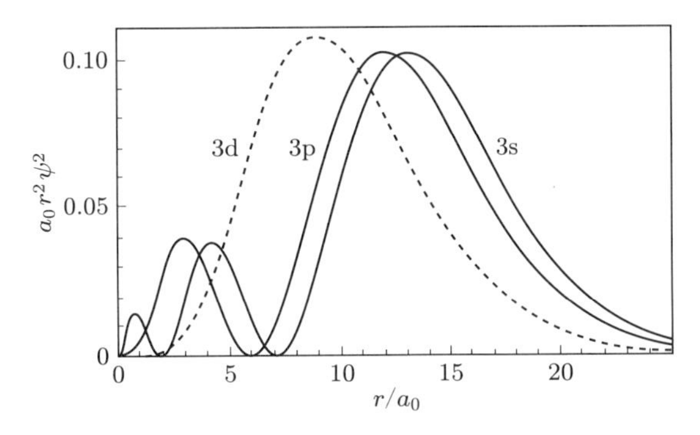

図 5.4 $n=3$ 殻で，3d 副殻が不完全な場合の電子分布．

の極大に隠されている．この効果は，もっと重い原子については，より強くなっている．最初に d 副殻が不完全な原子，典型的な例として鉄，コバルト，ニッケルを考察してみよう．これらの元素においては，s と p 状態の内側の密度極大のところにある電子は，ほとんど遮蔽されていない原子核のクーロンポテンシャルを感じているのに対し，3d 状態の唯一の極大にある電子は，電子殻の間に位置し，強く遮蔽されたポテンシャルを感じている．したがって，3d 状態は 3s や 3p 状態より高いエネルギーをもち，4s や 4p 状態と比較したほうがよいだろう．元素の周期表はこのことを明示しており，電子は 1s，2s，2p，3s，3p，4s，(3d, 4p)，... の順番で準位を埋めていく．

完全に埋められていない最外殻の原子の s と p 電子は，「化学的に非常に活性的」である．それで，隣り合った原子の状態は，外側の殻が実質的に埋められるように共有結合，またはイオン結合で結び付けられる．このことから，最も安定な分子の s と p 電子は逆方向の角運動量をもって，対になって結合している．したがって，それらの磁気モーメントの和はゼロとなり，物質は反磁性となって，誘起された磁化しかもたない．

完全でない d 副殻の場合は，状況は非常に異なっている．電子のスピンと軌道角運動量は，平行になるように向きがそろい，それらの磁気モーメントは足し算になる．したがって，そのような原子からなる物質（結晶）は，常磁性体となるし，強磁性体にさえなり得る．

常磁性の場合には，後から占有される d 状態が，対応する s と p 状態より高いエネルギーをもち，幾何学的には原子のより深くに位置しているため，化学的な影響から守られているということが，決定的に重要である．だから，d 状態は対にならずにいつづけることが可能である．いくつかの電子が d 副殻にあるときでさえ，エネルギー的にはそれらが平行に並ぶことが優先される．対称なスピン関数に対しては，空間波動関数は反対称となり，クーロン反発は最小となる．これは磁気的効果というより，むしろ静電効果である．

f 副殻に不対電子のある希土類原子についても，同様の考察が当てはまる．これらの電子は，d 副殻にある対応する電子のエネルギーよりさらに上にあり，幾何学的には，最外にある s，p，d 電子よりももっと遮蔽されている．だから，部分的に埋まった f 副殻をもつ希土類（おもに，サマリウム ${}_{62}\mathrm{Sm}$ やユーロピウム ${}_{63}\mathrm{Eu}$ を含むランタノイド）は，鉄よりも（高価かもしれないが）よい強磁性体となっている．

5.4 強磁性と反強磁性

強磁性は，相転移のとくに優れた例であり，物理学の他分野でもモデルとしてしばしば用いられる．だから，この転移の概略を手短かに与えよう．強磁性の現象は，格子構造の帰結である．鉄の場合には s と p 電子が，希土類の場合には s，p と d 電子が，結晶格子の結合に関与しており，d または f 電子は遮蔽されて，隣り合った原子とはほとんど重ならない．しかし，これだけで十分に，d または f 電子の全波動関数が反対称になる条件を満たしている．強磁性に関しては，d 電子の角運動量が互いに平行になり，したがって，空間波動関数が反対称になることが，エネルギー的に得である．これは，クーロン反発エネルギーを減少させる．反対称な波動関数は，二つの電子が重なり合う節をもち，それでクーロンエネルギーは小さくなるのである．

反強磁性の物質に対しては，状況は逆である．反対称なスピン波動関数と対称な空間波動関数は，隣り合ったイオンのクーロン引力を増加させ，電子のクーロン斥力より大きくなる．

常磁性状態と強磁性状態の間の相転移を担っている d 電子の束縛エネルギーを見積もってみよう．鉄のキュリー点は $T_{\mathrm{C}} \approx 1000\,\mathrm{K}$ にあり，これは，0.1eV 程度の束縛エネルギーに対応している．磁化は電子の磁気モーメントの向きを示す最適な指標であり，常磁性の状態では，つぎの**キュリーの法則**によってうまく記述される．

$$\chi_{\mathrm{P}} = \frac{C}{T} \tag{5.26}$$

ここで，χ_{P} は磁化率で，C は物質によって決まる定数である．磁化 $\mu_0 M$ は，外部磁場 B_{a} と格子の中の電子の静電的相互作用の結果であり，有効磁場を $B_{\mathrm{e}} = \lambda M$ として，つぎのように表すことができる．

$$\mu_0 M = \chi_{\mathrm{P}}(B_{\mathrm{a}} + B_{\mathrm{e}}) = \chi_{\mathrm{P}}(B_{\mathrm{a}} + \lambda M) \tag{5.27}$$

ここで，λ は現象論的定数である．

仮説 (5.27) は，相転移の定式化においては典型的で，相転移の臨界温度が系の構成要素の間の相互作用によって決まることを表している．つまり，磁化に対する正のフィードバックを含んでいる．相転移において，磁化のように秩序の度合いを測る量は秩序パラメータとよばれる．

磁化を含む項を左側にまとめ，キュリーの法則 (5.26) を用いると，式 (5.27) は

$$\mu_0 M = \frac{C}{T - T_\mathrm{C}} B_\mathrm{a} \quad (T > T_\mathrm{C} \text{ の場合}) \tag{5.28}$$

となることがわかる．温度 $T_\mathrm{C} = C\lambda/\mu_0$ における極は，相転移を示している．当然ながら，磁化は飽和値を超えて増加することはありえない．T_C 近傍の温度では，飽和を考慮することによって改善されたキュリーの法則を適用しなければならない．そうすると，式 (5.27) はもはや線形ではなくなり，$T < T_\mathrm{C}$ では $B_\mathrm{a} = 0$ でも非自明に成り立つ [*1]．

参考文献

N. W. Ashkroft, N. D. Mermin, *Solid State Physics.* (Holt, Rinehart and Winston, New York, 1976)

H. Haken, H. C. Wolf, *The Physics of Atoms and Quanta.* (Springer, Berlin, 2000)

C. Kittel, *Introduction to Solid State Physics.* (Wiley, New York, 1995)

J. C. Slater, *Quantum Theory of Atomic Structure.* (McGraw-Hill, New York, 1960)

V. F. Weisskopf, *Search for simplicity: atoms with several electrons*, Am. J. Phys. **53**(4), 304-305. (1985)

*1 式 (5.27) を $\mu_0 M = \chi_\mathrm{P}\left(B_\mathrm{a} + \lambda M - bM^3\right)$（ただし $b > 0$）と改善すると，$B_\mathrm{a} = 0$ でも $M^2 = \dfrac{\mu_0}{Cb}(T_\mathrm{C} - T) > 0$ となって，自発磁化が得られる．

共有結合とイオン結合 ── 電子の共有

Durch das Einfache geht der Eingang zur Wahrheit.

── Lichtenberg*1

原子の束縛エネルギーは，ポテンシャルエネルギーと運動エネルギーの和である全エネルギーが最小になるように決められる．原子は互いに相互作用して，分子，ガラスや結晶といった複雑な構造を形作る．外側の電子の電気分極のおかげで，分子の全エネルギーは，孤立した原子のエネルギーの和より低くなる．この章では，コンパクトな分子あるいは結晶構造を引き起こす化学結合を考察する．これは近似的に，共有結合とイオン結合という二つの単純に理想化された結合によって形作られる．金属結合は，「非局所化された」共有結合であり，11 章で縮退したフェルミ系の例として扱われる．

6.1 共有結合

正真正銘の共有結合の理想的な例は，水素分子である．この例が非常に魅力的であるのは，大雑把な計算でその概略を記述することができるからである．定性的な考察では，分子軌道を用いて共有結合を静電的な現象として説明し，原子軌道の観点から示唆される交換現象としては考えない．

教科書では，原子軌道が用いられることが多い．二つの離れた水素原子が，だんだん近づけられるとき，二つの原子の電子が重なり始めるにつれて，複合された波動関数が形成される．空間的に対称な波動関数を記述するには，交換座標が用いられるが，これには物理的な意味はない．電子が交換されるというのは，分子の量子状態において，電子を個々の陽子に割り当てることが不可能になるというだけの意味である．

はじめにヘリウム原子を考え，その原子核が二つの重陽子に分かれたとすると，電子雲に何が起こるか想像してみる．ここで，核の質量としては，重陽子でなく，陽子

*1 簡単化によって，真実への道が開ける．── リヒテンベルク

を用いる．というのは，$^1H_2$（水素分子）での共有結合は，$^2H_2$（重水素分子）での共有結合と非常によく似ているからである．

6.1.1 水素分子 — 対称性の破れの一つの例

分子の基底状態で，2 個の電子は全スピン $S = 0$ となるように結合しており，波動関数は空間的に対称で，おもに軌道角運動量 $L = 0$ をもつ分子軌道に対応している．ここで，水素分子の場合には，分子軌道の考えがただちに正しい結果を出すことを示そう．二つの水素原子核のまわりにヘリウム原子のように電子の電荷が分布することで，主要な引力は生じる．二つの陽子の間隔を d とし，電子と分子の重心の距離を r としよう（図 6.1）．$d/2 \ll r$ のときは，電子の全エネルギーは，ヘリウムの中での値と等しい．$d/2 \gg r$ のときは，電子それぞれは主として一つの陽子しか見ていなくて，全エネルギーは二つの離ればなれの水素原子のエネルギーであるはずである．二つの領域をつなげるために，水素分子の全エネルギーは次式で与えられると仮定しよう．

$$E = 2\frac{\bar{p}^2}{2m} - 2\frac{\alpha\hbar c}{\bar{r}}\left[1 + \left(1 - e^{-2\bar{r}^2/d^2}\right)\right] + 0.6\frac{\alpha\hbar c}{\bar{r}}\left(1 - e^{-2\bar{r}^2/d^2}\right) + \frac{\alpha\hbar c}{d} \tag{6.1}$$

最後の項は，陽子間の反発力による全エネルギーへの寄与を表し，はじめの三つの項は，電子の寄与に対応している．$\bar{r} \gg d/2$ のときには，式 (6.1) への電子の寄与はヘリウムにおける寄与と等しくなり（式 (5.6) を見よ），一方，$\bar{r} \ll d/2$ のときには，二つの離ればなれの水素原子の場合と等しくなる．

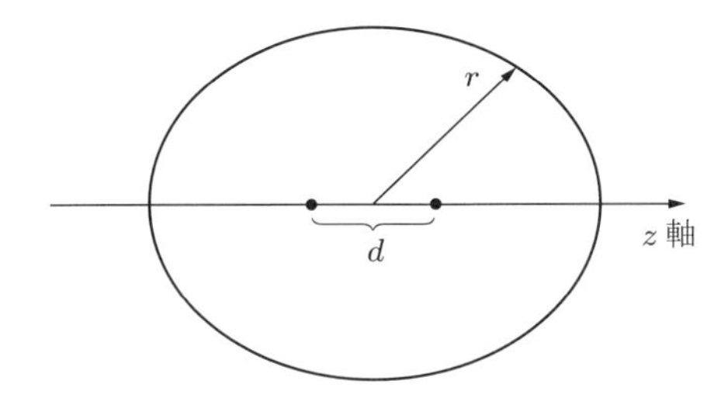

図 6.1　二つの陽子の間隔が d，分子の中心から電子までの間隔が r である．水素分子の半径 $r \approx 2a_0$ の等高線は，電子密度 0.001 個$/a_0^3$ の値に対応する．

電子は，主として $\bar{r} > d/2$ のあたりに分布しており，ヘリウム原子の場合と同様に，$\bar{r}\bar{p} = \hbar$ としてよい．$\bar{r}$ と d をボーア半径を用いて表現し直し，$\xi = \bar{r}/a_0$ と $\eta = d/(2a_0)$ とおけば，方程式は

$$E = \left\{ \frac{2}{\xi^2} - \frac{4}{\xi} \left[1 + 0.7 \left(1 - e^{-\xi^2/2\eta^2} \right) \right] + \frac{1}{\eta} \right\} \mathrm{Ry} \tag{6.2}$$

となる．ここで，Ry はリュードベリ定数 (4.4) である．

図 6.2 は全エネルギー，つまり電子の引力 E' と陽子どうしの反発力の和を表している．最小値は $d \approx a_0$ にあり，分子の中での電子の最尤半径は $\bar{r} = 0.9\,a_0$ である．結果として得られる結合エネルギーは，$E_{\mathrm{bind}} = E + 2\,\mathrm{Ry} = -0.47\,\mathrm{Ry}$ となる．これらの値は，実験値 $d = 1.43\,a_0$ と $E_{\mathrm{bind}} = -0.34\,\mathrm{Ry}$ に比較されるべきである．

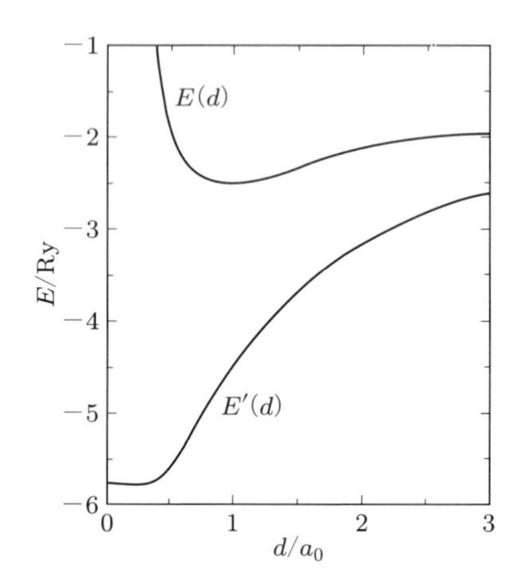

図 6.2　原子核の間隔 d の関数としての二つの水素原子のエネルギー．E' は二つの水素原子に対する電子の束縛エネルギーを，間隔 d の関数として表している．$d = 0$ に対してはヘリウム原子の束縛エネルギー $-5.8\,\mathrm{Ry}$ を得て，$d \to \infty$ に対しては二つの水素原子の束縛エネルギー $-2\,\mathrm{Ry}$ を見出す．全エネルギー E は，E' に二つの原子核の相互反発を加えることによって得られる．

この結果は，$\bar{r} > d/2$ という仮定が正しく，電子の分布はヘリウム原子と似ていることを示している．もう一度強調すると，電子の分布に関しては有効半径 $\sqrt{\langle r^2 \rangle}$ が重要で，これは最尤半径よりおよそ 1.7 倍大きい．

しかしながら，球対称な電荷分布という仮定がどの程度よいものなのかという点については，疑問が残る．電荷中心が二つあるということは，球対称性を破っている．これは分子の回転状態を考察することにより，最もよくテストすることができる．二つの陽子のスピンは平行（**オルソ水素**）または反平行（**パラ水素**）であることに注意しよう．陽子二つを表す波動関数は反対称でなければならないから，オルソ水素は軌道角運動量が奇でなければならないのに対し，パラ水素は偶でなければならない．

回転状態の磁気モーメントは，回転している陽子（正電荷）と回転している電子

（負電荷）それぞれの磁気モーメントによって作られる．水素分子の第 1 励起状態 $(J=2)$ の磁気モーメントの測定値は，$\mu_{\mathrm{H}_2}=(0.88291\pm0.0007)\,\mu_{\mathrm{N}}$ である．ここで $\mu_{\mathrm{N}}=e\hbar/(2m_{\mathrm{p}})$ は核磁子である．重心のまわりを角運動量 $\hbar$ で回転している二つの陽子は，核磁子の大きさの磁気モーメントを作り出す．12%だけ結果が小さくなっているのは，磁気モーメントに対して，小さいながらも電子の影響があることを示唆している．$S=0$ で $L=0$ の電子は回転には寄与せず，$L=2$ の電子が寄与する．これは，球対称な電子分布のほかに，四重極の電子分布があることを意味する．磁気モーメントの実験値によると，四重極モーメント $(Q=\langle 3z^2-r^2\rangle=0.59\,a_0^2)$ と電子の水素分子の中での平均 2 乗半径 $(\langle r^2\rangle=2.59a_0^2)$ から，電子を $L=2$ 状態に見出す確率はおよそ 20%となることが導かれる．

図 6.3 に，水素分子中の電子分布を描く．化学結合は，静電的な効果であり，結合に関与する電子は，個々の原子の電荷の 2 倍を感じている．この引力は，二つの陽子の間の反発力より大きい．

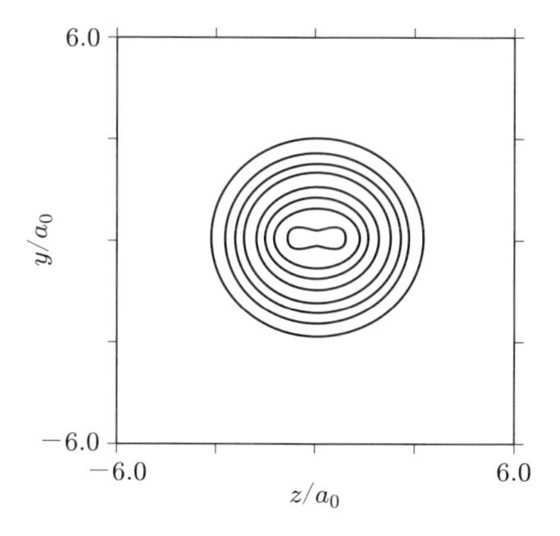

図 6.3 水素分子の中の電子分布についての正確な計算の結果．電子密度の等高線は，（外側から内側へ）電子密度 0.0010, 0.0025, 0.0050, 0.01, 0.025, 0.05, 0.10, 0.25 個$/a_0^3$ に対応している．

6.1.2 類 推

水素分子のポテンシャルの空間依存性を描いてみよう（図 6.4）．球対称性が破れているために，二つの新しい励起モードが存在する．対称軸まわりの角度 ϕ の回転と，ポテンシャルのひさしに垂直な動径方向の振動である．類似したカイラル対称性（図 12.9）とヒッグス場（図 16.10）の場合のポテンシャルは，確かに水素分子のポテンシャルと似ている．ただし，図 6.4 の場合は，メキシコ帽ポテンシャルとよばず，むしろ魔女の帽子ポテンシャルとよぶべきものだろう．カイラル対称性とヒッグス場の

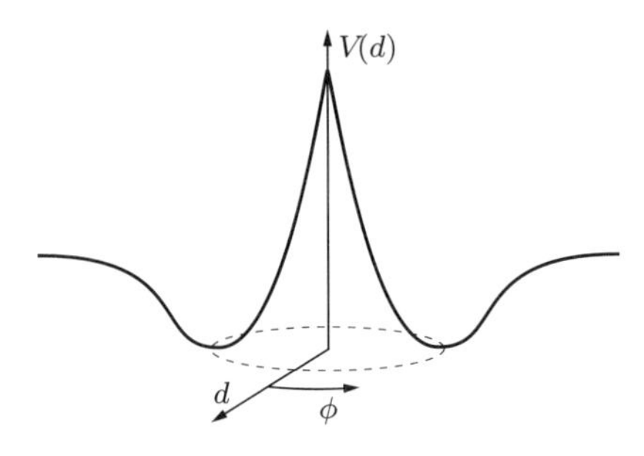

図 6.4　水素分子のポテンシャルの原子間距離 d への依存性．核力の到達範囲は非常に誇張されている．クーロン反発力が核力と相殺する距離 d も，誇張されている．角度 ϕ は回転角を表している．振動状態は，原子の動径方向の運動に対応する．

場合の回転と振動は，互いに結合した無限の自由度が関係しており，それぞれ中間子とヒッグスボゾンという量子化された波動に対応する．

6.1.3　(2s, 2p) 殻における共有結合

H_2 についての取り扱いは，ほかの対称的な二原子分子 Li_2，N_2，O_2 へ拡張することができる．電子雲の四重極部分は，軽い分子より重い分子で大きくなる．というのは，原子間の距離が反発力の効果でより大きくなるからである．有機分子の多大な多様性を生み出している炭素の共有結合は，とくに興味深い．C–H, C–C, C=O の場合に，これらの共有結合の結合エネルギーが最大 10%しか違わず，4.5 eV 程度であることは印象的である．水素分子の H–H 結合，水分子の O–H についても 10%の違いを除いて同じ値が得られる．明らかに，これらすべての場合の分子軌道は，原子の波動関数によってうまく記述される．つまり，2s と 2p 状態の重ね合わせ（いわゆる混成）を用いればよい．なお，混成は結合間に特徴的な角度をもたらす．

6.1.4　炭素 — 魔法の原子

炭素は，地球上の生命にとって基本的な役割を果たしていて，共有結合によって非常に多様な有機化合物や異なる結晶構造を作っている．

炭素は 1s 殻に二つ，2s 殻と 2p 殻に四つの電子をもっている．2s と 2p の副殻はほとんど縮退しているので，いわゆる混成軌道（2s 軌道と 2p 軌道の線形結合）が容易に作られて，四つの強い共有結合を可能にする．一つの 2s 軌道と三つの 2p 軌道がかかわるので，sp^3 軌道とよばれる．

有機化合物では，炭素原子の鎖または輪が形成されて，余った電子は水素，塩素，窒

素などのさまざまな原子との結合に使われる．

ダイアモンドでは，四つの電子が隣にある四つの炭素原子との結合に使われて，結合と結合が互いに 109.5° をなす立方格子が作られる．強い共有結合のおかげで，ダイアモンドは最も硬い結晶として知られている．一つ上の殻 $(n = 3)$ への励起エネルギーが 6 eV もあるので，ダイアモンドは可視光線（約 1.6 eV から 3.3 eV）には透明である．上の殻にはほとんど電子が存在しないので，ダイアモンドは電気的には絶縁体で，熱もほとんど伝導しない．シリコンとゲルマニウムも四つの共有結合をもつために同じ結晶構造をもつが，よい半導体である（価電子の殻とすぐ上の殻との間には，シリコンで 1.1 eV，ゲルマニウムで 0.67 eV のギャップしかない）．

ある意味で，炭素原子が**グラフェン**とよばれる 2 次元格子を作ることができるのは驚きである（図 6.5 (a)）．三つの電子だけが共有結合に加わるので，共有結合が互いに 120° 度をなす sp^2 混成軌道を作る．四つ目の電子は局在しないで，金属結合のように近隣の原子と結合する．よって，グラフェンは電気的に優れた導体である．また，強い共有結合のおかげで，最も強い物質の一つであり，鋼鉄の 300 倍もの強度をもつ．単一原子の層として，電子顕微鏡用支持膜，潤滑剤，保護層など，数多くの応用が期待されている．グラフェンは，4 番目の共有結合が非局在化された二重結合ともみなせるので，ベンゼン，ナフタレン，アントラセンなどの芳香有機化合物が無限に拡張されたものとして捉えられることがある．

グラファイトは，炭素の最も安定な状態として，ファンデルワールス力によって弱く

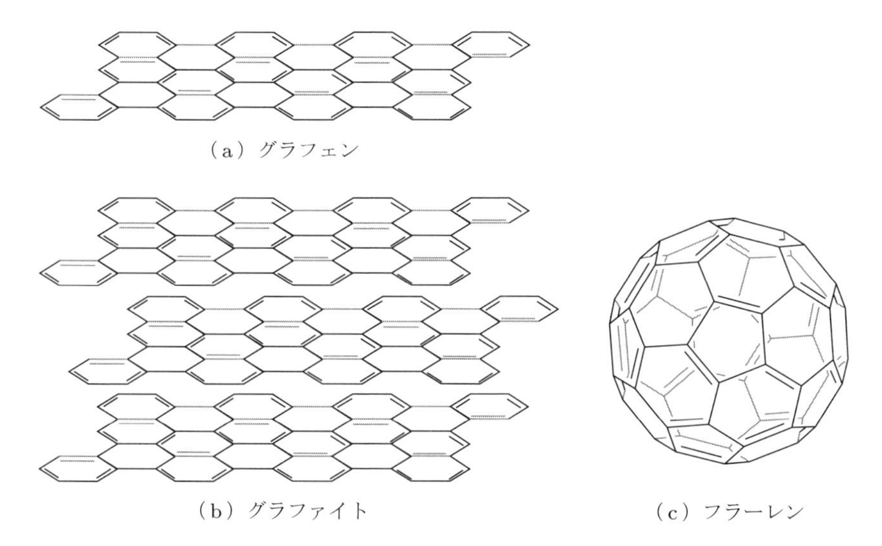

図 6.5 (a) グラフェン，(b) グラファイト，(c) フラーレン．

結ばれたグラフェン層の重なりとして考えられる（図6.5 (b)）．三つの共有結合，“金属結合” とファンデルワールス力の束縛エネルギーを全部合わせると，常温常圧でのグラファイトのエンタルピーはダイアモンドのそれよりも 0.031 eV 低くなる．ところが，より高い圧力（したがって高密度）になると，グラファイトよりもダイアモンドのほうが経済的になる．ダイアモンドは，圧力 4.5 ~ 6 GPa，温度 900 ~ 1300 °C で自然に形成される．グラファイトは，自由電子のおかげで優れた電気伝導体である．ファンデルワールス力は弱いので，層は互いに離れており，剥がすのは容易である．グラファイトはもろく，よい潤滑剤で，黒い跡を残す．名前はギリシャ語の *graphein*（書く）に由来する．

2次元構造で興味深いものには，**ナノチューブ**（グラフェンが円筒状に丸まったもの）や**フラーレン**（グラフェンが球状に丸まったもの：図6.5(c)）もある．これらはともに，エレクトロニクス，製剤，潤滑剤，保護剤としての応用があり，どんどん新しい応用が考えられている．グラフェンとナノチューブが六角形からなるのに対して，フラーレンは六角形のほかに12の五角形をもたねばならない．それは球のトポロジーの場合，オイラーの定理から，頂点数 + 面の数 − 辺の数 = 2 だからである．これは，C_{60} フラーレン，いわゆるバックミンスターフラーレン（名前は建築家 Buckminster Fuller に因む）の場合，$60 + (12 + 20) - 90 = 2$ となっている．これよりも大きなフラーレン構造もある．ナノチューブもフラーレンも少量ながらすすの中に自然に存在するが，見つけられたのはこの数十年のことである．現在では，「すす」を適切に処理することにより，実験室で大量に作ることが可能になっている．

6.1.5 エネルギー源 酸素

酸素の二重結合 (O=O) は，共有結合である．しかし，結合エネルギーは (2s, 2p) 殻の軽い原子や，水素分子の一重結合エネルギーと同程度しかない．

酸素原子の最外殻はほとんど閉じていて，結合に関与する電子は2個だけである．残りの電子はパウリ原理によって原子どうしを引き離す．これは原子間距離を増加させ，そのため共有する軌道の重なりは小さくなる．酸素分子の結合のエネルギーは，上に述べた化合物に比べ半分に減少する．

O_2 分子は，二重結合をもつが，結合あたりのエネルギーは 2.3 eV 程度しかないことになる．これが，炭素や水素やほかの化合物を酸素とともに燃やしたときに，結合あたりおよそ 2.2 eV 得をする理由である [*1]．このために，酸素は化学的に活性が高く，化学化合物の中にあることが多い．大気中の酸素は，光合成の副産物として，常

*1　通常の共有結合のエネルギーは 4.5 eV 程度だから．

に補充されている．

化石燃料のエネルギー源というと，石炭，天然ガス，石油のことである．しかし，意外なことに，エネルギーはむしろ大気中の酸素に蓄えられているのである．つぎのような，メタンと酸素の燃焼について考察しよう．

$$CH_4 + 2O_2 \longrightarrow CO_2 + 2H_2O \tag{6.3}$$

この反応によって共有結合の数は一定に保たれているが，四つの弱い酸素の結合が四つの強い結合で置き換えられている．光合成が酸素を炭素から引き離して，エネルギーを酸素の弱い結合の中に蓄えたのである．

6.2 イオン結合

この結合の典型的な例は，LiF，NaCl，CsI，$\cdots$ である．実験（分子の電気双極子モーメント）と比較すると，アルカリ原子の電子は 90%までハロゲン原子に移動していることがわかる．両方のイオンは，希ガス的な閉じた殻をもっている．ここで，電子は完全に移動していると仮定しよう．二つのイオンは，電子雲のそれ以上の重なりが，パウリ原理によって止められるまで引き付け合う．NaCl 分子に対しては，およそ距離 $d = 0.24\,\mathrm{nm}$ のところで起こる（結晶の中では，距離はもう少し大きく $d = 0.28\,\mathrm{nm}$ となる．図 1.6 を参照）．自由なイオンと比較して，分子の結合エネルギーは

$$E - E_{\mathrm{ions}} = -\frac{\alpha\hbar c}{d} = -\frac{2\mathrm{Ry}}{d/a_0} = -5.6\,\mathrm{eV} \tag{6.4}$$

となる．この数値よりもっと重要なのは，中性原子と比較した結合エネルギーである．アルカリ原子から電子を取り去ってハロゲン原子に与えるのには，1.5 eV が必要である．これは，NaCl の結合エネルギーがつぎのようになることを意味する．

$$E - E_{\mathrm{atoms}} = -4.1\,\mathrm{eV} \tag{6.5}$$

イオン分子は，おもに結晶状態で存在する．イオンの電荷は遮蔽されておらず，長距離のクーロン力が考慮されなくてはならない．結晶の中では，原子あたりの結合エネルギーは元の値のおよそ 78%に減少する．これは，すぐ隣にある逆符号の電荷をもつ原子の引力だけでなく，もっと遠くにある同じ符号と逆符号の電荷をもつ原子との相互作用が重要なせいである．

参考文献

N. F. Ramsey, *Molecular Beams.* (Oxford University Press, New York, 1958)

V. F. Weisskopf, "Search for simplicity: chemical energy," Am. J. Phys. **53**(6), 522-523. (1985)

V. F. Weisskopf, "Search for simplicity: the molecular bond," Am. J. Phys. **53**(5), 399-400. (1985)

分子間力
—— 複雑な構造の形成

Pluritas non est ponenda sine necessitate.
—— William of Occam (Ockham)*1

7.1 ファンデルワールス相互作用

中性の原子と分子は，$\hbar\omega_0 \approx \alpha\hbar c/(2a_0)$ 程度の高い周波数で振動する，大きさ $\mu_{\rm el} \approx ea_0$ の電気双極子として捉えることができるだろう．球対称な電荷分布は，古典的には双極子モーメントを作らないが，量子力学においては，電子の座標の不確定性（式 (4.2) を参照）により，双極子モーメントができる．

双極子モーメントの時間的な相関により，原子と分子の間にファンデルワールス力が生じる．この力は，ほかにいろいろな化学結合が存在していないときのみ，支配的な役割を果たす．希ガスの原子間や有機化合物の分子間ではそうであり，たとえば共有結合によって形成されるグラファイト結晶面の間の結合もまたそうである．以下でファンデルワールス力について考えるが，その大きさを原子定数（ボーア半径や微細構造定数など）を使って評価するために，水素原子の例を用いる．水素の共有結合は，確かにファンデルワールス相互作用の寄与よりずっと強い．水素原子間の仮想的なファンデルワールス力についての考察から，水素分子間に実際にはたらくファンデルワールス力に対して，非常によい見積りを得ることができる．

カシミア効果と関係のある実験が最近流行しているので，ファンデルワールス力を少し詳細に取り扱おう．カシミア効果は，真空の揺らぎの効果を巨視的スケールで検証するものである．

7.1.1 原子と導体壁の間のファンデルワールス相互作用

理想的な導体壁の近くに原子があると，鏡像電荷（図 7.1）が誘導されて，原子と一緒に振動する．間隔が $a_0 < d < a_0/\alpha$ のときだけ，準静的近似が成り立つ．上限が

---

*1 説明は必要最低限のもので済ますべきだ．—— オッカムのウィリアム

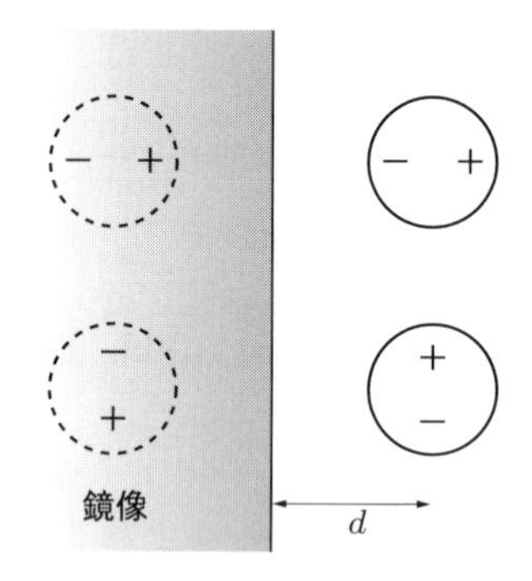

図 7.1　理想的な導体壁の前の原子とその鏡像.

あるのは，間隔が大きくなると原子とその鏡像の位相にずれが生じ，遅延の効果を考慮しなければならないからである．準静的近似を使うと，理想的な導体壁の前で振動する大きさ a_0 の双極子は，ポテンシャルエネルギー

$$V_{\mathrm{a,W}}(R) \approx -\alpha\hbar c \frac{a_0^2}{(2d)^3} \tag{7.1}$$

をもつことがわかる．

7.1.2　二つの原子間のファンデルワールス相互作用

二つの原子それぞれの振動する双極子には，はじめから相関があるわけではない．相関は，原子が 2 光子交換とよばれる相互作用をすることで生まれる．ファンデルワールス相互作用は，つぎのように見積もることができるだろう．一つの双極子の場の中でもう一つの双極子がもつ束縛エネルギーは，式 (7.1) の $V_{\mathrm{a,W}}$ に比例する．原子が双極子モーメントをもつには，典型的に $\Delta E \approx 1\,\mathrm{Ry}$ という励起エネルギーが必要である．したがって，間隔 R でのファンデルワールス（原子・原子）相互作用は，量子力学の 2 次の摂動より，

$$V_{\mathrm{a,a}}(R) \approx -\left(\alpha\hbar c \frac{a_0^2}{R^3}\right)^2 \frac{1}{2\Delta E} \approx -\alpha\hbar c \frac{a_0^5}{R^6} \tag{7.2}$$

となる．間隔 $R > a_0/\alpha$ に対しては，原子間で信号の伝わる時間 R/c は，典型的な振動時間 $\hbar/\mathrm{Ry} = a_0/(c\alpha)$ より長くなる．遅延を考慮しなくてはならないので，相互作用は $1/R^6$ より速く減衰することが期待される．間隔 $R > a_0/\alpha$ に対するファンデルワールス相互作用を見積もるためには，別の観点が必要である．カシミア効果とよばれるこの効果は，中性の導体表面間にはたらく力が最近測定されて，とくに興味深いものとなったので，この現象についても手短かに考察しよう．

7.1.3 ファンデルワールス相互作用とカシミア効果

遅延を考慮するために，双極子振動は電磁場のゼロ点振動の結果生じると考えよう．電場のゆらぎ（4.2.1 項を参照）は，中性の系に双極子モーメントを誘起し，それがファンデルワールス相互作用に寄与する．中性だが分極可能な物体 1 と 2 が間隔 R だけ離れているとしよう．ゼロ点エネルギーで揺らいでいる電場 $\mathcal{E}(\mathbf{r}, t)$ は，両方の物体を分極させ，それらに電気双極子モーメント

$$\begin{aligned}\mu_1 &= \varepsilon_0 \alpha_1 \mathcal{E}(\mathbf{r}_1, t)\\ \mu_2 &= \varepsilon_0 \alpha_2 \mathcal{E}(\mathbf{r}_2, t)\end{aligned} \tag{7.3}$$

を与える．ここで，α_1 と α_2 は二つの物体の分極率で，ε_0 は誘電率である．以下の導出では，角度依存性は無視する．双極子 2 の放射場 $\mathcal{E}_2$ の中での双極子 1 のエネルギーは，

$$W = -\mu_1 \mathcal{E}_2(r_1, t) \tag{7.4}$$

である．大きさ μ_2 で周波数 ω で振動しているヘルツ型双極子の放射場は，よく知られているように，

$$\mathcal{E}_2 = \frac{1}{4\pi\varepsilon_0}\mu_2 \frac{\omega^2}{c^2 R} \tag{7.5}$$

で与えられる．よって，周波数 ω のゼロ点振動は，式 (7.4) と (7.5) に従って，

$$W = -\frac{\varepsilon_0}{4\pi}\alpha_1\alpha_2 \mathcal{E}_\omega(\mathbf{r}_1, t)\mathcal{E}_\omega(\mathbf{r}_2, t)\frac{\omega^2}{c^2 R} \tag{7.6}$$

だけ束縛エネルギーに寄与する．ここで，電場 $\mathcal{E}_\omega(\mathbf{r}_1, t)$ と $\mathcal{E}_\omega(\mathbf{r}_2, t)$ は，$\mathcal{E}_1$ と $\mathcal{E}_2$ のフーリエ成分である．

全束縛エネルギーは，式 (7.6) を電磁場の振動の位相空間について積分することにより，

$$W = -\frac{\varepsilon_0}{4\pi}\int \alpha_1\alpha_2 \mathcal{E}_\omega(\mathbf{r}_1, t)\mathcal{E}_\omega(\mathbf{r}_2, t)\frac{\omega^2}{c^2 R}\frac{L^3 4\pi\omega^2 \mathrm{d}\omega}{(2\pi c)^3} \tag{7.7}$$

と得られる．積分の上限は $\omega \approx c/R$ である．その理由は，周波数 $\omega \gg c/R$ に対しては，ω の関数として見た積 $\mathcal{E}_\omega(\mathbf{r}_1, t)\mathcal{E}_\omega(\mathbf{r}_2, t)$ が非常に高速で振動しており，積分に重要な寄与をしないからである．周波数 $\omega \ll c/R$ に対しては，積は定数としてよい．一方，真空の揺らぎの平均エネルギーは

$$L^3\varepsilon_0 \mathcal{E}_\omega(\mathbf{r}_1, t)\mathcal{E}_\omega(\mathbf{r}_2, t) \approx L^3\varepsilon_0\mathcal{E}^2 \approx \hbar\omega \tag{7.8}$$

となる．これより，ゼロ点揺らぎのファンデルワールス相互作用へのつぎのような寄与が得られる．

$$W \approx -\int_0^{c/R} \alpha_1 \alpha_2 \frac{\hbar \omega^5}{c^5 R} \mathrm{d}\omega \tag{7.9}$$

ここでは，数係数を省いた．積分の近似はとても粗く，上限は1桁程度の見積りでしかないので，それ以上の印象を与えたくないからである．式(7.2)でVとしたファンデルワールス相互作用をここではWと表したが，それはここでは別の観点（電磁場のエネルギー）を採用しているからである．

水素原子の分極率は，$\alpha_\mathrm{H} \approx a_0^3$である．ほかの原子もこの程度の分極率をもっているから，二つの原子の相互作用に対するゼロ点振動の寄与は

$$W_{\mathrm{a,a}} \approx -\hbar c \frac{a_0^6}{R^7} \tag{7.10}$$

となる．この近似は，原子が場のゼロ点振動によって強制振動を受けるという仮定のもとで導出されており，したがって$R > a_0/\alpha$のときだけ成り立つ．もっと小さな間隔のときには，寄与する周波数$\omega \approx c/R$は典型的な原子周波数$\mathrm{Ry}/\hbar \approx \alpha c/a_0$より大きく，原子は強制振動についていけない．したがって，間隔が$R \approx a_0/\alpha$のときに，同期した双極子振動を作り出すメカニズムとそれに由来するファンデルワールス相互作用が変化する．$R < a_0/\alpha$ならば原子のゼロ点振動は相互に同期できるが，$R > a_0/\alpha$となると，放射場のゼロ点振動が作る共通の環境を通じて同期する．

7.1.4　壁・壁相互作用

4.2節でラムシフト（式(4.24)を参照）について見たように，十分大きい体積L^3における電磁場のエネルギー密度u_Lは，つぎのように計算される．

$$u_\mathrm{L} = \int_0^{\omega_\mathrm{max}} 2\frac{\hbar\omega}{2} \frac{4\pi\omega^2 \mathrm{d}\omega}{(2\pi c)^3} = \frac{\hbar \omega_\mathrm{max}^4}{8\pi^2 c^3} \tag{7.11}$$

この十分に大きな体積の中で，完全導体の壁をもつ平面上コンデンサーを考えると，壁にはいわゆる**カシミア力**がはたらく．Sを平面状コンデンサーの面積とし，dを平面の間隔としよう．壁に節のある揺らぎだけが，コンデンサーの中で可能である．揺らぎの最低の周波数は波長$\lambda = 2d$に対応し，これは$\omega = \pi c/d$となることを意味する．コンデンサーの中のエネルギー密度u_Kは，体積L^3の中のエネルギー密度u_Lと，境界条件によって除外される揺らぎの和との差である．

$$u_\mathrm{K} \approx \int_{\pi c/d}^{\omega_\mathrm{max}} \hbar\omega \frac{4\pi\omega^2 \mathrm{d}\omega}{(2\pi c)^3} = \frac{\hbar \omega_\mathrm{max}^4}{8\pi^2 c^3} - \frac{\pi^2 \hbar c}{8 d^4} \tag{7.12}$$

$\pi c/d$ に鋭いカットオフを置いているので，この計算は正確ではない．境界条件を満たす振動モードについては離散的な和をとるべきである．計算はいささか面倒なので，ここでは結果だけを述べる．式 (7.12) の最後の項の 8 は，720 で置き換えねばならない．したがって，コンデンサーの外側と内側のエネルギー密度の差は，

$$\Delta u = u_{\mathrm{K}} - u_{\mathrm{L}} = -\frac{\pi^2 \hbar c}{720 d^4} \tag{7.13}$$

となる．また，二つのエネルギー密度の差から，平面にかかる圧力をつぎのように計算できる．

$$P_{\mathrm{Casimir}} = -\frac{1}{S}\frac{\mathrm{d}(\Delta u S d)}{\mathrm{d}d} = -\frac{\pi^2 \hbar c}{240 d^4} \tag{7.14}$$

カシミア力は，さまざまなコンデンサーの形状と μm のスケールの間隔について，実験的に検証されている．したがって，巨視的なスケールでゼロ点揺らぎの存在が証明されたと信じられている．しかし，カシミア効果を天文学的な規模へ外挿すると，馬鹿げた結果が導かれる．最近の実験で明らかになったエネルギー密度より，1 桁以上大きなエネルギー密度が得られてしまうのである．

最後に，カシミア力に関する公式 (7.14) は，遅延したファンデルワールス力に関する表式 (7.10) からも得られることを示そう．今度は，分極率 $\alpha_{\mathrm{H}} = a_0^3$ の誘電体で作られた壁を考える．この見積りでは，面積 $S = d^2$ で，深さ $d/2$ の二つのブロックにある原子だけを考察する（図 7.2）．これらの領域の外にある原子からの寄与については無視している．それぞれの立方体の中の原子数は $N = (d/2a_0)^3/2$ で，式 (7.10) から，

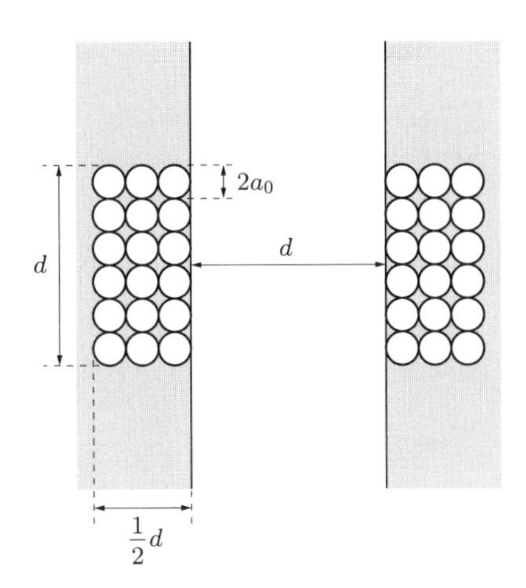

図 7.2 壁と壁の間の相互作用は，原子間の遅延相互作用が合わさって生じる．

$$P_{\mathrm{Casimir}} \approx -\frac{N^2}{S}\frac{\mathrm{d}W_{\mathrm{aa}}}{\mathrm{d}R} \approx -\frac{7}{256}\frac{\hbar c}{d^4} \tag{7.15}$$

を得る．ここで，$R \approx d$ と仮定した．大雑把な近似としては，それほど悪くない一致である．

7.2 水素結合

二つの分子が水素原子核を共有すると，分子間に特殊な結合が生じる．電子がない水素原子は，「裸の」陽子であり，原子より 5 桁小さな微小な物体である．これは，水素原子に化学の中で特別な地位を与え，水素結合という特別な種類の結合を作ることを可能にしている．この状況は，二つの原子の間の陽子のエネルギーが，二つの最小値をもっているときに起こる．この場合，陽子の波動関数は，それぞれの最小値のまわりに中心をもつ波動関数の重ね合わせである．一番よく知られた例は水分子の間の結合で，これが水の奇妙な振る舞いを説明する．生物学的に活性のある分子の空間的構造も，水素結合によって可能になっている．

7.2.1 水

水は，生命と環境に不可欠な三つの顕著な特性をもっている．液体の水 ($< 10°\mathrm{C}$) は氷より重いこと，例外的に大きな比熱をもっていること，その大きな双極子モーメントのおかげで優れた溶媒であることの三つである．

7.2.2 水分子

上に述べたすべての性質は，水分子の構造によるものである．二つの共有結合 H–O–H は，角度 104.5° をなしている．分子軌道が価電子の原子軌道と強い重なりをもつことが，エネルギー的に好都合である．二つの直交する 2p 軌道は，角度 90° で最大の相関をもつ．2s–2p の重ね合わせは，おそらく 90° と 120° の間の任意の角度で可能だが，2s の混合はエネルギー的にあまり好都合でない．角度 104.5° の混成軌道（図 7.3）は，電子と陽子の間のクーロン引力と二つの陽子間のクーロン斥力を最適化している．電子分布は，その電荷中心を二つの陽子よりも酸素の近くにもつ（図 7.3）．その帰結が大きな電気双極子モーメントである ($\mu_{\mathrm{e}} = 0.068\, e\, a_0$)．

7.2.3 水素結合のモデル

酸素と共有結合している陽子について考えよう．第 2 の酸素原子が陽子に近づくと，陽子は二つの最小値をもつポテンシャル（図 7.4）を感じることになり，一つの最小値

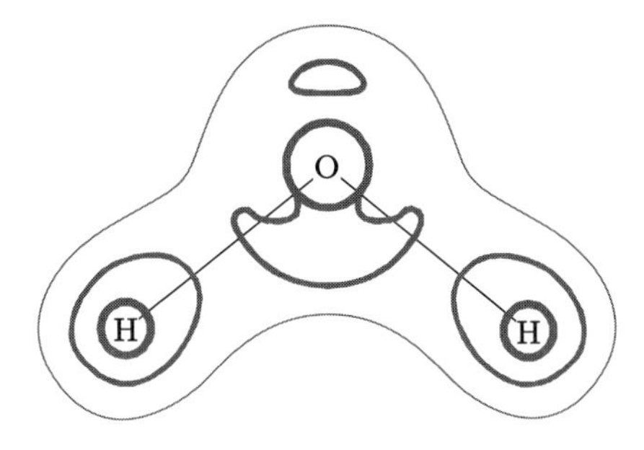

図 7.3 水分子の中の電子分布．等高線は（細いほうから太いほうに向かって）相対的な電子密度 0.10, 0.17, 0.30 に対応する．

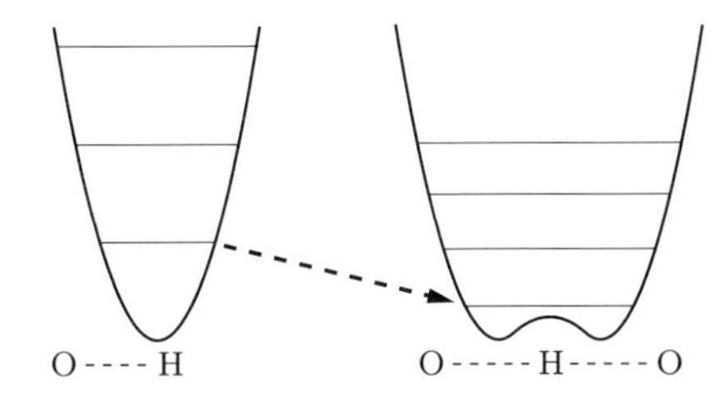

図 7.4 酸素に束縛された陽子のポテンシャルと振動状態（左）．二つの酸素原子間にある陽子は，より平たいポテンシャルを見る（右）．複合系の振動の基底状態は，左のポテンシャルの場合よりもエネルギー的に少し低くなる．

からもう一つにポテンシャル障壁を通ってすり抜ける．これが生み出すエネルギーシフトを，大雑把に見積もろう．

陽子は，調和振動子ポテンシャルによって酸素原子と結びついている（図 7.4 左）．孤立した水分子の中の陽子の典型的な振動エネルギーは，$\Delta E_{\rm vib} \approx 0.3\,{\rm eV}$ である．したがって，振動の基底状態のエネルギーは 0.15 eV 程度である．しかし，陽子が二つの酸素原子の引力を感じる場合には，陽子が受けるポテンシャルは個々のポテンシャルより広がる（図 7.4 右）．陽子の新しい基底状態の振動エネルギーは，およそ半分になる．これは，水素結合の大きさが二つの基底状態のエネルギー差，つまり 0.1 eV 程度であることを意味している．

7.2.4 氷

水素結合により，氷は非常に多様な結晶構造をもつ．0°C の領域の氷は，非常に緩い構造をもっている（図 7.5）．それは，この状態ではそれぞれの酸素原子が隣接した原子と四つしか水素結合していないからである．このため，六角形の格子を形作る輪の中に何もないスペースがあるのである．これが氷が水より軽い理由である．

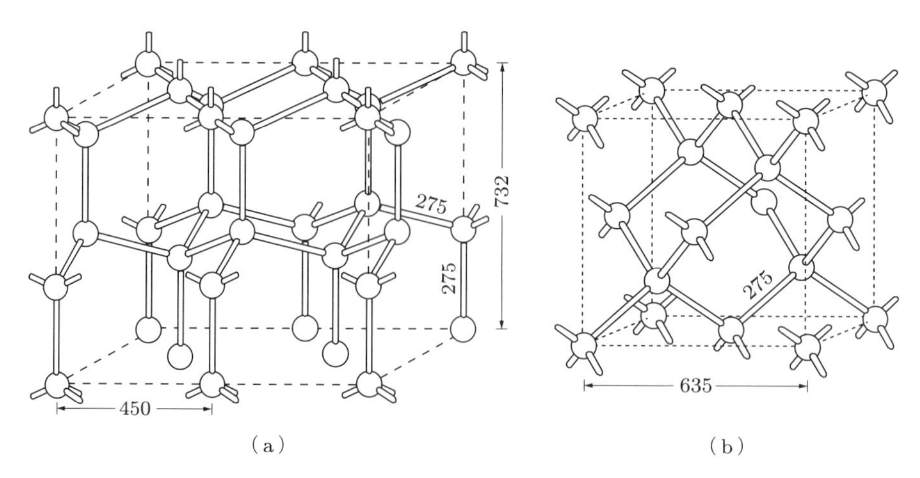

図 7.5　氷の結晶構造．丸は酸素原子．$1\,\mathrm{pm} = 10^{-12}\,\mathrm{m}$ 単位で測定された長い接続線は，水素結合である．水素原子は二つの酸素原子の間を振動したり，すり抜けたりする．結晶を (a) と (b) の二つの投影図で示して，何もないスペースをわかりやすくした．

7.2.5 比　熱

融解するとき結晶は壊れるが，水分子のかたまりは水素結合のために残存する．液体の水では，酸素原子は一時的に 5 個までの隣接する原子と結合することができる．融解から蒸発までの間に，かたまりは小さく少なくなっていく．比熱の主要な部分は，水素結合を壊すために必要である．水分子 1 個あたりの比熱は $9\,k_{\mathrm{B}}$ だが，液体と固体の典型的な比熱は $3\,k_{\mathrm{B}}$ である．融解の潜熱，沸点までの加熱と蒸発の潜熱は，合わせて $54.5\,\mathrm{kJ/mol} = 0.6\,\mathrm{eV}$/分子 である．これは，平均して酸素原子あたり二つの水素結合に相当し（$0.3\,\mathrm{eV}$/結合），大雑把な見積りと驚くほどよく一致している．

7.3 生物学における水素結合

細胞の中の重要な生物学的過程は，DNA 分子とタンパク質によって制御されている．ここでは，さまざまな分子の間に特有の相互作用が起こっている．これらの特性は，分子の化学的構造によってだけ決められているのではなく，主として 3 次元構造によって決められている．分子構造の多様性のほとんどは，水素結合によって可能になっている．

タンパク質の構造は，複雑さの度合いによって，一次構造，二次構造，三次構造と，さらに高次の構造の，四つの主要なカテゴリーに分割することができる．

7.3.1 一次構造

アミノ酸は互いにペプチド結合で結び付けられ，ポリペプチド鎖を形作っている．ペプチド結合は，C–N の共有結合である（図 7.6）．

ポリペプチド鎖は，窒素原子と炭素原子の結合軸のまわりで，回転することができる．その角度を Φ で表そう．同様に，二つの炭素原子 (C_α–C') の結合軸のまわりの角度を Ψ で表す（図 7.6）．アミノ酸の列は一次構造ともよばれる．

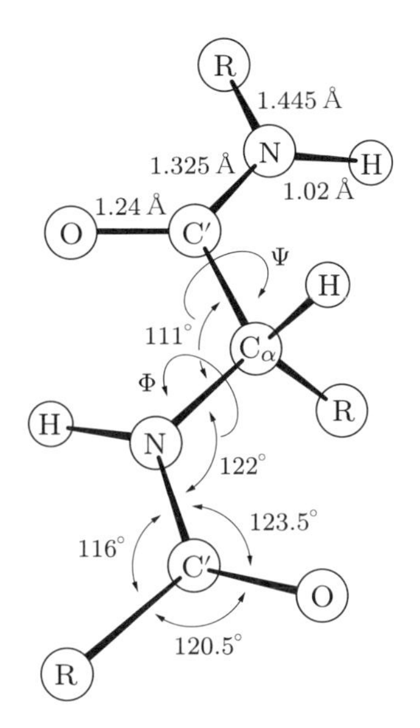

図 7.6 ポリペプチド鎖における自由度の模式図．C' と C_α という炭素原子の表式は，鎖の中での位置を示す．

7.3.2 二次構造

二次構造は，組織の中でより高度なレベルにある．その構成要素は，空間的に規則正しく構成された主鎖であり，角度 Φ と Ψ については，決まった値しか許されない．二次構造にはいくつか種類がある．タンパク質では，α 螺旋が最も一般的であるが，β ひだシートもよく見かけられる．

7.3.3 α 螺旋

α 螺旋構造の生成は，折りたたまれていないランダムなコイル状態と螺旋状態の間の相転移として理解される．芯となる四つの隣り合ったアミノ酸が水素結合によって螺旋状態を作り始め，さらなる水素結合を通じて完全な螺旋を完成する（図 7.7）．

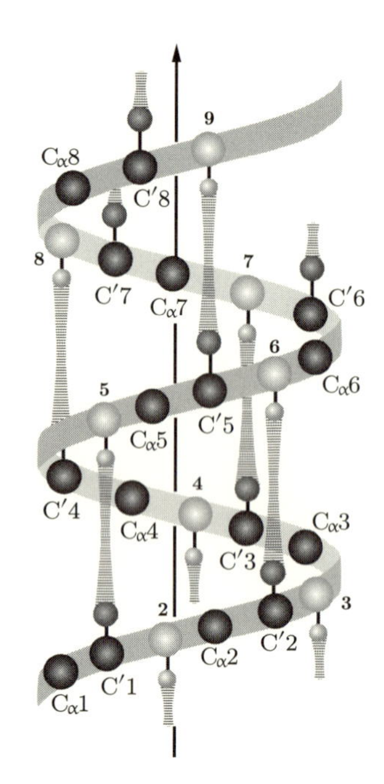

図 7.7　水素結合は，各アミノ酸を四つ離れたアミノ酸につなげる．これによって α 螺旋ができる．暗い色の球は炭素原子で，淡い色の球は窒素原子，ばねの付いた小さいほうの球は水素結合している水素原子である．

7.3.4　β ひだシート

この構造も主として水素結合によって安定化している．α 螺旋とのおもな違いは，β ひだシートにおいては，相互作用がポリマーの鎖に沿って遠く離れているアミノ酸の間にはたらいていることである（図 7.8）．

7.3.5　三次構造と高次のレベル

タンパク質の三次構造は，二次構造の要素から組み立てられた三次元構造である．これらのタンパク質のかたまりは，通常，特定の生物学的機能を担っている．

球状のタンパク質は，いくつかの三次構造から構成されており，さまざまな生物学的機能を果たす．図 7.9 は，ある酵素の三次元構造を示している．このタンパク質が，四つの同じ三次構造をもった分子から作られていることがよくわかる．もしオッカムのウィリアムの発言を何かに当てはめるならば，それは生物学的構造の多重性に対してであろう．

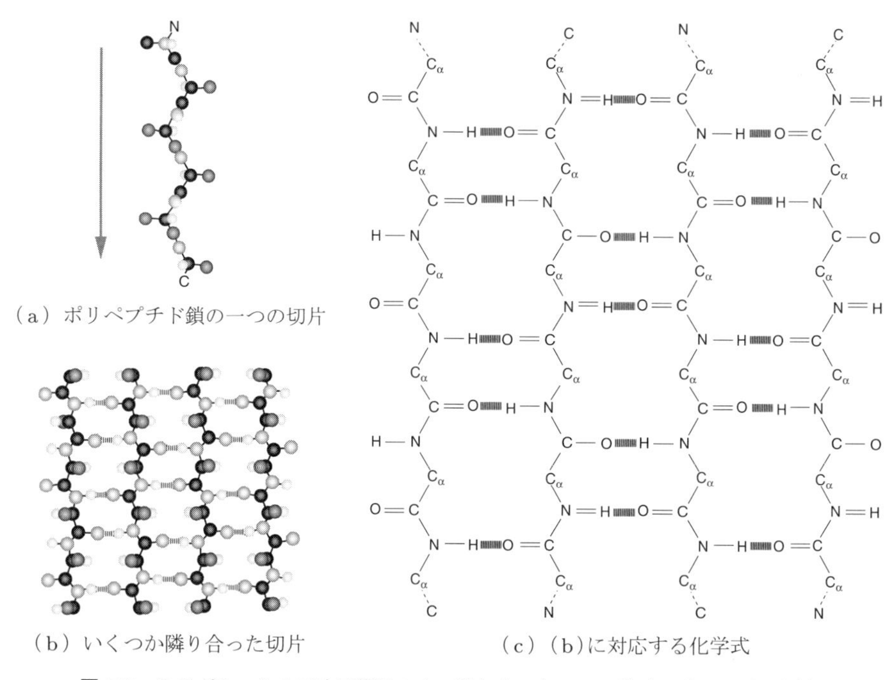

（a）ポリペプチド鎖の一つの切片

（b）いくつか隣り合った切片

（c）（b）に対応する化学式

図 7.8　β ひだシートの三次元構造の中の隣り合ったアミノ酸は，ポリペプチド鎖に沿っては遠く離れている．

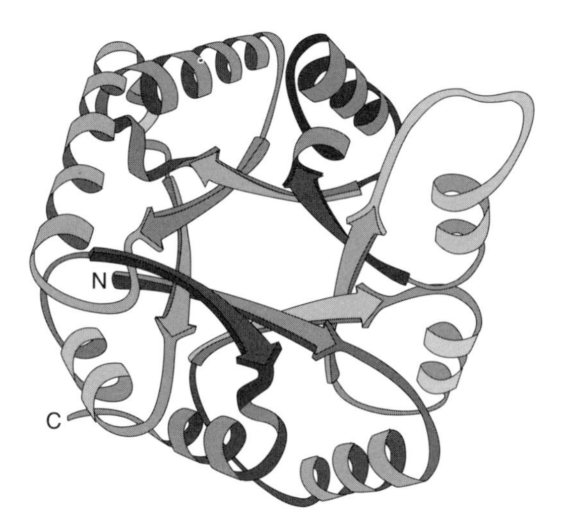

図 7.9　酵素（トリオースリン酸イソメラーゼ，高度なレベル）の三次元構造の略図．四つの三次構造から，対称的に構成されている．

以上を要約すると，アミノ酸はタンパク質の構成要素であり，共有結合によってポリペプチド鎖を形成する．水素結合は鎖状の構造の間につながりを作り出し，それによってタンパク質の三次元構造に膨大な多様性をもたらしている．水素結合は比較的弱いために，タンパク質の構造の急速な組み立てや再構成が可能であり，これは生物学的過程にとくに適している．

参考文献

T. E. Creighton, *Proteins.* (Freeman, New York, 1993)

W. Hoppe et al., *Biophysics.* (Springer, Berlin, 1983)

G. E. Schulz, R. H. Schirmer, *Principles of Protein Structure.* (Springer, Berlin, 1985)

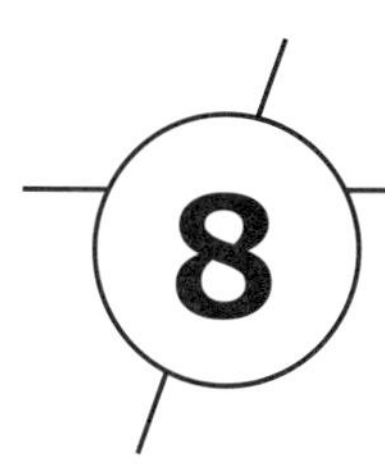

冷中性子
—— 物性の分光学

Die Wahrheit is konkret.

—— Bertolt Brecht*1

冷中性子散乱は，固体・液体を問わず，凝縮系を研究するのに，特別に優れた方法である．中性子は，主として原子核と相互作用し，したがって，励起のメカニズムははっきりしている．散乱前後の中性子のエネルギーと散乱角の測定により，非弾性散乱の運動状態は完全に決定される．系に移行される運動量 $\mathbf{q}$ は，

$$\mathbf{q} = \mathbf{p} - \mathbf{p}' \tag{8.1}$$

で与えられ，エネルギーは

$$\hbar\omega_q = \frac{p^2}{2M_\mathrm{n}} - \frac{p'^2}{2M_\mathrm{n}} \tag{8.2}$$

で与えられる．ここで，考察している系は十分に低温にあり，中性子は系からエネルギーを受け取ることはまったくないと仮定している．励起エネルギー $\hbar\omega_q$ の運動量 q に対する依存性は，分散関係とよばれている．

重水素で冷却した炉心をもつ高流量の原子炉が，中性子源として最もよく使われている．中性子は，液体重水素の温度までには冷却されず，エネルギーはおよそ 40 K に対応したところにピークをもつマックスウェル分布をしている．散乱前後での中性子のエネルギーは，結晶からの**ブラッグ散乱**によって測定する．理想的な等方的結晶，**ガラス**，**フェルミ液体**（液体 ^{3}He）と**超流動ボーズ液体**（超流動 ^{4}He）に対して，図 8.1 に分散曲線を描いた．それぞれの場合，小さな q での**分散曲線**はフォノンの励起に対応している．大きなフォノン波長に対して，**分散関係**は v をフォノンの速度として，

$$\hbar\omega_q = vq \tag{8.3}$$

によってうまく記述される．原子間距離 a と同程度の短い波長では，別の励起モード

*1　真実は具体的である．—— ベルトルト・ブレヒト

が現れる．フォノンの描像が意味をもつのは，フォノンの波長が $\lambda \geq 2a$ を満たす場合に限られる．この距離は液体でも固体でも同程度であるので，波長が $\lambda = 2a$ となるフォノンの運動量を運動量の単位とすると便利である．この単位は，結晶に対しては問題なく $[\hbar\pi/a]$ で与えられる．液体に対しては，$a = \sqrt[3]{m_{\mathrm{Atom}}/\rho}$ を仮定する．長い波長のフォノンのエネルギーの運動量依存性は，式 (8.3) で与えられる．フォノンのエネルギーを $[v\hbar\pi/a]$ 単位で示せば，**音響フォノン分枝**（ブランチ）の物質への依存性をあらかた打ち消すことができる．こうして選ばれたエネルギーの単位は，液体ヘリウムに対しては 1.5 meV，金属に対しては 10 meV である．分散曲線の類似性と違いは図 8.1 からすぐに見てとれる．

この章では，冷中性子の結晶とガラスによる散乱だけを取り扱う．量子流体による散乱は，10 章で議論する．

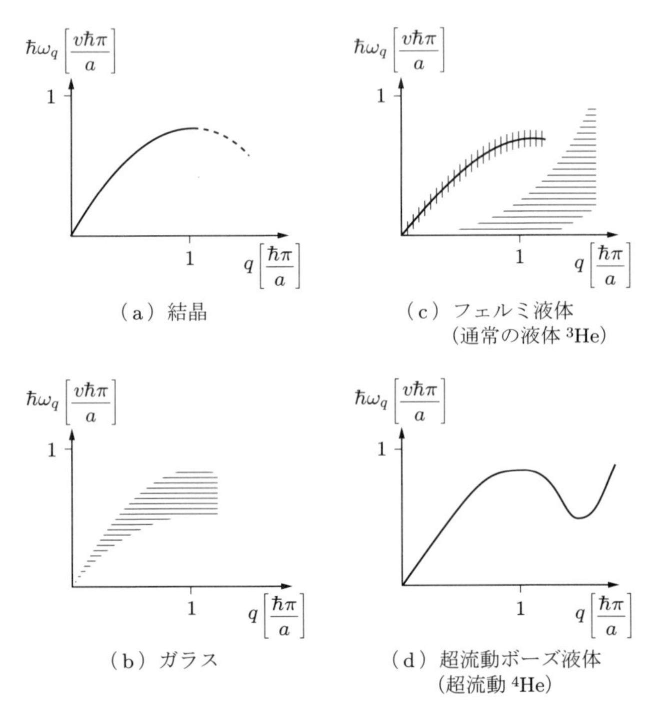

図 8.1　四つの典型的な分散曲線．四つのすべての場合について，単位は波長 $\lambda = 2a$ に対応する運動量である．ここで，a は平均原子間距離で，エネルギーの単位は $[v\hbar\pi/a]$ である．

8.1 結晶に対する分散関係

一般的な導出をここで示すことはできないが，最も研究され理解されている分散関係は，結晶に対するものである．ここでは，単一の原子からなり，単一の規則的な原子間距離 a をもつ，最も単純な立方結晶の場合のみ考えよう．

運動量 $\mathbf{q}$ は完全に結晶に移行するということを，注意しておかねばならない．格子の内部励起であるフォノンは，原子の相対的な運動であり，運動量をもたない．しかし，擬運動量を指定することはでき，立方格子の擬運動量 q_i^{pseudo} の各成分は $2\pi\hbar/a$ の整数倍を別にして保存する．フォノンの波長は格子定数 a によって抑えられており，そのため，擬運動量 q^{pseudo} と移行運動量 q は，つぎのように関係付けられる．

$$q_i^{\mathrm{pseudo}} = q_i - n_i \frac{2\pi\hbar}{a} \tag{8.4}$$

結晶の内部励起は，常に $q^{\mathrm{pseudo}} \leq \pi\hbar/a$ での分散関係によって記述されるので，擬運動量を単に q と表すことにする．

分散関係は，フォノンの伝播方向によっている．立方結晶においては，フォノンの運動方程式の一般解を見つける複雑な問題を，[100]，[110] と [111] 方向だけへの伝播に限ることにより 1 次元問題に帰着することができる．三つすべての場合に，ばね定数と面間隔 a は異なるが，結晶面全部が運動する．運動方程式は

$$M\frac{\mathrm{d}^2 u_s}{\mathrm{d}t^2} = \sum_j G_{sj}(u_{s+j} - u_s) \tag{8.5}$$

のように書かれる．ここで，G_{sj} は面 s と面 j の間のばね定数で，面を指定する指数 j は $-\infty$ から $+\infty$ までの値をとる．変位 u_s は，縦方向偏極の場合は伝播方向にとり，横方向偏極の場合は伝播方向に直交した二つの方向にとる． 伝播方向 [100] に対しては，三つの偏極すべてについて，G_{sj} は同じである．分散関係は，縦方向と二つの横方向の偏極に関して等しくなる．

[100] 方向への縦方向偏極の**フォノンの伝播**について考えよう．ここで，相互作用は隣り合った面の間だけで，ゼロでないと仮定しよう．方程式 (8.5) の解を

$$u_s(t) = U_q e^{(-\mathrm{i}\omega_q t + \mathrm{i}qas/\hbar)} \tag{8.6}$$

の形に求めよう．これを式 (8.5) に代入することによって，ω_q と q の間の関係

$$\omega_q^2 = \frac{2G}{M}\left[1 - \cos\left(\frac{qa}{\hbar}\right)\right] \tag{8.7}$$

が導かれる．前述したように，[100] 方向の分散関係は，縦方向に偏極したフォノンと

横方向に偏極したフォノンに関して同じである．ほかの方向に関しては，そうならない．つぎに，ナトリウムの単一原子結晶を例にとって，中性子散乱から得られる分散曲線を描いてみよう．

8.1.1 ナトリウム結晶

室温でのナトリウムの結晶構造は，体心立方格子であり，前述の結果を適用できる．図 8.2 は，伝播方向 [100]，[110] と [111] についての分散曲線を示している．

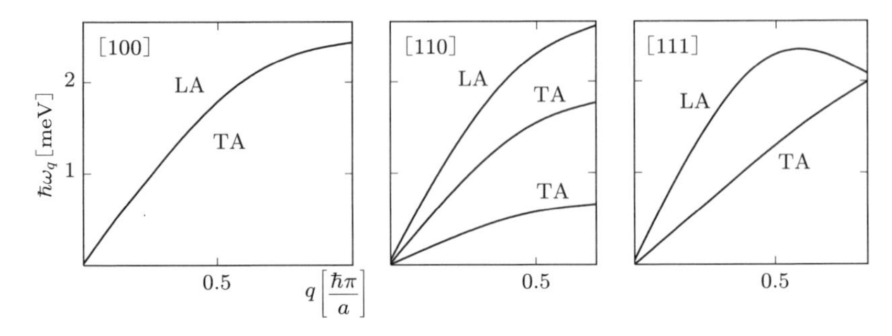

図 8.2　90 K でのナトリウム結晶の分散曲線を [100]，[110] と [111] 方向に対して示した．ここで，LA は縦方向，TA は横方向のフォノンの偏極を表す．エネルギーの単位は meV で，移行運動量の単位は $[\hbar\pi/a]$ である．

分散曲線は，フォノンの伝播方向と偏極に依存している．一般に，ばね定数は，伝播方向と偏極が違えば，明らかに異なる値になる．さらに，面の間隔は，伝播方向に依存する．しかし，運動量を $[\hbar\pi/a]$ 単位で，エネルギーを $[v\hbar\pi/a]$ 単位で表せば，分散曲線の伝播方向に対する依存性はあまりなくなる．図 8.1 (a) のスケッチは結晶の普遍的な分散曲線を示している．

8.1.2 臭化カリウム結晶

さまざまな種類の原子からなる結晶，たとえばアルカリハライドにおいては，いま記述した音響フォノン分枝のほかに，隣り合った原子が逆の位相で運動する励起に対応する，光学フォノン分枝が存在する．この励起も $\lambda = \infty$ と $\lambda = 2a$ の間の波長をもち，それぞれ $q = 0$ と $q = \hbar\pi/a$ に対応している（図 8.3）．この光学的励起は，基本単位格子の中に 2 個以上の原子をもつすべての結晶において存在する．それらはなんと，原子核の巨大双極子共鳴と対比することができる（14.3 節を参照）．

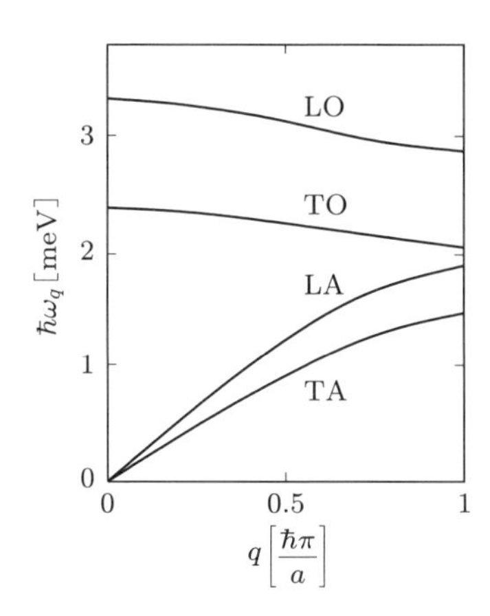

図 8.3　臭化カリウム結晶に対する伝播方向 [111] の分散曲線．LO と TO はそれぞれ，光学分枝での縦方向と横方向の偏極を表す．LA と TA は，音響分枝の二つの偏極を意味する．エネルギーの単位は meV で，移行運動量の単位は $[\hbar\pi/a]$ である．

8.2 局在した振動モード

ほかのすべての原子より軽いか，また重くても正確に同じばね定数をもつ孤立した**結晶欠陥**について考えよう．式 (8.5) との類推で，運動方程式は

$$(M+\delta M\delta_{s,0})\frac{\mathrm{d}^2u_s}{\mathrm{d}t^2}=\sum_j G_{sj}(u_{s+j}-u_s) \tag{8.8}$$

となる．

話を簡単にするために，ここでも系を 1 次元の鎖として記述する．3 次元への一般化は自明である．変位 u と擬運動量 q はベクトルとなるが，その点以外，方程式は変わらない．

摂動を受けていないフォノン場の固有モード U_q で，変位 u_s を展開すれば，

$$u_s(t)=\sum_q U_q e^{(-\mathrm{i}\omega t+\mathrm{i}qas)} \tag{8.9}$$

となり，つぎのような**永年方程式**が得られる *1.

*1　このような永年方程式は非常に重要で，本書であと 2 回，式 (12.24) と (14.10) として現れる．同様の永年方程式は U. Fano（ファノ）によって原子物理学に広く応用されている．U. Fano, Nuovo Cimento **12**, 154 (1935); Phys. Rev. **124**, 1866 (1961).

$$\omega^2 \begin{pmatrix} M+\delta M/N & \delta M/N & \delta M/N & \cdots \\ \delta M/N & M+\delta M/N & \delta M/N & \cdots \\ \delta M/N & \delta M/N & M+\delta M/N & \cdots \\ \vdots & \vdots & \vdots & \ddots \end{pmatrix} \begin{pmatrix} U_1 \\ U_2 \\ U_3 \\ \vdots \end{pmatrix} = \begin{pmatrix} M\omega_1^2\, U_1 \\ M\omega_2^2\, U_2 \\ M\omega_3^2\, U_3 \\ \vdots \end{pmatrix} \tag{8.10}$$

左辺の行列の非対角成分 $\delta M/N$ は，局所的な質量項 $\delta M\delta_{s,0}$ のフーリエ変換からの寄与である．

方程式 (8.10) を解くために，それぞれの係数をほかのすべての係数についての和として，つぎのように表す．

$$U_q M(\omega^2-\omega_q^2) = -\frac{\delta M}{N}\omega^2 \sum_p U_p \tag{8.11}$$

ここで，$\sum_p U_p$ は q によらない定数である．両辺を N 個のすべての係数について和をとり，$\sum_q U_q = \sum_p U_p$ であることを考慮し，この和で割ることにより，つぎの関係式を得る．

$$1 = -\frac{\delta M/N}{M}\sum_q \frac{\omega^2}{\omega^2-\omega_q^2} \tag{8.12}$$

この方程式の解は図解するとよくわかる（図 8.4）．式 (8.12) の右辺は，点 $\omega=\omega_q$ で極をもつ．方程式の解 ω_q' は，右辺が 1 になる ω の値として得られる．新しい固有周波数は，横軸に記されている．$(N-1)$ 個の固有値は，摂動を受けていない周波数 ω_q の間に挟まれている．ω_{C} と表された，外れた値は**集団状態**を表す．集団の意味は，摂動を受けていないフォノン状態が重ね合わされているという意味である．

集団状態を記述するのに，パイ中間子の場合（12 章）や巨大共鳴の場合（14 章）と同じ定式化を採用し，類似性を明らかにしたい．この章では，エネルギーよりもむしろ周波数が現れるが，$E=\hbar\omega$ が成り立つので同じである．周波数は永年方程式の中に 2 乗で現れる．それは，この章の運動方程式が時間に関して 2 階の微分方程式だからである．12 章と 14 章では，シュレーディンガー方程式が用いられ，時間に関して 1 次なので，エネルギーは線形に現れる．

不純物原子のほうが軽い場合 $(\delta M<0)$，集団状態は音響フォノン分枝の上に存在

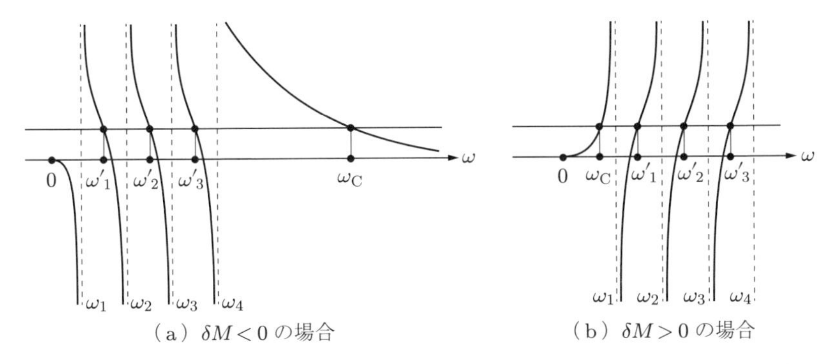

図 8.4 永年方程式 (8.10) の解法の図示．(a) 小さい質量の不純物原子 ($\delta M < 0$) の場合，集団状態は音響フォノン分枝からそれより高いエネルギーへ持ち上げられる．(b) 大きい質量の不純物原子 ($\delta M > 0$) の場合，集団状態は音響フォノン分枝の下の端に現れ，局在した励起とは対応しない．

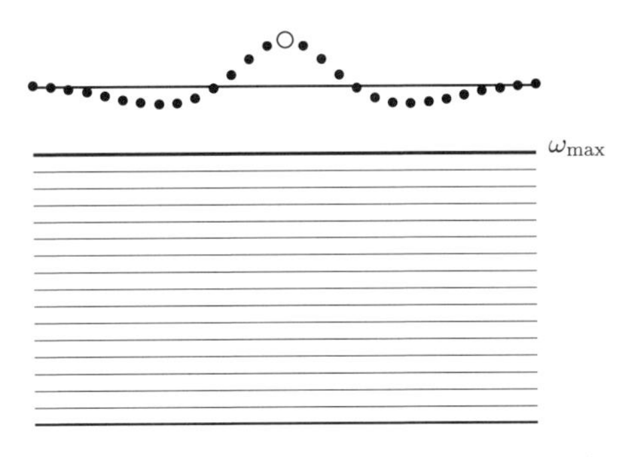

図 8.5 フォノン分枝より上にある軽い溶質原子の局在モード．

し，したがって，伝播する波として振る舞うことはできない（ここではこの定理を証明しない）．この状態は局在した定在波である（図 8.5）．

不純物原子のほうが重い場合 ($\delta M > 0$) には，集団状態は音響フォノン分枝の下の端に存在し，局在できない．

永年方程式 (8.10) は，音響フォノン分枝をもった単原子結晶に対して導かれた．二原子および多原子結晶は，さらにもう一つの光学フォノン分枝をもっている．この場合についても永年方程式を導くことができる．重い不純物原子の場合には，集団状態はパイ中間子の場合と同様にエネルギーが下がる（12 章）．局在したモードは光学バンドの下に見出され，音響バンドの内側にもフォノンの連続分布に埋め込まれた共鳴として現れ得る（図 8.6）．

局在した**不純物共鳴モード**の固有周波数は，赤外領域での光学的吸収を通じて直接的に観測される．

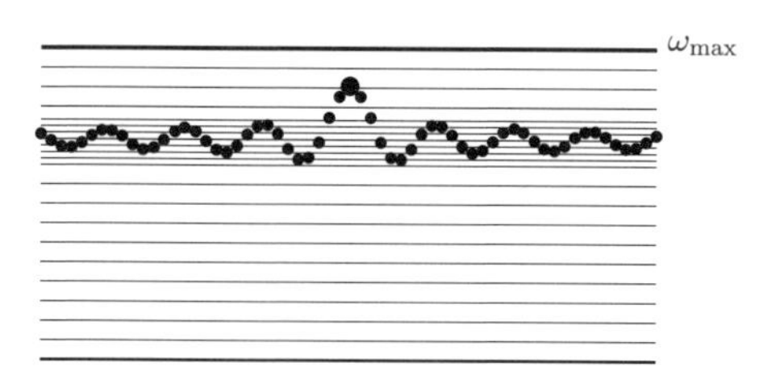

図 8.6 光学フォノン分枝から抜けてフォノン分枝に入り込む重い溶質原子の共鳴モード．

結晶の中の，これらの局在した励起モードについては何も特別なことはない．不純物原子や格子欠陥だけでなく，結晶の界面も局在した励起を作ることができる．

8.3 アモルファス物質の分散関係

アモルファス物質の分散関係については，定性的に議論するにとどめる．アモルファス物質には，一般的に受け入れられている標準的分散曲線はまだ存在していない．図 8.1 (b) の概略図に限定して手短かに議論する．長い波長のフォノンについては，原子間距離のスケールでの不規則性は重要でなく，移行運動量が小さいとき，分散曲線は結晶の場合と似ていると予想しても無理はないが，実際はそうならない．エネルギー移行が小さい場合，フォノンだけでなく，余分の励起が重要なのである．結晶中の格子点にある原子は，調和振動子ポテンシャルの中にある．それに比べてアモルファス物質においては，原子のポテンシャルは不規則である．一般にポテンシャルは，二つかそれ以上の最小値をもつ．原子は，トンネル効果で一つの最小値から別の最小値に通り抜けることができる．このメカニズムは，長い波長のフォノンと共存する低エネルギーの励起を作り出す．$\hbar\omega \approx 1$–$2\,\mathrm{meV}$ のもう少し高い励起については，原子が広いポテンシャルの中にいれば（図 8.7），たくさんの励起が可能になる．1–2 meV 領域での励起の蓄積は，非弾性中性子散乱で非常に明確に見ることができる．測定されたスペクトルに見られるピークは，ボゾン的ピークとよばれる．図 8.1 (b) では，分散曲線の中に狭いエネルギー領域で，広い範囲の移行運動量にわたってボゾン的ピークを識別することができる．

さらに高い励起では，原子間距離スケールの不規則性を，局在する格子欠陥とみなすことができ，分散曲線の広がりは局在した振動モードによるものである．

このように，アモルファス物質の分散曲線は，結晶の場合のような単純で魅力的な性質を示さない．だから，多くのことが学べるとは期待できない．

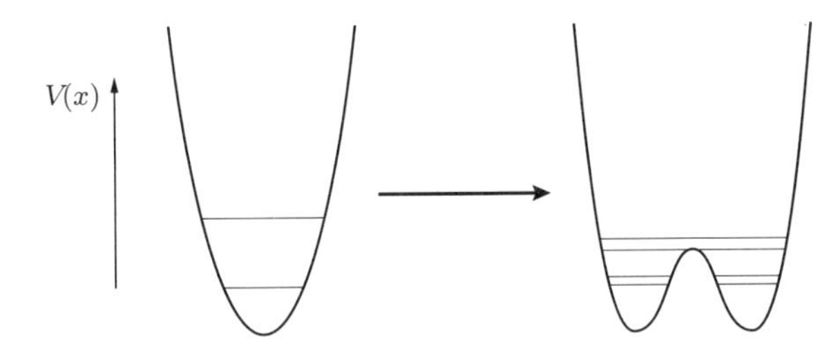

図 8.7　原子間の調和振動子ポテンシャル．結晶中の場合（左）とアモルファス物質中の場合（右）．アモルファス物質中では，秩序が欠けているために，原子はあまり局在化されず，ポテンシャルの極値の間をトンネルすることができる．

8.4 比　熱

8.4.1 結晶構造の物質

比熱は，

$$C_V = \left(\frac{\partial U(T)}{\partial T}\right)_V \tag{8.13}$$

と定義される．ここで，$U(T)$ は内部エネルギー，すなわち温度 T で固体のもつフォノンの全エネルギーである．フォノンの状態密度を $\mathcal{D}(\omega)$ と表し，フォノンがボーズ・アインシュタイン統計に従うことを思い出すと，内部エネルギーは

$$U(T) = \int_0^{\omega_\mathrm{D}} \hbar\omega \mathcal{D}(\omega) \frac{\mathrm{d}\omega}{e^{\hbar\omega/(k_\mathrm{B}T)} - 1} \tag{8.14}$$

という表現になる．フォノンの状態密度 $\mathcal{D}(\omega)$ と，**デバイ近似**でのカットオフパラメータ ω_D を計算したい．分散関係として線形な関係 $\hbar\omega = vq$ を用いる．ここで，v は音速である．厳密にいえば，この関係は長波長に対してのみ成り立つ．はじめに，個々のフォノン分枝に対する状態密度を計算しよう．

$$\mathcal{D}(\omega)\mathrm{d}\omega = \frac{V 4\pi q^2 \mathrm{d}q}{(2\pi\hbar)^3} = \frac{V}{2\pi^2}\frac{\omega^2}{v^3}\mathrm{d}\omega \tag{8.15}$$

縦振動と二つの横振動に対応するフォノン分枝は異なる音速をもつ．式 (8.15) において，異なるフォノン分枝に対するこれらの音速を考慮する簡単な方法は，つぎのように，平均デバイ速度 v_D を導入することである．

$$\frac{3}{v_\mathrm{D}^3} = \frac{1}{v_\mathrm{l}^3} + \frac{2}{v_\mathrm{t}^3} \tag{8.16}$$

デバイ周波数とよばれるカットオフ周波数 ω_{D} は，ばね定数，原子質量と格子定数に依存するので，結果として結晶ごとに値が変わる．さらに，ω_{D} はフォノンの偏極にも依存する．デバイ近似においては，これらすべての依存性はたった一つのカットオフパラメータに取り込まれる．この近似では，内部エネルギーは

$$U(T) \propto \int_0^{\omega_{\mathrm{D}}} \frac{\hbar\omega^3}{e^{\hbar\omega/(k_{\mathrm{B}}T)} - 1} \mathrm{d}\omega \tag{8.17}$$

となる．$T \to \infty$ でデュロン・プティの法則，つまり $C_V = 3R$ が成り立つように規格化を決める．ω_{D} の代わりに，$\hbar\omega_{\mathrm{D}} = k_{\mathrm{B}}\Theta$ という関係で結ばれる**デバイ温度** Θ を導入し，$x = \hbar\omega/(k_{\mathrm{B}}T)$ と $x_{\mathrm{D}} = \hbar\omega_{\mathrm{D}}/(k_{\mathrm{B}}T) = \Theta/T$ という表記を用いる．比熱は式 (8.13) から，デバイ近似のもとでは

$$C_V = 9R\left(\frac{T}{\Theta}\right)^3 \int_0^{x_{\mathrm{D}}} \frac{x^4 e^x}{(e^x - 1)^2} \mathrm{d}x \tag{8.18}$$

となる．ここで，規格化は $T \to \infty$ で $x \to 0$ となるときの積分から決められている．全積分領域を通して指数関数を展開することができて，

$$\begin{aligned}\left(\frac{T}{\Theta}\right)^3 \int_0^{x_{\mathrm{D}}} \frac{x^4 e^x}{(e^x - 1)^2} \mathrm{d}x &\approx \left(\frac{T}{\Theta}\right)^3 \int_0^{x_{\mathrm{D}}} \frac{x^4}{(1 + x - 1)^2} \mathrm{d}x \\ &= \left(\frac{T}{\Theta}\right)^3 \int_0^{x_{\mathrm{D}}} x^2 \mathrm{d}x = \frac{1}{3}\end{aligned} \tag{8.19}$$

を得る（こうして式 (8.18) が得られる）．

図 8.8 は，**デバイ公式**と実験による測定値のすばらしい一致を示している．

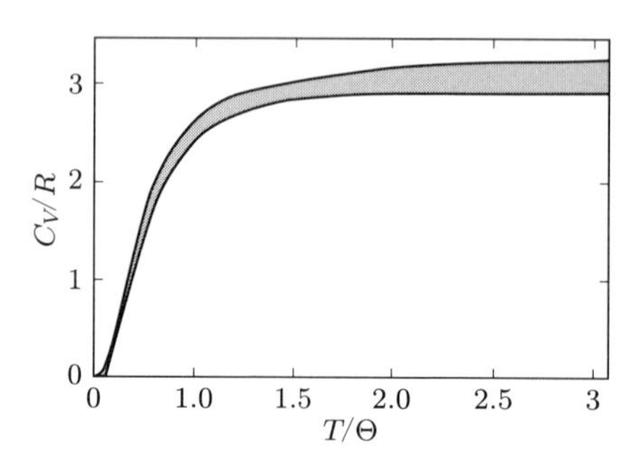

図 8.8　一連の物質のモル比熱 (Pb, FeS_2, KCl, Fe, Na, CaF_2, Zn, NaCl, Ag, Tl, KBr, Ca, Cu, C, Al, Cd) を換算温度 T/Θ の関数として表す．すべての実験データは，示された範囲内で，普遍的な曲線上に位置する．

8.4.2 アモルファス物質

高温では，アモルファス物質の比熱は，ちょうど結晶と同じように，**デュロン・プティの法則**で記述される．なぜなら，当然のことながら，どちらの場合もすべての振動自由度が励起されているからである．結晶からのずれは低温でとくに顕著である．フォノンの概念は，その波長が原子間の平均距離よりずっと長い場合に限って，アモルファス物質でも非常に有効である．しかしながら，低温では，アモルファス物質の比熱はデバイ理論からずれる．実験的には，低温での比熱は結晶の場合よりも大きくなる．明らかに，アモルファス物質では結晶にはない励起モードが存在する．その内の二つはすでに述べたように，トンネルモードとボゾン的ピークモードである．

参考文献

C. Kittel, *Introduction to Solid State Physics.* (Wiley, New York, 1995)

J. M. Ziman, *Principles of the Theory of Solids.* (Cambridge University Press, Cambridge, 1979)

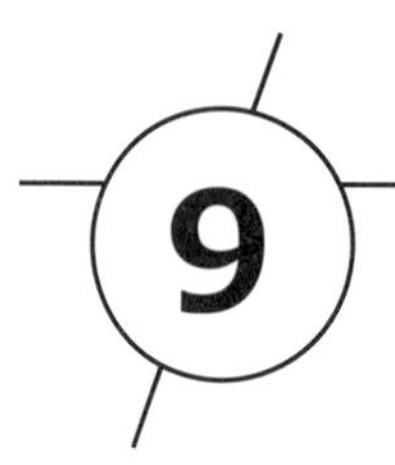

量子気体
—— 量子縮退

Wissenschaft, die nicht vermittelt wird, ist tot.
—— Ranga Yogeshwar[*1]

量子気体のモデルは，1920 年代にはすでに作られていた．縮退したフェルミ粒子系のフェルミ気体モデルと，縮退したボーズ粒子系のボーズ凝縮モデルである．どちらのモデルも量子液体の記述に，かなりよく適用できる．μK 領域よりはるかに下の温度において，準安定状態の量子気体が生成できるようになったので，それらの性質を直接に研究することが可能になった．これらの実験が近年非常に流行しているのは，量子気体を用いることによって量子力学的効果を巨視的な系で観測することが可能だからである．

低温気体の生成

ボーズ・アインシュタイン凝縮は，通常いくつかのステップで生成される．第 1 のステップはレーザー光による，非常に低密度な原子の冷却および捕獲である．しかし，**レーザー冷却**は，原子の平均間隔が光の波長程度の密度ではうまくいかない．光の吸収と再放出が個々の原子によってではなく，むしろ原子のかたまりによって起こるからである．磁気トラップに原子を蓄積することによって，もっと高い密度に到達することができる．冷却の最終段階では，エネルギーの高い原子をトラップの外に追い出す．残されたエネルギーの低い原子は，衝突によってエネルギーを再分配し，温度を下げていく．凝縮相の証拠は，飛行時間測定法によってうまく実験的に示すことができる．磁気トラップの電源を切ると，原子は数ミリ秒の間自由に飛ぶことができる．引き続いて，原子をレーザー光で照らし，原子雲の影を写真に撮る．さまざまな飛行時間を選べば，気体の速度分布が得られる．その速度分布は，確かにボーズ・アインシュタイン凝縮に対応している．

蒸発冷却法はフェルミ粒子には使えない．同じ磁気量子数をもつ原子を磁気トラップに貯めることだけが可能である．パウリ原理のために，同種のフェルミ粒子が位相

*1　科学は受け継がれないと死んでしまう．—— ランガ・ヨゲシュヴァール（科学ジャーナリスト）

空間の同じ点を同時に占めることは禁止され，温度が下がると，衝突の確率はさらに小さくなる．これが，純粋なフェルミ気体では，衝突による冷却がボーズ粒子でできた気体と同じようにはうまくいかない理由である．しかしながら，そのような冷却は，2 種類のフェルミ粒子の気体を同時に冷却する場合にはうまく行く．これは，1999 年に B. DeMarco と D. Jin によって証明された．彼らの実験では，^{40}K を原子核にもつ原子が使用された．原子の基底状態では，量子数 $J^{\pi} = 4^{-}$ をもつ ^{40}K 原子核は，不対の $s_{1/2}$ 電子と全角運動量 $F^{\pi} = 9/2^{-}$ で結合している（^{40}K は，負の磁気モーメントをもっているので，$F = 9/2$ 状態は $F = 7/2$ 状態よりエネルギーが低い）．トラップを 2 種類のフェルミ気体で満たす．一つは $m_{\mathrm{F}} = -9/2$ 超微細状態にある原子で，もう一つは $m_{\mathrm{F}} = -7/2$ にあるものである．パウリ原理は異なる超微細状態には制限を与えず，それらはボーズ粒子のように衝突できる．そして，2 種類の気体はお互いを冷却する．ここに説明している実験では，フェルミ気体混合物はフェルミ温度 $(T \approx T_{\mathrm{F}}/2 \approx 300\ \mathrm{nK})$ 以下に冷却され，縮退が観測された．図 9.1 は，理想的なフェルミ気体とボーズ気体に関して，状態の占有の様子を概念的に表したものである．

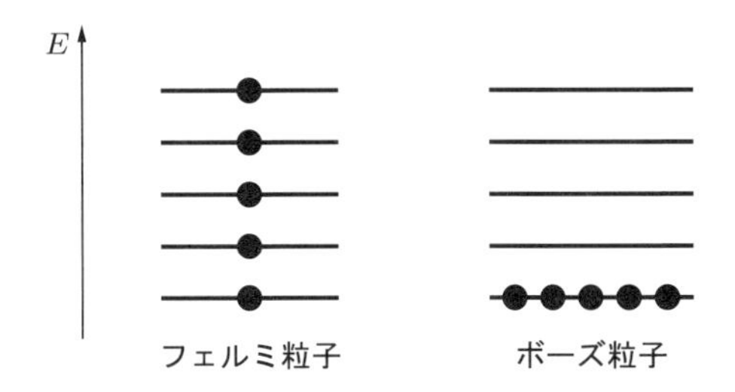

図 9.1　$T = 0\,\mathrm{K}$ におけるフェルミ気体とボーズ気体の状態占有の概念図．

気体中での原子や分子の間の平均距離は，それらの大きさに比較して十分に小さくなくてはならず，その一方で，密度は 2 粒子の衝突だけが可能なように十分低くなくてはならない．これらの条件のもとで，実験室内で準安定なフェルミ気体系を生成することができる．気体の温度と密度が縮退のための条件を満たしているならば，低エネルギー状態が占有される．フェルミ気体の実験的検出は，フェルミ気体が相転移を起こさず，変化が連続的であるために，ボーズ気体の場合よりもはるかに難しい．

9.1 フェルミ気体

以下で，フェルミ縮退が起こるための条件を決定しよう．大雑把な見積りは，ド・ブロイ波長を平均原子間距離に等しい $\lambda_T \approx d$ と設定することによって得られる．熱的な系では，熱的ド・ブロイ波長を $\lambda_T = 2\pi\hbar/p$ と定義し，これは運動量 $p = m\sqrt{\langle v^2 \rangle} = \sqrt{2\pi mkT}$ と対応している．

パウリ原理のために，フェルミ粒子は空間的に重なることはない．磁気量子数の定まったフェルミ粒子からなる気体においては，縮退状態への転移は

$$V \approx N\lambda_T^3 = N\frac{(2\pi\hbar)^3}{(2\pi mkT)^{3/2}} \tag{9.1}$$

のときに起こると期待される．転移温度と粒子密度の関係は，以下のように書き直すことができる．

$$kT \approx \frac{2\pi\hbar^2}{m}\left(\frac{N}{V}\right)^{2/3} \tag{9.2}$$

9.1.1　フェルミエネルギー，フェルミ運動量，フェルミ温度

縮退したフェルミ粒子系で用いられるスケールは，フェルミエネルギー E_{F}，または関連したフェルミ運動量 p_{F}，またはフェルミ温度 T_{F} である．

フェルミ気体において $T = 0$ のときには，フェルミエネルギー $E_{\mathrm{F}} = p_{\mathrm{F}}^2/(2m)$ 以下のすべての状態は，占有されている．そうすると，体積 V の中で，フェルミ運動量 p_{F} 以下のフェルミ粒子の数は，非相対論的な粒子に対しては，

$$N = \kappa\frac{4\pi}{3}\frac{p_{\mathrm{F}}^3 V}{(2\pi\hbar)^3} \tag{9.3}$$

となる．ここで，κ はフェルミ気体に含まれる磁気状態の数である．これは

$$p_{\mathrm{F}} = (6\pi^2\hbar^3)^{1/3}\left(\frac{N}{\kappa V}\right)^{1/3} \tag{9.4}$$

となることを意味し，さらに

$$E_{\mathrm{F}} = kT_{\mathrm{F}} = \frac{1}{2m}(6\pi^2\hbar^3)^{2/3}\left(\frac{N}{\kappa V}\right)^{2/3} \tag{9.5}$$

を意味する．E_{F} 以下のすべての状態について積分することによって，平均運動エネルギーとして，

$$\langle E \rangle = \frac{3}{5}E_{\mathrm{F}} \tag{9.6}$$

を得ることができる．

9.1.2 縮退したフェルミ気体への転移

通常の気体から縮退した気体への転移は，原子が重なり始めるときに起こる．これは大まかにいって，ド・ブロイ波長が原子間の平均距離に対応している場合である．もう少し正確な見積りは以下のとおりである．

平均距離 d を

$$\frac{N}{\kappa V} = \frac{1}{2d^3} \tag{9.7}$$

で定義すると，スピン $s = 1/2$ で $\kappa = 2$ の粒子に対して，縮退した状態での平均運動エネルギーと平均距離の間には，つぎのような関係式が得られる．

$$\langle E \rangle = \frac{3}{5}(3\pi^2)^{2/3}\frac{\hbar^2}{2md^2} \tag{9.8}$$

$\lambda\!\!\!^-$ を平均運動エネルギーに対応する粒子のド・ブロイ波長とすれば，これは $d = 1.49\,\lambda\!\!\!^-$ であることを意味する．

前に述べたように，縮退したフェルミ気体への転移は，鋭い相転移として起こるわけではない．というのは，転移の速度が冷却方法に依存するからである．しかしながら，フェルミ気体の縮退は，実験的に証明されている．

9.2 ボーズ気体

ボーズ気体の縮退は，フェルミ気体と同様に，ド・ブロイ波長 λ_T が原子間の平均距離 d と同程度になったときに起こる．フェルミ気体のときと違って，ボーズ気体には，通常の気体相と凝縮相の間に相転移がある．この転移は理論的に説明するのがきわめて容易で，固体物理学におけるもっと複雑な例や，カイラル対称性の破れ，ヒッグス機構のような相転移の簡単なモデルとして用いることができる．そこで，大きな体積の中にある理想気体に関してだけであるが，この転移を説明してみよう．実験は，原子が閉じ込めポテンシャルによって集められたトラップの中で行われる．説明は少し異なるが，物理は同じである．

9.2.1 ボーズ・アインシュタイン凝縮

理想的なボーズ気体の状態占有度は，分布関数

$$N_\varepsilon = \frac{1}{\mathrm{e}^{(\varepsilon-\mu)/(kT)} - 1} \tag{9.9}$$

で与えられる．ここで，ε は状態のエネルギーを表し，μ はいわゆる**化学ポテンシャル**

である．後者は，系のエネルギーを考慮に入れたもので，温度と粒子数に依存し，つぎのように定義される．

$$\mu = \left(\frac{\mathrm{d}E}{\mathrm{d}N}\right)_{V,S=\mathrm{const.}} \tag{9.10}$$

分布関数 N_ε は正でなくてはならないので，$\mu \leq \varepsilon_0$ となる．理想気体では，基底状態のエネルギーは $\varepsilon_0 = 0$ だから $\mu \leq 0$ である．気体中のボーズ粒子の総数は，

$$N = N_0 + \int_0^\infty f(\varepsilon) N_\varepsilon \mathrm{d}\varepsilon \tag{9.11}$$

となる．N_0 はエネルギー $\varepsilon_0 = 0$ をもった基底状態にある粒子数で，$f(\varepsilon)$ は位相空間密度である．実験での空間的広がりは，閉じ込めポテンシャルによって決められる．しかし，ここでは，自由な気体に対してだけ位相空間密度を与えると，

$$f(\varepsilon)\mathrm{d}\varepsilon = \frac{4\pi p^2 \mathrm{d}p\, V}{(2\pi\hbar)^3} \tag{9.12}$$

となる．$\mathrm{d}p/\mathrm{d}\varepsilon = m/p$ なので，

$$f(\varepsilon) = \frac{1}{(2\pi)^2}\left(\frac{2m}{\hbar^2}\right)^{3/2} V\sqrt{\varepsilon} \tag{9.13}$$

である．

閉じ込めポテンシャルの場合，位相空間の表現はエネルギー依存性の指数だけが変更される．さて，通常の気体から凝縮相への相転移を考察しよう．一つの粒子が加えられるごとに基底状態に入るというときに，相転移は起こる．そのとき，理想気体 $(\varepsilon_0 = 0)$ の場合には，系のエネルギーは変わらない．$\mu = 0$ となる温度が臨界温度 T_c である．図 9.2 に化学ポテンシャルの温度依存性を描いた．温度 $T \leq T_\mathrm{c}$ に対しては，多くの粒子が基底状態に受け入れられ，基底状態にない粒子の数は，つぎのように容易に計

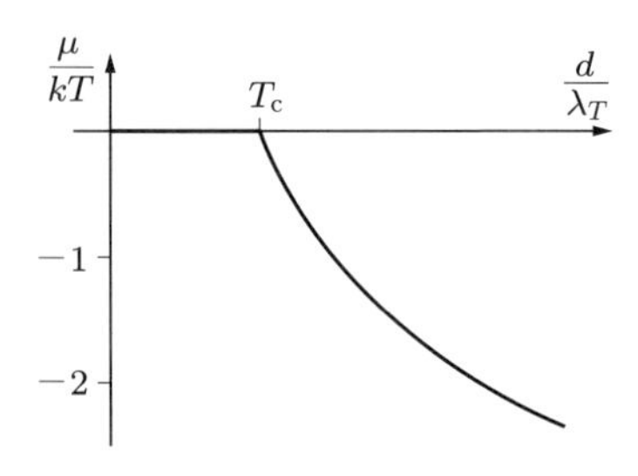

図 9.2 化学ポテンシャル μ の温度依存性．温度は，縦座標 $\mu/(kT)$ と横座標 $d/\lambda_T \propto \sqrt{T}$ の両方に入っている．d は粒子間の平均距離，λ_T は熱的コンプトン波長である．

算できる．

$$N - N_0|_{\mu=0} = \int_0^\infty f(\varepsilon)\frac{\mathrm{d}\varepsilon}{e^{\varepsilon/(kT)} - 1}$$
$$= \frac{1}{(2\pi)^2} V \left(\frac{2mkT}{\hbar^2}\right)^{3/2} \int_0^\infty \frac{\sqrt{x}\,\mathrm{d}x}{e^x - 1} \tag{9.14}$$

最後の積分の値は，2.612 である．臨界温度は $N_0 \to 0$ の極限から決定され，そのため，$T_\mathrm{c} \propto (N/V)^{2/3}$ のように密度に依存する．粒子を基底状態に見出す確率は，つぎのように与えられ，図 9.3 にその様子を表した．

$$\frac{N_0}{N} = 1 - \left(\frac{T}{T_\mathrm{c}}\right)^{3/2} \tag{9.15}$$

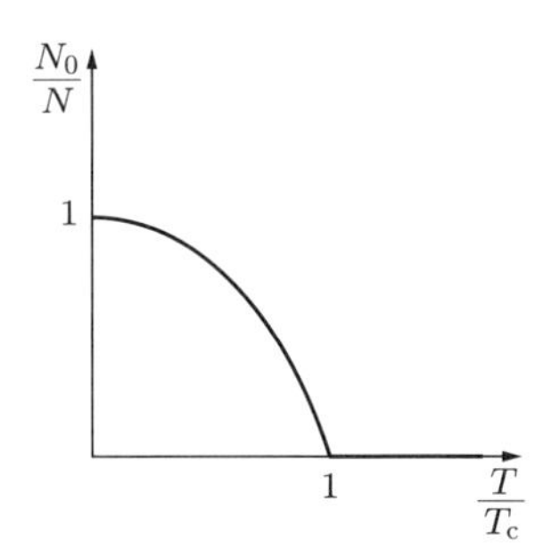

図 9.3　基底状態にボーズ粒子を見出す確率の温度依存性．

式 (9.15) は自由気体に関してのみ成り立つ．しかし，実験はトラップの中で行われる．閉じ込めポテンシャルの場合，式 (9.15) への変更点は，指数だけである．すなわち，

$$\frac{N_0}{N} = 1 - \left(\frac{T}{T_\mathrm{c}}\right)^{3} \tag{9.16}$$

である．

通常の気体から凝縮相への相転移は，数学的に非常に簡単に示すことができる．相転移がそれほど直接的に示せないもっと複雑な物理系においても，数学的な取り扱いはやはり同じように行える．図 9.4 に，ボーズ気体について，三つの温度のときの準位の占有の様子を描いた．T_c 以下では，基底状態は多くの原子によって占有されている．基底状態の原子の占有数は，凝縮相の秩序パラメータとしての役割を果たす．

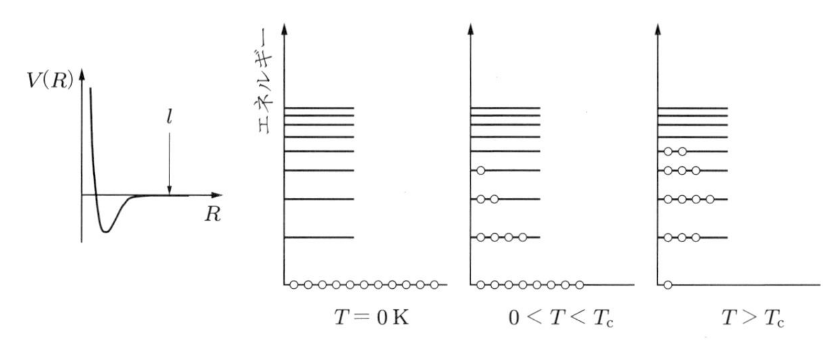

図 9.4 $T = 0$ と $0 < T < T_c$ と $T > T_c$ での理想的ボーズ気体のエネルギー状態の占有の様子．原子の平均距離 l は原子間のポテンシャルの広がりよりずっと大きいことが，概念的に示されている．

相互作用しないボーズ粒子の気体は，有限の温度でボーズ・アインシュタイン凝縮を起こす．これは，任意の数のボーズ粒子が基底状態を占有できるからである．しかし，ここで述べたことは，3次元より低い次元の系では正しくない．ボーズ粒子系の気体が有限の温度で相転移を起こすためには，3次元の位相空間 (9.12) が必要なのである．

ボーズ粒子の系は，相転移の典型的な例である，強磁性とは異なっている．相互作用がなければ，常磁性から強磁性への相転移が起こるのは，$T \to 0$ の極限においてである．

9.3 コヒーレントな光子気体 — レーザー

レーザーは，研究と技術の道具としての大きな成功だけでなく，多くの新しい概念を与えてくれる．

以下，非常に鋭いスペクトル線と伝播の非常に狭い立体角度をもたらす**コヒーレンス**に話を限る．光子はすべて同じ量子状態にあるが，光子の数密度は大して高くなく，ボーズ・アインシュタイン凝縮は起こっていない．むしろ，光子の位相がコヒーレントになっている．フォック空間での多体波動関数は，以下のように，光子のない状態，1光子の状態，2光子の状態，など多くの光子状態の重ね合わせである．

$$\Phi = 1 + c_1 e^{i\varphi_1}\phi^1 + c_2 e^{i\varphi_2}\phi^2 + c_3 e^{i\varphi_3}\phi^3 + \cdots \tag{9.17}$$

位相も含めて場を測ることのできる測定器はすべて，量子の数を不定数だけ変えることができなければならない (章末の参考文献 (Peierls, 1979) を参照)．理論的には，

電磁場の演算子 $\hat{\mathcal{E}}$ と $\hat{\mathcal{B}}$ がともに光子を生成あるいは消滅することとして表される.

$$\begin{aligned}\mathcal{E} &= \left\langle \Phi \mid \hat{\mathcal{E}} \mid \Phi \right\rangle \\ &= \sum_{j=0}^{\infty} \left(c_j^* c_{j+1} e^{-\mathrm{i}(\varphi_{j+1}-\varphi_j)} \sqrt{j+1} \langle 0 \mid \hat{\mathcal{E}} \mid \phi \rangle \right. \\ &\qquad \left. + c_{j+1}^* c_j e^{\mathrm{i}(\varphi_{j+1}-\varphi_j)} \sqrt{j+1} \langle \phi \mid \hat{\mathcal{E}} \mid 0 \rangle \right) \end{aligned} \tag{9.18}$$

光子の数 n と系の位相 φ の間には $\Delta n \times \Delta\varphi \sim 1/2$ という不確定性関係があり，これは角運動量と角度の間の不確定性と同じである（φ は 2π の整数倍の不定性があるので，この関係式は小さな角度 φ についてのみ成り立つ).

この不確定性が最も小さくなるのは光子のコヒーレントな状態で，$\varphi_j = j\varphi$ のように位相差がすべて等しくなるときである．角振動数 ω の単色光子の場合，以下のように，電磁場は古典的な場合と同じく，正弦振動する.

$$\mathcal{E} = \mathcal{E}_0 \cos(\varphi - \omega t) \tag{9.19}$$

レーザーの作動原理を，以下の三つのステップに分けて説明しよう.

1. **光学ポンプによるレーザーの発振** — 典型的にはつぎのように進む．原子，分子ないしは凝縮固体からなる 3 準位系をうまく選んで，真ん中の状態が一番低いエネルギーの状態に比べて多く分布した反転状態が作れるようにする．基底状態にある電子に角振動数 $(E_3 - E_1)/\hbar$ をもつ光を吸収させて，一番高いエネルギーの状態まで励起する．電子は自発放射によって準安定な真ん中の状態にすばやく落ちて，反転分布ができる．レーザー装置にエネルギー $E_2 - E_1$ をもつ光子を入射して，誘導放射により電子を真ん中の状態から一番低い状態まで落とす．反転状態のおかげで誘導放射のほうが電子を基底状態から中間の状態へ励起する吸収よりも数多く起こる．誘導放射により放射される光子はすべて，輻射場の位相をそろえるはたらきをする（図 9.5)．このような仕組みの例は，ヘリウムを使ってネオンの中間状態に電子をポンプする，ヘリウム・ネオンレーザーである [*1].

---

*1 ヘリウム原子とネオン原子の衝突によって，ヘリウムの励起状態にある電子からネオンの基底状態にある電子にエネルギーが移る.

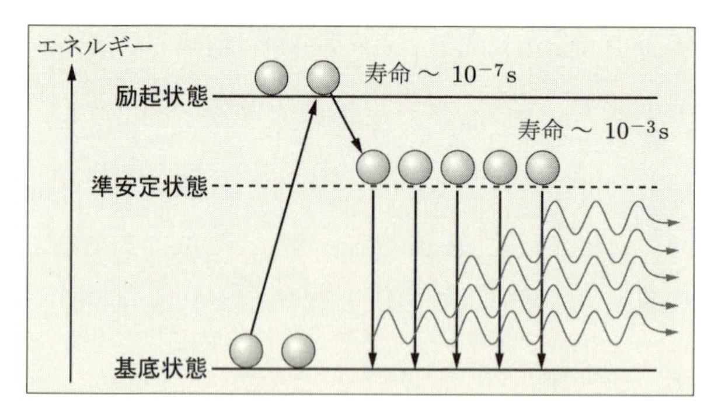

図 9.5　光学ポンプと誘導放射の 3 準位図.

2. **共振器**を使って，光の振動数と方向を選択することが可能になる．選ばれた振動数をもつ光子だけがたくさん蓄えられ，通常共振器内に備えられた光学的に励起された物質からさらに放射が誘導される（時には，二つまたはそれ以上の振動数が現れる）．共振器は本質的には 2 枚の鏡を備えた空洞である（図 9.6）．光の放射を音の発生と比較すると，レーザーはクラリネットに似ている．クラリネットもマウスピースとリードを通したエネルギーの入力が必要である．共振器（この場合は木管）はそれに反応して共振器の振動数でリードの振動を誘導する．違いは，クラリネットが波長の 1/4 から数倍だけを含むのに対して，レーザーの共振器は非常に多くの波長分の光を含むことである．したがって，木管楽器は振動数と方向についてあまり鋭い分布をもたない．

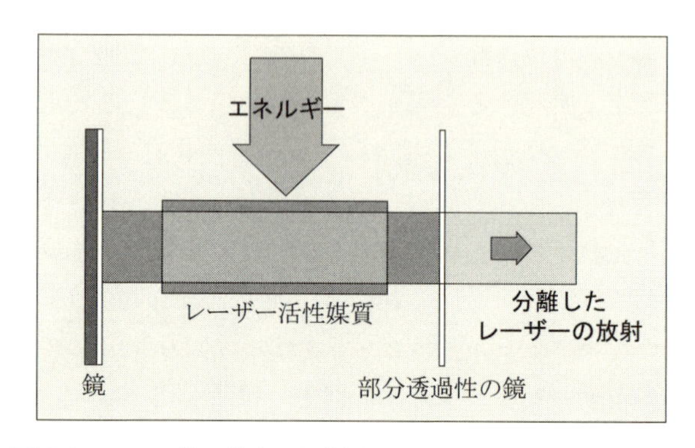

図 9.6　二つの鏡に挟まれた空洞中のコヒーレントな光子気体.

3. 応用のためには，電磁共振器は利用者と何らかの形で，たとえば半透明な鏡によって，接続されていなければならない．

参考文献

C. N. Cohen-Tannoudji, ノーベル賞講演 "Manipulating atoms with photons," Rev. Mod. Phys. **70**, 707-719. (1998)

F. Dalfovo et al., "Theory of Bose-Einstein condensation in trapped gases," Rev. Mod. Phys. **71**, 463-512. (1999)

B. DeMarco, D. Jin, "Onset of Fermi degeneracy in a trapped atomic gas," Science **285**(5434), 1703-1706. (1999)

D. S. Durfee, W. Ketterle, "Experimental studies of Bose-Einstein condensation," Optics Express **2**(8), 299-313. (1998)

L. D. Landau, E. M. Lifshits, *Statistical Physics 1.* (Pergamon, Oxford)

R. E. Peierls, *Surprises in Theoretical Physics*, Princeton Series in Physics. (Princeton University Press, Princeton, 1979)

10 量子液体 —— 超流動

$\pi\acute{\alpha}\nu\tau\alpha\,\rho\varepsilon\tilde{\iota}$

—— Heraclites*1

フェルミ液体としてうまく記述される系は，液体 ^{3}He，金属中の電子，原子核，白色矮星，中性子星，そしておそらくクォーク星である．ボーズ液体の例としては，もちろん ^{4}He を考えよう．ボーズ粒子の量子数をもつフェルミ粒子の系である，クーパー対も興味深い．クーパー対の例には，低温の液体 ^{3}He 中での原子の対生成，金属中での電子の対生成，原子核中での核子の対生成がある．この章では，量子液体の典型的な例である，^{3}He と ^{4}He についてのみ考察する．残りは後の章で議論しよう．

10.1 常流動 ^{3}He

フェルミ気体と**フェルミ液体**の違いを，単純化された形で図 10.1 に示す．

理想的なフェルミ気体，つまり反応しない原子の場合，温度 $T = 0\,\mathrm{K}$ ではフェルミエネルギー以下のすべての状態は占有され，それ以上の状態は空である（図 10.1 (a)）．有限温度 $T > 0$ ではフェルミ面は不鮮明になり，不鮮明さが系の実際の温度の尺度を与える（図 10.1 (b)）．フェルミ液体もエネルギー状態で表すとすると，$T = 0$ でさえも，原子間力のために鋭いカットオフは存在しない（図 10.1 (c)）．有限温度では熱的励起が現れるために，フェルミ面はますます不鮮明になる（図 10.1 (d)）．気体から液体への相転移は圧力に依存し，標準的な実験条件では $T = 3.19\,\mathrm{K}$ 周辺で起こる．臨界点は，$T_\mathrm{k} = 3.32\,\mathrm{K}$，$p_\mathrm{k} = 1.16\,\mathrm{bar}$ にある．縮退したフェルミ粒子系としての液体 ^{3}He の性質は，とくに冷中性子散乱ではっきりと観測できると思うかもしれない．しかし残念ながら，^{3}He による中性子捕獲の断面積があまりに大きいために，いままで半定量的な実験しか行われてこなかった．液体 ^{3}He における励起のエネルギーと運動量の関係を表す分散曲線は，はっきりと二つに枝分かれしている（図 10.2）．一つ目の

*1 万物は流転する —— ヘラクレイトス

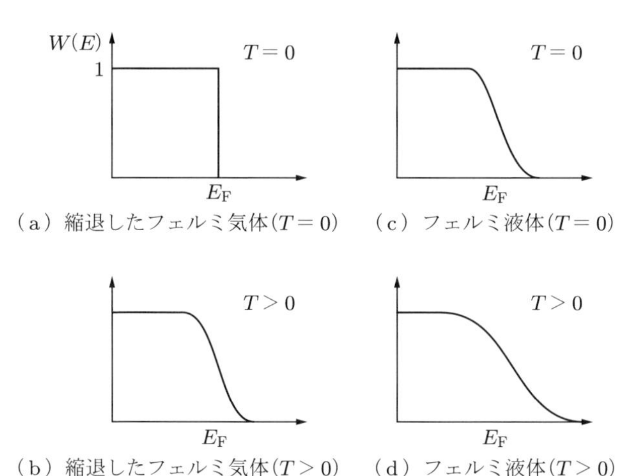

図 10.1　縮退したフェルミ気体の (a) $T = 0$, (b) $T > 0$ での状態占有と．フェルミ液体の (c) $T = 0$, (d) $T > 0$ での状態占有．どちらの場合も，分布は，理想気体の単粒子状態について与えられている．

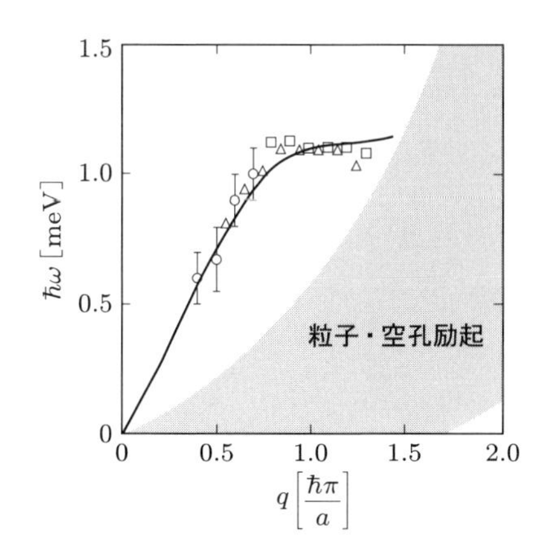

図 10.2　液体 ^{3}He の温度 $T = 120$ mK，飽和蒸気圧での冷中性子散乱は，二つの分散曲線を示す．下側の分散曲線（陰影部分）は，^{3}He 原子のフェルミの海の表面で起こる，粒子・空孔励起に対応している．第 2 の曲線（実線）は，フォノン・ロトン励起に対応しており，超流動 ^{4}He の分散曲線と類似している（図 10.5）．^{4}He とは対照的に，フォノン・ロトン励起は粒子・空孔励起に崩壊するため，強く減衰する．そのため，この励起に陰影を付けた（Scherm などによる）．

分枝は単一粒子の励起，もっと正しくいえば粒子・空孔励起に対応している．この分枝に対する ^{3}He へのエネルギー損失 E_{kin} と移行運動量 p の関係は，$E_{\mathrm{kin}} = p^2/(2M^*)$ で，M^* は ^{3}He 原子の有効質量である．この分枝は，フェルミ面にある ^{3}He による中性子の散乱に正確に対応しており，M^* を別にすれば，同じ温度でのフェルミ気体からの散乱と同じである．二つ目の分枝は液体の状態に特有なもので，液体 ^{4}He のフォノン・ロトン分岐と類似のものである．これについては次節で議論する．

10.2 超流動 ^{4}He

低温でボーズ粒子は，最低か，少なくともごく少数の低エネルギー状態に凝縮する．凝縮相は，ド・ブロイ波長が原子間の平均距離より長いときに形成される（9章を参照）．これらの条件下では，凝縮系は，たとえそれが巨視的な広がりをもっていたとしても，一つの波動関数で記述される．これは，冷却によって**凝縮相**を最初に形成するのは液体であることを意味する．図10.3に，凝縮相の形成と，ボーズ粒子間の平均距離の関係を示す．

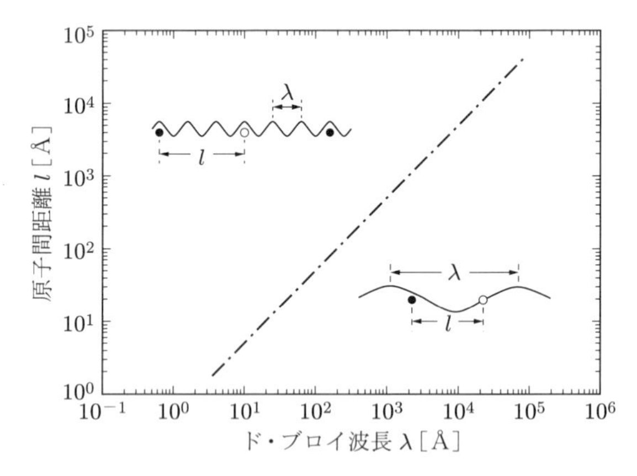

図 10.3 凝縮相（斜線より右側）は，ボーズ粒子間の平均距離 l よりド・ブロイ波長 λ が長くなったときに現れる．ボーズ液体は，ボーズ気体よりはるかに高い温度で凝縮相を作る．

液体 ^{4}He は，平均原子間距離が $\approx 0.1\,\mathrm{nm}$ で，液化温度のすぐ下の温度 $T \simeq 2.17\,\mathrm{K}$ で凝縮相を形成する．温度 $T = 0$ でさえも，ボーズ粒子の量子液体は純粋なボーズ凝縮状態とはならないだろう．原子間の相互作用のために，凝縮相とは別に，単一粒子の励起も存在する．^{4}He の場合，たとえば $T \approx 2\,\mathrm{K}$ で，10%程度の原子だけが集団的基底状態と集団的励起状態にある．図10.4は，$T = 0\,\mathrm{K}$ と $0\,\mathrm{K} < T < T_\lambda$ での超流動ヘリウムIIと 温度 $T > T_\lambda$ での液体ヘリウムの準位の占有を図式的に示している．図9.4と比較すると，凝縮相の**ボーズ気体**と**ボーズ液体**の違いが明らかである．

冷中性子散乱で得られる超流動 ^{4}He の分散曲線には著しい特徴があり（図10.5），

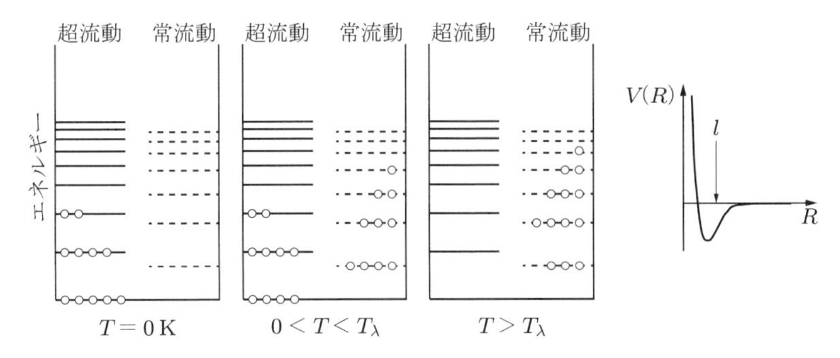

図 10.4 T_λ 以下での超流動ヘリウム II と，T_λ 以上での通常の液体ヘリウムの準位占有の図解．右側に，平均距離 l がヘリウムの直径と同程度であるという事実も象徴的に示している．

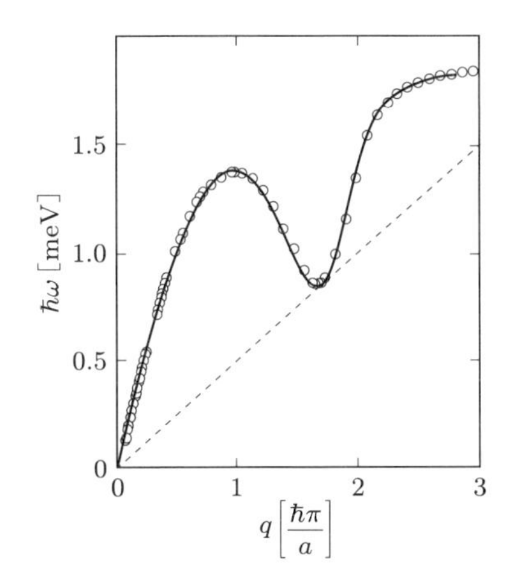

図 10.5 エネルギー損失の，中性子からヘリウム II へ移行された運動量についての依存性．破線からロトンの伝播速度が決まる．

詳しく見る価値がある．純粋な**フォノンの励起**は，単調増加するエネルギー・運動量の依存関係 $E_{\rm ph} = v_{\rm ph}p$ に対応している．この依存関係は，図 10.5 に実線で示されている．$p = 0$ での線の傾きは，フォノンの速度が $v_{\rm ph} \approx 238\,{\rm m/s}$ であることを意味している．

フォノン励起からのずれは，**ロトンの励起**のためである．**ロトン**はヘリウム中の量子化された渦に対応しているが，正式な説明は容易ではない．ここでは，Feynman が考案したロトンに対する類推を紹介することにしよう．

ある乗客が，満員の路面電車から降りようとしている．これは，きつく詰め込まれたヘリウム原子のよい近似になっている．ドアに行き着くためには，二つの方法がある．一つは，乗客が力づくでほかの乗客の頭越しにドアに到達するという方法である．量子系では，これは高いエネルギー状態への励起およびその後の減衰に対応している．もう一つは，もっとずっと合理的な方法で，乗客が自分とドアの間にいるほかの乗客に場所を空けてもらうように一人ずつ頼み，ゆっくりとドアに到達する．この二つ目の可能性が，量子化された渦の説明となっている．

ロトンは，エネルギー Δ_{R} 以下では励起され得ない．図 10.5 中のロトン曲線の傾き $E_{\mathrm{R}} = v_{\mathrm{R}} p$ は，ロトンの伝播速度 $v_{\mathrm{R}} \approx 58\,\mathrm{m/s}$ を定義している．

もしフォノンが任意の小さな運動量でエネルギーを受け取ることができるとしたら，ヘリウム中でどうして超流動が起こり得るだろうか？　これを説明するためには，ゆっくり動く球体を使って，測定される粘性がゼロになることを示せばよい．

ヘリウム $(T = 0)$ 中を速度 v で動いている質量 M の球体を考えよう．エネルギー散逸を通じて，球体はエネルギー ε と運動量 p をもつ励起を生成する（図 10.6）．v' を励起生成後の速度とすると，エネルギー保存は

$$\frac{1}{2}Mv^2 = \frac{1}{2}Mv'^2 + \varepsilon \tag{10.1}$$

を意味する．これに加えて，運動量保存から，

$$M\mathbf{v} - \mathbf{p} = M\mathbf{v}' \tag{10.2}$$

が必要である．フォノンの励起は，球体が速度 $v \geq v_{\mathrm{ph}}$ で動いているときにはじめて起こるということは，すぐにわかる．式 (10.2) を 2 乗すると，

$$\frac{1}{2}Mv^2 - \mathbf{v}\cdot\mathbf{p} + \frac{1}{2M}p^2 = \frac{1}{2}Mv'^2 \tag{10.3}$$

が得られ，これにより，

$$\varepsilon = \mathbf{v}\cdot\mathbf{p} - \frac{1}{2M}p^2 \tag{10.4}$$

となる．エネルギー散逸が最小の速度 $\mathbf{v}_{\mathrm{c}}$ で起こるのは，励起の運動量と球体の速度が平行で同じ向きのときである．$p^2/(2M) \to 0$ とみなしてよい重い球体について考えると，それ以下でエネルギー散逸が不可能となる速度は

$$v_{\mathrm{c}} = \frac{\varepsilon}{p} \tag{10.5}$$

である．

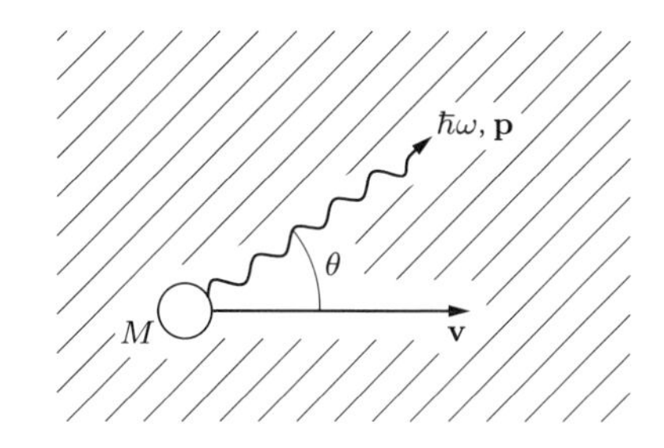

図 10.6　質量 M の球体が，速度 $\mathbf{v}$ で運動し，θ の方向にエネルギー $\hbar\omega$ と運動量 $\mathbf{p}$ をもったフォノンを放出する．$M \to \infty$ で臨界速度は $v_c \approx v_R = 58\,\mathrm{m/s}$ となる．

この近似では，フォノン励起による散逸は，球体の速度がフォノンの速度より大きくなったとき，はじめて可能になる．超流動ヘリウムにおいては $v = 0$ の単一粒子励起が存在しないので，散逸が起こる最小の速度はロトンの伝播速度である．実験的には，速度 $v_c \approx 30\,\mathrm{m/s}$ 以下では粘性がゼロになることが発見されている．この速度は，ロトンの速度 v_R よりわずかに小さい．

10.3　超流動ヘリウム液滴

ドイツのゲッチンゲンでは，Tönnies と共同研究者たちが，液体ヘリウムのきれいな液滴を生成する方法を開発した．30 K まで冷却されたヘリウムガスが，直径 5 μm のジェットとして，真空中に断熱膨張させられる．こうして，整然とした液滴のビームが生成され，液滴の大きさは飛行時間法によって決定される．このような液滴ビームの応用の一つとして，超流動状態を実現するのに最低限必要な ^{4}He 原子の数を見てみよう．

超流動状態を証明する一つのエレガントな方法は，ヘリウム中の原子の回転スペクトルを調べることである．液滴が超流動になると，原子は真空中のように自由に回転し，回転スペクトル線は細くなる．35 個より少ない原子を含む液滴の中の分子の回転スペクトルは，細い線を示さない．より大きな液滴に対して，線は段階的に明瞭になり，60 個の原子を含む液滴では，線ははっきり見える．ところが，液体 ^{3}He の液滴中の分子について測定された回転スペクトルは，細い線を示さない．温度 1 K 付近では，^{3}He は通常のフェルミ液体であるからである．

10.4 超流動 ^{3}He

フェルミ粒子の間に引力がある場合には，十分低い温度になると，ボーズ粒子的性質をもった束縛状態あるいは準束縛状態が現れる．そのような状態を大雑把に**クーパー対**とよぼう．実際には，温度 $T \leq 2.8$ mK では，^{3}He のさまざまな超流動の相が観測される．^{3}He 原子核間のスピン・スピン相互作用は，クーパー対の形成を担っている．両方の磁気モーメントが平行なとき，すなわち全スピンが $S = 1$ のとき，相互作用は引力である．全波動関数は反対称でなくてはならないので，両方の原子は相対的に $L = 1$ の状態にある．このことは，クーパー対の波動関数が，したがって秩序パラメータも，テンソルの特性をもっていることを意味している．しかしながら，つぎの式で与えられる，この相互作用は非常に弱い．

$$V_{\rm ss} = \frac{\alpha g^2(\hbar c)^3}{4(M_{\rm p}c^2)^2}\left\langle \frac{1}{r^3} \right\rangle \sigma \cdot \sigma' \tag{10.6}$$

式 (10.6) に，値 $g = -1.9$（**核磁子** $\mu_{\rm N} = e\hbar/(2M_{\rm p}) \simeq 3 \times 10^{-8}\,{\rm eV/T}$ を単位として [*1]，^{3}He の磁気モーメントは $\mu = g\mu_{\rm N}$）を代入し，$\langle 1/r^3 \rangle$ についてヘリウム原子間の平均距離 $\approx 0.2\,{\rm nm}$ を使うと，$V_{\rm ss} \approx 10^{-11}\,{\rm eV}$ を得る．これは，相転移の温度 $T \approx 2.8\,{\rm mK}$ より 4 桁小さい．この温度では，熱運動に比べてスピン・スピン相互作用は無視できる．超流動 ^{3}He は集団的状態であり，クーパー対の磁気モーメントは全体積にわたってそろう．超流動状態で，クーパー対は基底状態にある．サンプル全体の束縛エネルギーは，基底状態にあるクーパー対の数 $N_{\rm CP}$ と個々の対の束縛エネルギー $V_{\rm ss}$ の積である（式 (10.6) を参照）．サンプルの全エネルギーは，熱運動のエネルギーより大きい．超流動状態にある向きのそろった ^{3}He 原子核を通して発生する磁場は，およそ 3 mT である．$\mu_{\rm N}/\mu_{\rm B} \approx 1/2000$ であることを考慮すると，超流動 ^{3}He の核磁気モーメントの向きがそろっている割合は，強磁性物質中の電子の向きがそろっている割合と，ほとんど同程度であることがわかる．

参考文献

F. Pobell, *Matter and Methods at Low Temperatures.* (Springer, Berlin, 1996)

J. P. Toennies, A. F. Vilesov, K. B. Whaley, “Superfluid Helium Droplets,” Physics Today, February, 2001.

*1 単位にある T は Tesla である．

金属 —— 準自由電子

Tous les genres sont bons, lors le genre ennuyeux.
—— Voltaire*1

金属は，一つ，二つ，または三つの弱く束縛された電子をもつ原子からなっている．凝縮した状態では，これらの電子は非局在化し，ほとんど自由な粒子として原子間を移動する．内殻の電子と原子核は，ともにかたく結びついた陽イオンを構成し，結晶格子の中に規則正しく並ぶ．周期的なポテンシャルのもとで，電子の運動は変調された平面波で記述される．理想的な結晶では，電子は散乱されず，格子欠陥や格子の熱運動によってのみ散乱は起こる．したがって，金属中の電子はよい近似で，井戸型ポテンシャル中のフェルミ気体として表される．

フェルミ気体モデルで説明される金属の三つの側面，つまり結晶中の原子の束縛，電気伝導度と熱伝導度を考察しよう．

11.1 金属結合

11.1.1 金属水素

金属結合の性質を，まず金属水素の例を使って示しよう．水素が金属の状態で存在するのは，たとえば木星の内部のように非常に高圧のときだけである．実験室では，現在までのところ，140 GPa より高い圧力で約 0.1 ms の間だけ，液体水素の液滴を液体金属状態に変えることが可能になっている．これは，電気伝導度の急激な増加によって確認された．一方，固体の金属水素は実験室で作られたことがない．作るためには，500 GPa 程度の圧力が必要と思われている．

では，通常の条件下での水素の金属結合について，大まかな概算により説明しよう．

陽子がきつくすし詰めになった立方格子で，非局所化した電子が一様に分布している状態を考察してみよう．体積 d^3 の立方体は，密度 $N/\mathcal{V} = d^{-3} = (4\pi r_s^3/3)^{-1}$ が

*1 どんなものにもよいところがある，退屈なもの以外には．——ヴォルテール

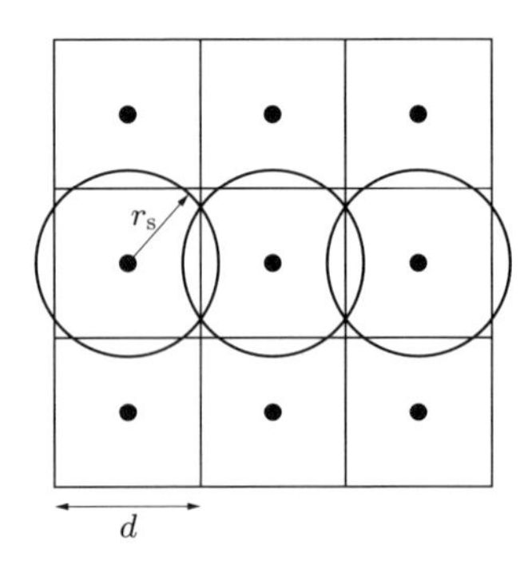

図 11.1　立方格子の単位構造が，半径 r_s の球体で置き換えられる．

不変になるように，半径 r_s の球体で置き換えることができる（図 11.1）．金属水素中の電子のエネルギーは変分法を用いて見つけることができ，さらに孤立した原子中でのエネルギーと比較できる．

フェルミ気体中の電子の平均運動エネルギーは，式 (9.8) から，

$$K = 2.21 \frac{\hbar^2}{2mr_s^2} \tag{11.1}$$

となる [*1]．ここで，平均原子間距離 d を r_s で置き換えた．一様な電荷密度 $\rho = -3e/(4\pi r_s^3)$ のもとで，中心にある陽子の静電エネルギーは

$$V = \int_0^{r_s} -\frac{\alpha\hbar c}{r} \frac{3}{4\pi r_s^3} 4\pi r^2 \mathrm{d}r = -\frac{3}{2} \frac{\alpha\hbar c}{r_s} \tag{11.2}$$

となる．隣り合った球体は電気的に中性で球対称なので，これに寄与しない．全エネルギー $E = K + V$ を式 (11.1) と (11.2) を用いて最小化することにより，つぎの値が導かれる．

$$r_s = 1.47\, a_0\,, \qquad E = -1.02\,\mathrm{Ry} \tag{11.3}$$

変調された平面波を用いたより正確な計算によると，$E = -1.05\,\mathrm{Ry}$ となる．このエネルギーは，金属結合を通じて水素原子どうしを結び付けておくのに十分なはずである（図 11.2）．なぜなら，自由な水素原子の中の電子の結合エネルギーは，ちょうど $E_H = -1\,\mathrm{Ry}$ だからである．それにもかかわらず，通常の圧力での水素原子は水素分子を作るほうがエネルギー的に得なので，金属を形成しない．水素分子中の電子の結合エネルギーは 1 原子あたり $-1.17\,\mathrm{Ry}$ なのである．これが，通常の圧力での固体水素がファンデルワールス力でまとめられた分子結晶である理由である．

---

*1　$\dfrac{1}{d^2} = \left(\dfrac{4\pi}{3}\right)^{-2/3} \dfrac{1}{r_s^2}$ を使う．

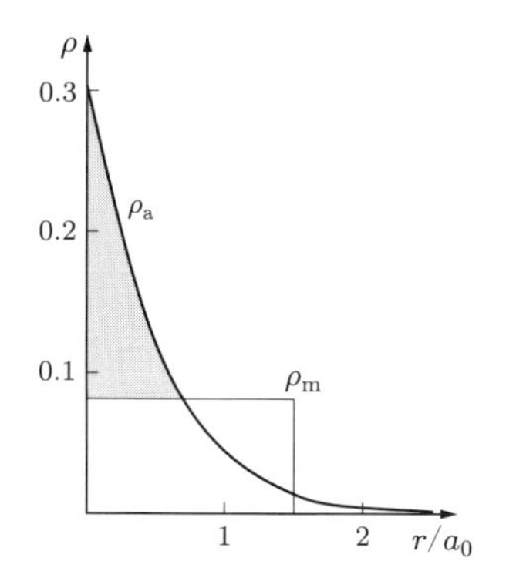

図 11.2 自由な水素原子中の電荷分布 ρ^a と大気圧での仮想的な水素金属中の電荷分布 ρ^m.

通常の圧力での仮想的な水素金属（図 11.2）と水素分子（図 6.3）の電荷分布を比較すると，分子における陽子間の電子密度が，金属の場合よりはるかに大きいことがわかる．

高い圧力では状況は異なる．水素分子間の距離が分子内部の原子間距離と同程度になると，電子はもはや決まった分子に束縛されなくなる．したがって，金属結合は分子結合より強くなる．

水素や多くの非金属の場合ほどには，分子中の 2 原子間の共有結合が重要ではない金属の場合は，状況が非常に違っている．結論として，通常の圧力での金属結合の条件は，非局在化した電子気体の束縛エネルギーが，個々の原子とではなく，個々の分子と比べて大きくなることである．

11.1.2 通常の金属

上のような勘定は，身近な金属にも容易に拡張できるだろう．たとえば，原子あたり 1 個の伝導電子しかもっていないナトリウム (Na) を考えてみよう．水素と比較して，おもな違いは内殻電子の存在であり，それがパウリ原理のために伝導電子を陽イオンから遠ざけており，斥力の擬ポテンシャルとしてはたらく．一方で，イオンの内側のポテンシャルは $e^2/(4\pi\varepsilon_0 r)$ より大きく，イオン半径の外側でのみ遮蔽によって，$e^2/(4\pi\varepsilon_0 r)$ に減少する．両方の効果は一緒になって，イオン半径 $r_{\rm I}$ までは定数で，それから $-e^2/(4\pi\varepsilon_0 r)$ のように変化する擬ポテンシャルによって表すことができる（図 11.3）．イオン半径 $r_{\rm I}$ は，自由な Na 原子中の 3s 電子のイオン化エネルギーが実験値と対応するように，決めるべきだろう．数値計算を行うと，$r_{\rm I} = 3.26\,a_0$ と選べば，$E_{\rm 3s} = -0.378\,{\rm Ry}$ となることがわかる．

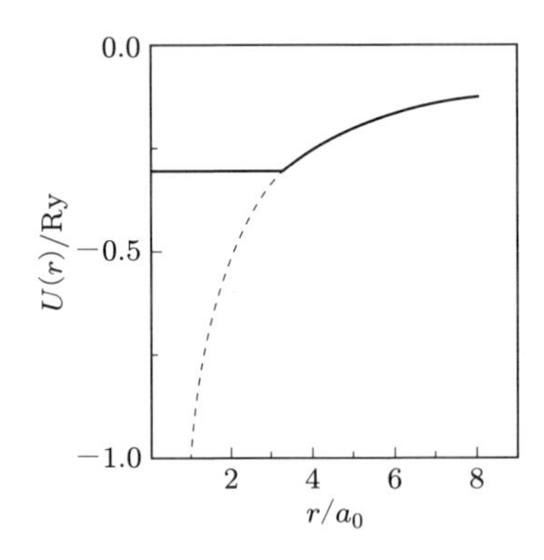

図 11.3 ナトリウムの擬ポテンシャル．破線は，クーロンポテンシャル $V = -e^2/(4\pi\varepsilon_0 r)$ の延長．$r_\mathrm{s} = 3.26a_0$ の内側では，内殻が完全には遮蔽されていないので，実際のポテンシャルはこれより強くなるが，パウリ原理が斥力的作用をもたらし，二つの効果が一緒になって，定数の擬ポテンシャルで近似される．

水素の場合と同じようにして，

$$E = -\frac{3}{2}\frac{e^2}{4\pi\varepsilon_0 r_\mathrm{s}} + \frac{1}{2}\frac{e^2 r_\mathrm{I}^2}{4\pi\varepsilon_0 r_\mathrm{s}^3} + 2.21\frac{\hbar^2}{2mr_\mathrm{s}^2} \tag{11.4}$$

が得られる．最小エネルギーは，

$$r_\mathrm{s} = 4.08\,a_0, \qquad E = -0.446\,\mathrm{Ry} \tag{11.5}$$

で与えられる．したがって，エネルギーの増加は $\Delta E = E - E_\mathrm{atom} = -0.068\,\mathrm{Ry} = -0.93\,\mathrm{eV}$ となる．この粗い近似は，実験値 $r_\mathrm{s} = 4.00\,a_0$ および $\Delta E = -1.11\,\mathrm{eV}$ に驚くほど近い．

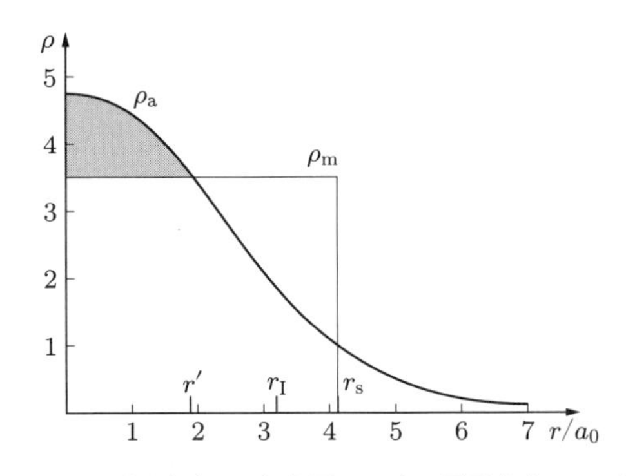

図 11.4 Na 原子中の電子密度 ρ_a と金属 Na 中の電子密度 ρ_m．金属中では，電子密度が $r < r'$ と $r > r_\mathrm{s}$ の領域から $r' < r < r_\mathrm{s}$ の領域に移動する．

金属結合の本質的に重要な点は，共有結合の場合と同じである．電子の波動関数の外縁部 $r > r_\mathrm{s}$（図 11.4）は，隣にある原子の単位格子内に入る．電子の分布が正の原子核に少し近づけられて，ポテンシャルエネルギーで得をすることになり，運動エネルギーが少し増加する分を補ってもあまりがある（図 11.4）．

11.2 電気伝導率

金属の電気伝導率は，最外部の電子（電子のフェルミ気体）が電場の影響を受けてドリフト速度 v_D で等速運動すると仮定すれば，うまく記述される．電場の中では，電子は $\mathrm{d}\mathbf{v}/\mathrm{d}t = (e/m)\mathbf{E}$ と加速される．しかし，この加速は，電子・電子衝突または電子・フォノン衝突に妨げられない時間 τ の間だけ有効である．したがって，電子のドリフト速度は，

$$v_\mathrm{D} = \left(\frac{e}{m}\right) E\,\tau \tag{11.6}$$

となる．電子は縮退した状態にあるので，フェルミ面の近くにあるものだけが散乱される．これらの電子は，フェルミ速度 v_F で動いている．平均自由行程を $\bar{l}$ と表すと，二つの衝突の間の平均時間は $\tau = \bar{l}/v_\mathrm{F}$ となる．このことは，電流密度が

$$j = env_\mathrm{D} = \left(\frac{ne^2\tau}{m}\right) E = \sigma\, E \tag{11.7}$$

で，電気伝導率が

$$\sigma = \frac{ne^2\tau}{m} = \frac{ne^2\bar{l}}{mv_\mathrm{F}} \tag{11.8}$$

となることを意味する．ここで，n は単位体積あたりの伝導電子数である．ナトリウムと銅では，1 原子あたり 1 個の電子が金属結合と電気伝導に寄与する．銅に対しては，測定された伝導度から，$\tau \sim 7 \times 10^{-14}$ s で $\bar{l} \sim 30$ nm と見積もることができる．銅の中での平均自由行程 $\bar{l}$ は，原子間距離よりおよそ 100 倍大きい．

11.3 クーパー対

低温では，多くの金属が超伝導状態になり，電気抵抗がなくなる．超伝導のメカニズムは定性的によく理解されている．常温では格子欠陥と格子の熱運動による散乱のせいでフェルミ面の電子は電気抵抗をもたらすが，低温では束縛されてクーパー対を作る．クーパー対はボーズ粒子のように振る舞い，エネルギーギャップを伴うボーズ

凝縮系を構成する．

超伝導電流は，クーパー対の集団運動として理解される．クーパー対は，エネルギーギャップのために散乱を免れているのである．ここでは，電子をクーパー対に束縛する引力ポテンシャルが，どのようにして金属中に作られるかという問題に取り組みたい．

結晶格子の性質は，電子質量 m とイオン質量 M に大きく依存している．金属に対しては，$M/m \approx 10^5$ $(M \approx 50\mathrm{u})$ なので，$\sqrt{M/m} \approx 300$ となる．格子間隔 d の結晶中のイオンと電子は，同じ力 $F \sim \alpha\hbar c/d^2$ にさらされているので，それらの周波数は質量の平方根に反比例して，

$$\frac{\omega_\mathrm{D}}{\omega_\mathrm{e}} \approx \sqrt{\frac{m}{M}} \tag{11.9}$$

となる．イオンの周波数としては，結晶のデバイ周波数 ω_D をとった．電子の周波数としては，原子中の価電子の束縛エネルギーに対応している $\hbar\omega_\mathrm{e} = E_\mathrm{e} \sim \alpha\hbar c/d$ をとった．音速と電子の速度は，同じ比で関係付けられていることに注意しよう．すなわち，

$$v_\mathrm{phonon} \sim d\,\omega_\mathrm{D}, \qquad v_\mathrm{e} \sim d\,\omega_\mathrm{e}, \qquad \frac{v_\mathrm{phonon}}{v_\mathrm{e}} \sim \sqrt{\frac{m}{M}} \tag{11.10}$$

である．実際，電子の速度 $(10^6\mathrm{m/s})$ は金属中の音速 $(3000\,\mathrm{m/s})$ に比べて 300 倍大きい．

電子がイオンの傍を飛んでいくと，電子はイオンに運動量

$$p = F\tau \approx \frac{\alpha\hbar c}{d^2}\frac{d}{v_\mathrm{e}} \approx \frac{E_\mathrm{e}}{v_\mathrm{e}} \tag{11.11}$$

を移行する（図 11.5）．ここで，$\tau = d/v_\mathrm{e}$ は，電子がイオンの近くで過ごす時間である．そして，イオンは振幅

$$\delta = \frac{p}{M\omega_\mathrm{D}} \sim \frac{E_\mathrm{e}/v_\mathrm{e}}{\sqrt{Mm}\,\omega_\mathrm{e}} \sim \frac{E_\mathrm{e}}{mv_\mathrm{e}^2}\sqrt{\frac{m}{M}}\,d \sim \sqrt{\frac{m}{M}}\,d \tag{11.12}$$

で単振動を行うが，緩和時間 ω_D^{-1} の後には再び元の状態に戻ってしまう．温度 $T \sim 0\,\mathrm{K}$ では，電子は格子を作る原子を励起できない．なぜなら，非弾性散乱は格子の熱運動によっ

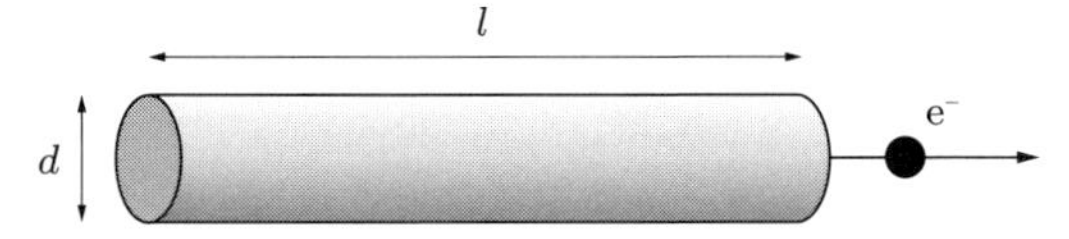

図 11.5 電子の後方の円柱内では結晶格子が歪められて，イオンが軸の方向に沿って引き寄せられる．

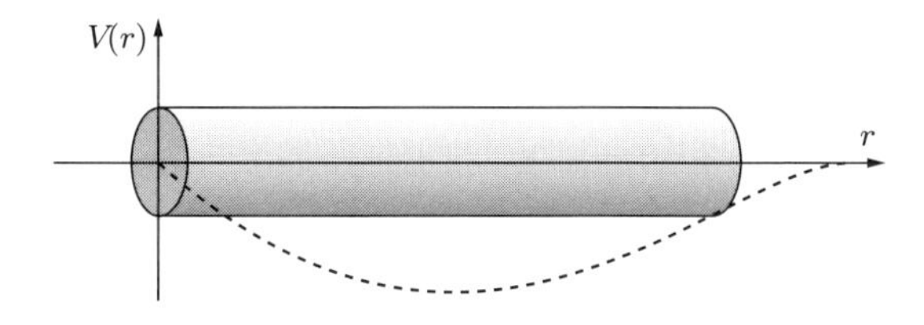

図 11.6 円柱内の結晶の摂動が，ほかの電子に対して引力的なポテンシャルを作り出す（破線）．

てはじめて起こるからである．緩和時間の間に，電子は距離 $l \sim v_{\rm e}(1/\omega_{\rm D}) \sim \sqrt{M/m}\,d$ だけ進む．したがって，結晶格子への摂動は，半径 d，長さ l の円柱の内側におさまっている（図 11.6）．もしイオンが軸に向かって δ だけ近づくと，それ以外の電子は引力を受けることになる．そのようなポテンシャルを利用するためには，第 2 の電子は円柱の中をまっすぐに飛行しなければならない．ここでは，s 波状態を扱っているので，円柱は空間の中で固定されてはいない．クーパー対の角運動量がゼロになるためには，その波動関数はすべての方向を向いた円柱状態の重ね合わせになっていなければならない．

角運動量 $\ell\hbar$ がゼロでないと，二つの電子を $R \sim \ell\hbar/p \sim \ell d$ だけ引き離す．つまり，幅 d の円柱の外側に保ってしまう．したがって，クーパー対のスピンと角運動量はゼロでなければならない（s 波は空間対称なので，パウリ原理の要請から，スピン波動関数は反対称となる）．

格子の分極によるポテンシャルの変化は，δ/d に比例し，そのため，互いに s 状態にある電子に対する引力ポテンシャルは，つぎのような形になる．

$$V(r)\begin{cases} \sim \dfrac{\delta}{d}\cdot\dfrac{\alpha\hbar c}{d} & (r < l \text{ の場合}) \\ \approx 0 & (r > l \text{ の場合}) \end{cases} \tag{11.13}$$

ここで，$l \approx \sqrt{M/m}\,d \approx 300d$ である．これは比較的強いポテンシャルである．深くはないが大きな広がりをもっているので，束縛エネルギーは大体ポテンシャルの深さ $E_{\rm e}/300 \approx 3\times10^{-3}\,{\rm eV}$ に対応していると期待される．これは，ポテンシャル (11.13) に対するシュレーディンガー方程式の解から容易に納得することができるだろう．この束縛エネルギーは，およそ 30 K の温度に対応しているので，多くの超伝導体がかなりの高温で存在すると期待される．しかし，現実には，クーパー対の束縛エネルギーはいつも 10^{-4} eV 程度である．議論の筋道のどこが間違っていたのだろうか？

クーパー対は，フェルミ面のすぐ上にある電子から形成される．それより下の状態は埋まっていて，ポテンシャル (11.13) のもとでの高い励起状態に対応するクーパー対の波動関数には，何の寄与もしない．クーパー対の束縛を説明するために，二つの自由な電子の波動関数（図 11.7）と，クーパー対に束縛された二つの電子の波動関数を比較してみよう（図 11.8）．フェルミ面にある電子の波長は，クーパー対の広がりよりずっと小さい．結合は弱くても，$k_B T < E_{\text{binding}}$ の低温でクーパー対のボーズ凝縮を作るのに十分な大きさであり，そのため多くの金属が超伝導になる．

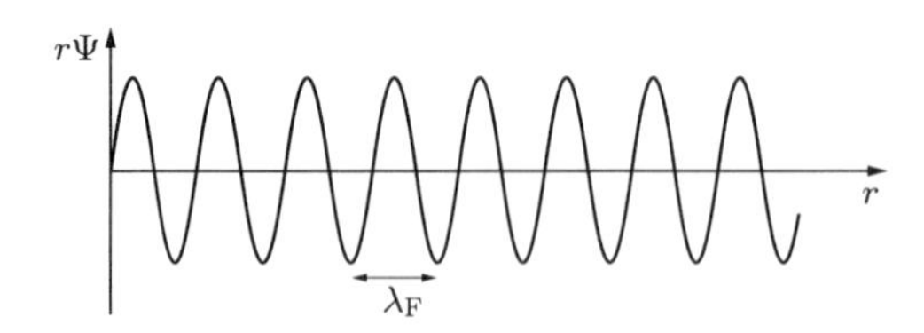

図 11.7　二つの相互作用をしない電子の波動関数 Ψ．λ_F はフェルミ面にある電子の波長である．

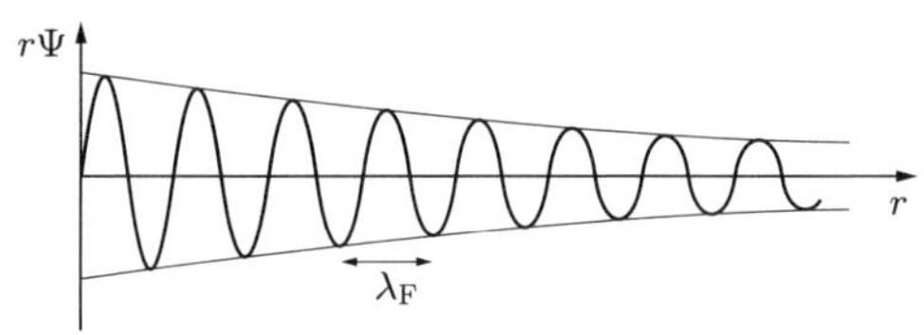

図 11.8　クーパー対の波動関数 Ψ．コヒーレンス長は格子間隔の数百倍で，λ_F はフェルミ面にある電子の波長である．

11.4 超伝導体における反磁性

高温超伝導体の場合，超伝導体における反磁性（マイスナー効果）を実証することは容易である．液体窒素温度で超伝導の性質を示すセラミックの輪を，液体窒素で満たされた容器に入れてみる．そして，その容器を磁場の中に置くと，輪は浮き上がって空中でぶらぶらする．

ここでは，ネオンのような希ガス原子の反磁性と，磁場中での超伝導体の振る舞いであるマイスナー効果を比較して類似点を探してみよう．ネオンの原子は，全角運動量 $J = 0$ をもっている．すべての電子は対をなして，角運動量がゼロになるように結合している．ネオン原子が磁場中に入ると，レンツの法則によって，かけられた磁場と反対方向の磁気モーメントが誘起される．しかし，どうして $J = 0$ の系が磁気モーメントをもち得るのか？　これはつぎのように説明できる．磁場が印加されると，電場が誘起される．対をなして結合している電子は互いに逆方向に動いているから，一つは電場によって加速され，もう一つにはブレーキがかかる．そうして電流が生成さ

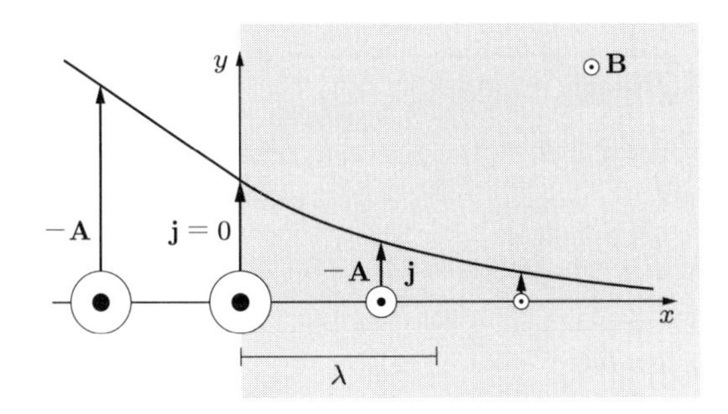

図 11.9　超伝導体の表面は yz 面内にあり，超伝導体の外側の一様な磁場は z 方向を向いている．磁場は内側では λ の範囲で減衰する．

れ，かけられた磁場の軸のまわりで電子殻全体が回転することになる．

1 次元的に配置された超伝導体を見てみよう．図 11.9 で，超伝導体の表面は yz 面内にあり，超伝導体の外側の一様な磁場は z 方向を向いている．超伝導体の内側で，x 方向の磁場と電流がどのように振る舞うか調べてみよう．磁場 $\mathbf{B} = \nabla \times \mathbf{A}$ の中では，運動エネルギーは $(\mathbf{p} - e\mathbf{A})^2/(2m)$ となり，速度は $\mathbf{p}/m$ ではなく，

$$\mathbf{v} = \frac{1}{m}(\mathbf{p} - e\mathbf{A}) \tag{11.14}$$

で与えられる [*1]．したがって，電子の集団によって生成される電流密度 $\mathbf{j}$ は，

$$\mathbf{j} = e\sum_i \mathbf{v}_i = \frac{e}{m}\sum_i(\mathbf{p}_i - e\mathbf{A}) \tag{11.15}$$

となる．$\sum \mathbf{p}_i = 0$ なので，電流密度とベクトルポテンシャルの比例関係は，

$$\mathbf{j} = -\frac{ne^2}{m}\mathbf{A} = -\frac{1}{\lambda^2\mu_0}\mathbf{A} \tag{11.16}$$

で与えられる．式 (11.16) で n は単位体積あたりの電子数であり，

$$\nabla \times \nabla \times \mathbf{A} = \mu_0\mathbf{j} = -\frac{1}{\lambda^2}\mathbf{A} \tag{11.17}$$

または，これを 1 次元的な場合に書き直した

$$\frac{\mathrm{d}^2 A_y}{\mathrm{d}x^2} = \frac{1}{\lambda^2}A_y \tag{11.18}$$

からわかるように，$\lambda = \sqrt{m/(ne^2\mu_0)}$ は超伝導体の中への磁場の侵入長である．実際，解は指数関数 $A_y(x) = A_y(0)\exp(-x/\lambda)$ で与えられる．

---

*1　1 章と同じように，電子の電荷を $e < 0$ としている．

11.5 巨視的量子干渉

超伝導は，巨視的な量子現象であり，巨視的な量子干渉さえも可能にする．とくに興味深く重要な応用は，量子干渉磁気測定器 SQUID（超伝導量子干渉装置）である．

1962 年に，B. D. Josephson（ジョセフソン）は，超電導でない層を挟む二つの超伝導体の間には，電位差がないときでもトンネル電流が流れることを予言した（**ジョセフソン効果**）．この仕事によって，彼は異例の速さで 1970 年にノーベル賞を受賞した．トンネル電流は，ジョセフソン接合が運べる臨界電流 I_c と二つの超伝導体間の位相差 $\varphi = \varphi_1 - \varphi_2$ に依存して，

$$I = I_\mathrm{c} \sin\varphi \tag{11.19}$$

と与えられる．添字 $i = 1, 2$ は二つの超伝導体を指している．したがって，クーパー対の波動関数 ψ_i の位相 φ_i は，重要な物理的意味をもっている．このことをもっと注意深く見てみよう．磁場の中では，クーパー対（電荷 $2e$ で有効質量 m^*）の運動量は

$$\mathbf{p} = m^*\mathbf{v} + 2e\mathbf{A} \tag{11.20}$$

である．クーパー対の波動関数は，$\psi(\mathbf{r}) = \exp[\mathrm{i}\theta(\mathbf{r})]$ と書くことができ，その運動量は位相の勾配によって，$\mathbf{p} = \langle\psi| - \mathrm{i}\hbar\nabla|\psi\rangle = \hbar\nabla\theta$ と表すことができる．そして，電流密度は

$$\mathbf{j} = 2en\mathbf{v} = \left(\frac{2en\hbar}{m^*}\right)\left(\nabla\theta - \frac{2e}{\hbar}\mathbf{A}\right) \tag{11.21}$$

となる．ここで，n はクーパー対の密度である．よって，電流は全位相 $\theta' = \theta - \int(2e/\hbar)\mathbf{A}\mathrm{d}\mathbf{s}$ の勾配に比例している．つまり，位相の勾配は測定可能な物理量なのである．

方程式 (11.19) を導くのに，Feynman の議論に従う．波動関数の時間発展は，本質的に 2 準位系のシュレーディンガー方程式によって与えられる．両方の超伝導体はポテンシャルの差 $(2e)V$ をもち，トンネル積分 K によって，つぎのように結びついている．

$$\begin{aligned} \mathrm{i}\hbar\frac{\partial\psi_1}{\partial t} &= -eV\psi_1 + K\psi_2 \\ \mathrm{i}\hbar\frac{\partial\psi_2}{\partial t} &= +eV\psi_2 + K\psi_1 \end{aligned} \tag{11.22}$$

波動関数を $\psi_i = \sqrt{n_i}\exp(\mathrm{i}\varphi_i)$ と表すと，つぎのようになる．

$$\begin{aligned}\frac{\partial n_1}{\partial t} &= +\frac{2K}{\hbar}\sqrt{n_1 n_2}\sin\varphi \\ \frac{\partial n_2}{\partial t} &= -\frac{2K}{\hbar}\sqrt{n_1 n_2}\sin\varphi \\ \frac{\partial \varphi}{\partial t} &= \frac{2eV}{\hbar}\end{aligned} \tag{11.23}$$

電流 I は，$\partial n_1/\partial t$ に比例しており，式 (11.23) の比例係数 $(2K/\hbar)\sqrt{n_1 n_2}$ は，式 (11.23) の臨界電流 I_c に対応している．電圧 V がなければ，位相 φ は時間によらず，したがって電流も不変である．ポテンシャル $V \neq 0$ の中で，位相は $\varphi = (2e/\hbar)Vt$ のように時間に比例して変化し，周波数 $\hbar\omega = 2eV$ の交流電流が得られる．

電流を，それぞれがジョセフソン結合をもつ二つの分枝に分けて，後で一緒に戻すと，二つの電流は干渉しながら足し合わされる（図 11.10 (a)）．磁場がなければ，両方はほぼ同じ位相をもち，電流はただ単に足し合わされる．磁場中では，それぞれの導体は位相 $(2e/\hbar)\int \mathbf{A}\cdot\mathrm{d}\mathbf{s}$ を得て，干渉は足し算にも引き算にもなる．ベクトルポテンシャル $\mathbf{A}$ はゲージ不変でないが，本当に必要なのは二つの分枝間の位相差だけであり，これはゲージ不変である．ループの上に沿った積分は，

$$\varphi = \oint \frac{2eA}{\hbar}\,\mathrm{d}s = \int \frac{2eB}{\hbar}\,\mathrm{d}S = \frac{2e}{\hbar}\,\Phi = 2\pi\frac{\Phi}{\Phi_0} \tag{11.24}$$

となる．ここで，Φ はループに囲まれた磁束で，$\Phi_0 = 2\pi\hbar/(2e) = 2.07\times 10^{-15}\,\mathrm{V\,s}$ は磁束量子である．最大電流は，磁束の量子の整数倍がループの中にあるときに生成

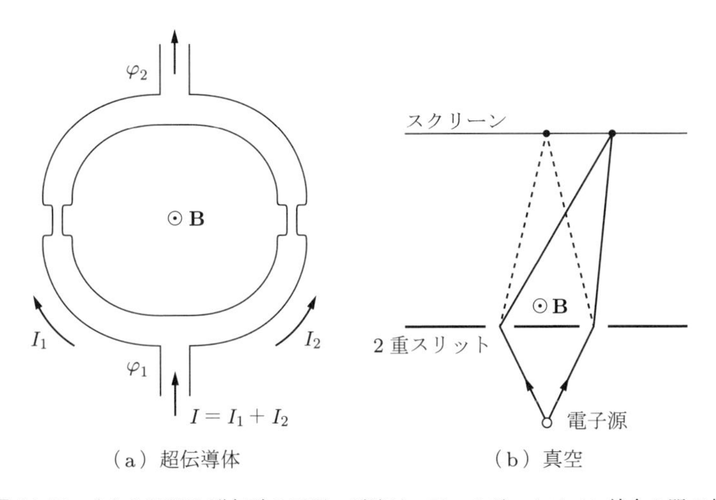

図 11.10　(a) SQUID 磁気計の原理．電流は，二つのジョセフソン結合の間で共有され，両方の寄与が干渉する．(b) アハロノフ・ボーム効果による干渉の極大点のずれ．破線は磁場がない場合，実線は磁場がある場合．

され，最小電流は半奇数倍があるときだということは容易にわかる．

したがって，磁場（または磁束）をゆっくりと増加させながら，電流の最大値と最小値を数えることにより，磁束 $\Phi = n\Phi_0$ を測定することができる．現代的な **SQUID** 磁束計では，電流を測定するよりむしろ，電流を一定に保ちながら，両側の間のポテンシャルを測定する．電圧は，電流が臨界値を超えたときに生じる．電圧は，干渉が建設的なときより，破壊的なときのほうが大きいので，磁場が増大するときには，電圧は最大値と最小値の間で変化する．ここでは，これ以上技術的詳細には触れないことにする．

上のような測定は，平行でないガラス板の間においた髪の毛の幅を干渉によって測定することを思い出させる．その場合も干渉縞を数えるだけでよいのである．

SQUID の中での現象は，電子が二つのスリットを通過してスクリーン上で干渉する**アハロノフ・ボーム効果**と非常によく似ている．二つのビームの間に磁場をかけると，干渉縞は位相差 $\varphi = \oint (eA/\hbar)\,\mathrm{d}s = \int (eB/\hbar)\,\mathrm{d}S = (e/\hbar)\,\Phi$ に応じてずれる（図 11.10(b)）．

11.6 熱伝導率

熱伝導率はエネルギーの輸送を意味し，気体中では分子か原子の運動によって，非金属中ではフォノンによって，そして金属中では電子によって（そしてほんのわずかフォノンによっても）引き起こされている．これらのエネルギーの運び手は，1 次近似で，自由粒子とみなせる．これらの粒子間の相互作用（固体の場合は粒子と格子欠陥との相互作用）は，平均自由行程 $\bar{l}$ によって表すことができる．気体，非金属，金属の熱伝導率を比較することは，それらの熱伝導率に大きな違いがある理由を理解するうえでとても役に立つ．気体の熱伝導率は，つぎのように理解される．気体の粒子密度を n とし，平均速度を $\bar{v}$ としよう．そうすると，面 S を通して，より冷たい左側から 1 秒あたり $n\,\bar{v}\,\overline{\cos\theta}\,S$ 個の分子が，$\bar{l}$ 離れた暖かい領域に向かって通過する（図 11.11）．分子それぞれが，エネルギー $c_v\left[T - (\mathrm{d}T/\mathrm{d}x)\,\bar{l}\,\right]$ を運ぶ．同じ数の粒子が S を通してより暖かい右側から通過する．より暖かい粒子は，分子あたり $c_v\left[T + (\mathrm{d}\,T/\mathrm{d}x)\,\bar{l}\,\right]$ のエネルギーを運ぶ．ここで，$\overline{\cos\theta} = 1/4$ とすると，正味のエネルギー流量は

$$J_Q = \frac{1}{2}\,n\,\bar{v}\,c_v\,\bar{l}\,S\,\frac{\mathrm{d}T}{\mathrm{d}x} \tag{11.25}$$

となり，これから，熱伝導率

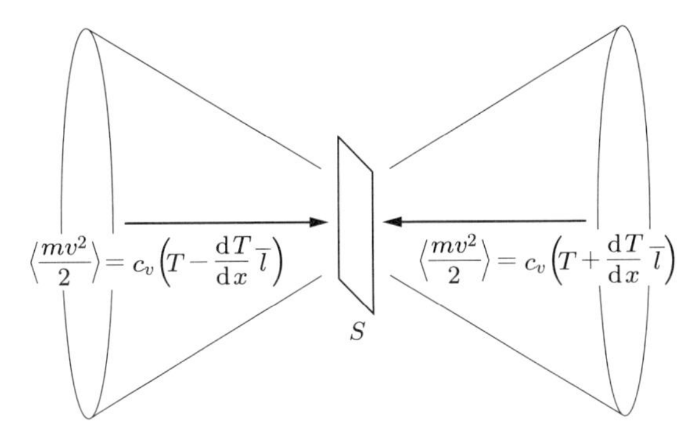

図 11.11 表面 S を通して，分子，フォノンまたは電子によって輸送されるエネルギー．

$$\lambda = \frac{1}{2} n \bar{v} c_v \bar{l} \tag{11.26}$$

が計算される．正確な数因子は，用いられた近似と個々の気体に依存する．

同様の見積りは，フォノン気体や電子気体にも適用できる．表 11.1 で，実際の数値を比較している．空気の密度は低いので，その熱伝導率は非金属に比べて 1/100 ほどに小さくなっている（表 11.1）．フェルミ面上の電子は大きな速度をもつので，金属の熱伝導率は非金属に比べておよそ 100 倍大きくなっている．銅の小さな c_v は，電子だけによるものである．

表 11.1 さまざまな物質に関して，通常の条件での熱伝導率を計算するうえでの因子の典型的な値．フォノンに対しては，積 nc_v だけが意味をもつ．

媒質	キャリアー	$\bar{l}$ [nm]	$\bar{v}$ [m/s]	n [kmol/m^3]	c_v [J/(mol K)]	λ [W/mK]
空気	分子	65	500	0.045	2.5 R	0.03
非金属	フォノン	1	3000	(45	× 3 R)	3
銅	電子	30	10^6	45	0.03 R	300

電気伝導率と熱伝導率は電子によって引き起こされているので，それらを一緒に考えのが賢明である．このためには，縮退した電子気体の比熱に関する公式

$$c_v = \frac{1}{2}\pi^2 \frac{k_\mathrm{B}^2 T}{\varepsilon_\mathrm{F}} \tag{11.27}$$

が必要である．ここでは，導出は省こう．

$$\varepsilon_\mathrm{F} \approx \frac{5}{3}\frac{m\bar{v}^2}{2} \tag{11.28}$$

から，

$$c_v \approx \frac{3}{5}\frac{\pi^2 k_\mathrm{B}^2 T}{m\bar{v}^2} \tag{11.29}$$

となる．これから，熱伝導率と電気伝導率の間のウィーデマン・フランツ (Wiedemann–Franz) 比

$$L_{\text{W-F}} = \frac{\lambda/T}{\sigma} \approx \frac{\frac{1}{2}n\bar{v}\bar{l}\,\frac{3}{5}\pi^2 k_\mathrm{B}^2/(m\bar{v}^2)}{ne^2\bar{l}/(m\bar{v})} = \frac{3\pi^2}{10}\frac{k_\mathrm{B}^2}{e^2} \tag{11.30}$$

を得る．

正確な計算は，ほとんど同じ結果を与える．

$$L_{\text{W-F}} = \frac{\pi^2}{3}\frac{k_\mathrm{B}^2}{e^2} = 2.45\times10^{-8}\,\mathrm{W}\,\Omega/\mathrm{K}^2 \tag{11.31}$$

これは測定値とよく一致している．たとえば，銅に対しては，273 K で $L = 2.23\times10^{-8}\,\mathrm{W}\,\Omega/\mathrm{K}^2$ である．

参考文献

J. Clarke, "SQUIDs," *Scientific American*, vol. **36**, August, 1994.

R. P. Feynman, R. B. Leighton, M. Sands, *The Feynman Lectures on Physics*, vol. III. (Addison-Wesley, Reading, 1965)

J. P. Ketterson, S. N. Song, *Superconductivity.* (Cambridge University Press, Cambridge, 1999)

C. Kittel, *Introduction to Solid State Physics.* (Wiley, New York, 1995)

W. J. Nellis, "Making Metallic Hydrogen," *Scientific American*, vol. **60**, 2000.

F. Pobell, *Matter and Methods at Low Temperatures.* (Springer, Berlin, 1996)

M. Tinkham, *Introduction to Superconductivity.* (McGraw-Hill, New York, 1996)

T. Van Duzer, C. W. Turner, *Principles of Superconductive Devices and Circuits.* (Elsevier, New York, 1981)

V. F. Weisskopf, "Search for simplicity: the metallic bond," Am. J. Phys. **53**(10), 940-942. (1985)

V. F. Weisskopf, "The Formation of Cooper Pairs and the Nature of Superconducting Currents." (CERN, Geneva, 1979)

J. M. Ziman, *Principles of the Theory of Solids.* (Cambridge University Press, Cambridge 1979)

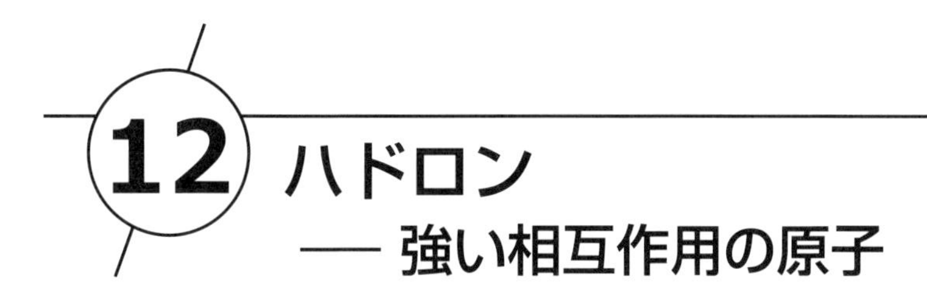

12 ハドロン ── 強い相互作用の原子

Getretner Quark wird breit, nicht stark.
── Goethe*1

ハドロンは，強い相互作用の基本的な系であり，強い相互作用の原子といってよいかもしれない．とくに興味深いのは，原子核を構成する核子の構造である．核子の分光学的特性は，核子が**構成子クォーク**からなっていることから理解できる．

この章では，準弾性（深非弾性）散乱を受ける「裸の」クォークが「構成」クォークとどう関係しているかを，カイラル対称性の破れの可能な限り簡単なモデル（南部・ヨナラシニオ模型）を用いて説明するつもりである．この関係は，ヒッグス模型のような，素粒子物理学における自発的対称性の破れの基本的性質を含んでいるので，いままでよりも少し説明を多くしておこう．

12.1 $q\bar{q}$ 束縛状態

非相対論的構成子クォークの間にはたらく力は，$q\bar{q}$ 束縛状態 *2 の分光学から導き出すことができる．与えられたポテンシャルに対して，シュレーディンガー方程式はエネルギースペクトルを一意に予言するが，逆の問題の答えは一つではない．しかし，ほとんどのエネルギー準位をかなりよく再現する有効ポテンシャルを見つけることができる．図 12.1 で，**ポジトロニウム** (e^+e^-) と**チャーモニウム** $(c\bar{c})$ の励起状態を比較する．この比較が妥当であるのは，両方の系が粒子とその反粒子からできていて，よい近似で非相対論的に記述することが可能だからである．電子は軽いが，ポジトロニウムの束縛は弱く，そのため粒子の相対速度は小さい．重いクォークは，十分大きな質量をもっているので，強い相互作用にもかかわらず，とてもゆっくりと運動するのである．クォーク間の相互作用は，光子と同様に，質量 0 のベクトルボゾンであるグル

---

*1 凝乳（Quark）を踏めば，ひろがる，しかし腰が強くはならぬ．── ゲーテ
［出典：ゲーテ『西東詩集』，箴言の書．訳は，生野幸吉訳『ゲーテ全集 2』（潮出版社）より引用．］

*2 $q\bar{q}$ 束縛状態は，英語だと quarkonium（単数），quarkonia（複数）という．

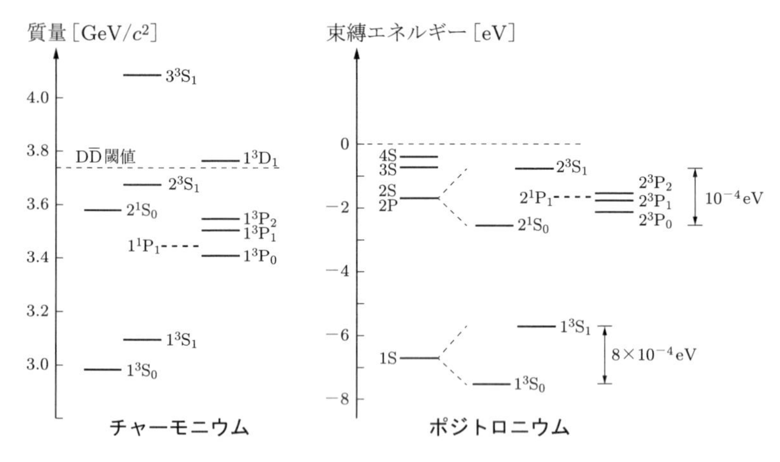

図 12.1　チャーモニウムとポジトロニウムの状態.

オンによって媒介されるので，一つのグルオンの交換が支配的な領域では，クォーク間のポテンシャルは $1/r$ のようにふるまうことが期待される．最初に気づくことは，$\mathrm{q\bar{q}}$ の高い励起状態では，ただのクーロンポテンシャルの場合と違って，お互い近くに位置していないことである．結論として，$\mathrm{q\bar{q}}$ 束縛状態の記述には，強いクーロンポテンシャルに加えて，「閉じ込めポテンシャル」が必要である．

2番目に気づくことは，ここでは示していないが，チャーモニウムと $\mathrm{b\bar{b}}$ 束縛状態（ボトミウム）の励起エネルギーがほとんど等しいということである．クォークと反クォークの間のポテンシャルは，励起エネルギーがクォークの質量に少ししか，またはまったく依存しない．$\mathrm{q\bar{q}}$ 束縛状態において，クォークの質量はスピン・スピン相互作用だけに現れる．

これら両方の特徴は，強いクーロンポテンシャルと線形の閉じ込めポテンシャル

$$E = \frac{\hat{p}^2}{2(m_\mathrm{q}/2)} - \frac{4}{3}\frac{\alpha_\mathrm{s}\hbar c}{r} + kr + U_0 \tag{12.1}$$

を使って，うまく記述することができる．式 (12.1) において，$m_\mathrm{q}/2$ はクォークの換算質量である．定数 U_0 は，ポテンシャルのゼロ点を考慮したものである．構成質量 m_q は，一意に決まらず，それをどう選ぶかによって定数 U_0 は変わる．

線形のポテンシャルだけを用いると，固有エネルギーと固有関数を解析的に解くことができる（これらはエアリー関数で表される）．しかし，組み合わせたポテンシャルに関しては，数値的にしか解くことはできない．クーロンポテンシャルと振動子ポテンシャル ($V = kr^2/2$) をグラフ上で内挿することにより，実験結果を概算できることを示そう．振動子ポテンシャルを選んだのは，準位が等間隔になり，手間があま

りかからないからである．エネルギースケールを無次元化するのに用いた単位は，2S と 1S 状態の差であり，ゼロ点としては基底状態のエネルギー (1S) を選んだ．図式的な解法の結果を図 12.2 に示す．「exact」付の丸は，クーロン，線形と 2 乗のポテンシャルに対するシュレーディンガー方程式の結果である．線形ポテンシャルに対するエネルギー準位は，クーロンと振動子ポテンシャルのレベルの直線的内挿と非常によく一致することがわかる．チャーモニウムとボトミウムの準位は，クーロンと線形ポテンシャルの間にうまい具合に位置し，式 (12.1) の混合ポテンシャルと矛盾しない．$m_{\rm c} = 1.37\,{\rm GeV}/c^2$, $m_{\rm b} = 4.79\,{\rm GeV}/c^2$, $\alpha_{\rm s} = 0.38$, $k = 0.860\,{\rm GeV/fm}$ というパラメーターを使うと，チャーモニウム ψ とボトミウム Υ のスペクトルをよくフィットできる．

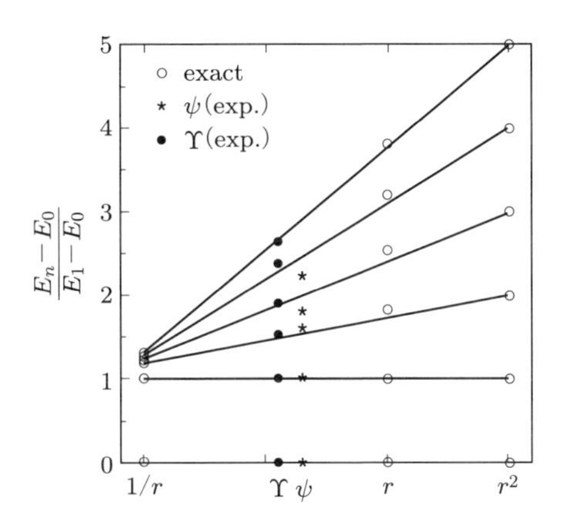

図 12.2　チャーモニウムとボトミウムの励起状態と，三つのポテンシャル $V \propto 1/r, r, r^2$ に対して計算されたスペクトル（白丸）との比較．

強い相互作用の結合定数 $\alpha_{\rm s} = 0.38$ は，明らかに大きすぎる．QCD の計算によると，このエネルギー領域では，$\alpha_{\rm s}$ の最大値が 0.2 になる．このことは，フィットから得られる結合定数 $\alpha_{\rm s}$ が，単一グルオン交換だけでなく，グルオン場によるほかの補正も含んだ，クォーク・反クォーク間の有効相互作用を表していることを意味する．一方，フィットされた紐の張力 $k = 0.860\,{\rm GeV/fm}$ は，格子 QCD や，さまざまな現象論的考察から期待される 1.0〜1.2 GeV/fm と比較すると小さすぎる．どちらの定数も現象論的な有効値として理解すべきである．

12.2 軽いクォークからできたハドロン

バリオンと中間子の分光的性質は，u クォークと d クォークの質量をおよそ

$0.3\,\mathrm{GeV}/c^2$ とし，s クォークの質量をおよそ $0.5\,\mathrm{GeV}/c^2$ とするモデルによって，非常にうまく説明できる．

12.2.1 非相対論的クォークモデル

軽い中間子の質量は，クォークの質量の和と**スピン・スピン相互作用**による質量差によって，

$$M_{\mathrm{q\bar{q}}} = m_i + m_{\bar{j}} + \Delta M_\sigma \tag{12.2}$$

と表すことができる．ここで，

$$\Delta M_\sigma = \frac{8\pi\alpha_{\mathrm{s}}\hbar^3}{9cm_i m_{\bar{j}}}|\psi(0)|^2\langle\boldsymbol{\sigma}_i\cdot\boldsymbol{\sigma}_{\bar{j}}\rangle \tag{12.3}$$

である．$m_{\mathrm{u,d}} \approx 310\,\mathrm{MeV}/c^2$ と $m_{\mathrm{s}} \approx 483\,\mathrm{MeV}/c^2$ を用いることにより，測定された中間子の質量とよい一致を得ることができる．

バリオンの質量についても，同様の関係式が成り立つ．

$$M_{\mathrm{B}} = \sum_i m_i + \Delta M_\sigma \tag{12.4}$$

ここで，スピン分裂（以下）は三つのクォークの相対的なスピンの向きに依存している．

$$\Delta M_\sigma = \sum_{i<j}\frac{4\pi\alpha_{\mathrm{s}}\hbar^3}{9cm_i m_j}|\psi(0)|^2\langle\boldsymbol{\sigma}_i\cdot\boldsymbol{\sigma}_j\rangle \tag{12.5}$$

有効クォーク質量は，さまざまなスピンに伴うエネルギー差をバリオン質量にフィットすることによって見つけられる．最もよく一致するのは，クォーク質量 $m_{\mathrm{u,d}} \approx 363\,\mathrm{MeV}/c^2$ と $m_{\mathrm{s}} \approx 538\,\mathrm{MeV}/c^2$ のときである．これらの質量は，中間子から得られる値とはわずかに異っている．これは中間子とバリオンの中のクォークが異った環境の中に存在しているので，不思議ではない．中間子の中では，クォークは反クォークと結合しており，バリオンの中では合わせて反対のカラーをもつ二つのクォークと結合している．有効相互作用の本質的な相違は，色結合の帰結である因子 2 である（バリオンに対しては式 (12.5) に示すように 4/9，中間子に対しては式 (12.3) に示すように 8/9）．その他すべての相違は，クォーク質量の違いに加味されている．

力学の寄与を考えなくてもよいように，ポテンシャルエネルギーと運動エネルギーは完全に打ち消しあうと仮定してきた．これは，クォーク間の相互作用がクーロンと線形ポテンシャルの和として表されるような系においては，正しそうな仮定である．

クーロンポテンシャルに対しては，$\langle E_{\mathrm{pot}}\rangle = -2\langle E_{\mathrm{kin}}\rangle$ であり，線形ポテンシャルに対しては，$\langle E_{\mathrm{pot}}\rangle = 2\langle E_{\mathrm{kin}}\rangle$ である．もし両方のポテンシャルにおける局在確率がだいたい等しいなら，$\langle E_{\mathrm{pot}}\rangle \approx -\langle E_{\mathrm{kin}}\rangle$ となり，質量公式中のエネルギー項は打ち消しあう．実際には，局在確率が線形ポテンシャルのほうが大きく，さらに，式 (12.2) と (12.4) のように，ポテンシャル (12.1) の負の定数 U_0 も打ち消しを助けている．このように，ハドロンの質量は，よい近似で，クォークの質量の和とスピン・スピン相互作用 (12.4) で再現される．

構成子クォークの質量は，モデルに導入された数値的なお飾り以上のものである．このことは，**バリオンの磁気モーメント**についてのモデルの予言値を実験結果と比較することにより納得できる．構成子クォークがディラック粒子としての磁気モーメント

$$\mu_{\mathrm{q}} = \frac{z_{\mathrm{q}} e\hbar}{2m_{\mathrm{q}}} \tag{12.6}$$

をもっていると仮定すると，非常によく一致する．実験値とモデルの予言値の比較は見事な結果を与える（表 12.1）．非相対論的クォークモデルは，励起の程度まで正しく再現する．$\ell = 1$ の第 1 励起状態は $\approx 0.6\,\mathrm{GeV}$ に存在する．

表 12.1　核磁気モーメント μ_{N}[*1] を単位としたバリオンの磁気モーメントの測定値と計算値．実験的に決定された p，n と Λ^0 の磁気モーメントが，残りのバリオンの磁気モーメントの計算に用いられている．Σ^0 ハイペロンは非常に短寿命 (7.4×10^{-20} s) で，電磁相互作用によって $\Sigma^0 \to \Lambda^0 + \gamma$ と崩壊する．この粒子に対しては，μ の期待値でなく，遷移行列要素 $\langle \Lambda^0|\mu|\Sigma^0\rangle$ が引用されている．

バリオン	μ/μ_{N}（測定値）		クォーク模型	μ/μ_{N}
p	$+2.792847386$	$\pm 0.63 \times 10^{-7}$	$(4\mu_{\mathrm{u}} - \mu_{\mathrm{d}})/3$	—
n	-1.91304275	$\pm 0.45 \times 10^{-6}$	$(4\mu_{\mathrm{d}} - \mu_{\mathrm{u}})/3$	—
Λ^0	-0.613	± 0.004	μ_{s}	—
Σ^+	$+2.458$	± 0.010	$(4\mu_{\mathrm{u}} - \mu_{\mathrm{s}})/3$	$+2.67$
Σ^0	—		$(2\mu_{\mathrm{u}} + 2\mu_{\mathrm{d}} - \mu_{\mathrm{s}})/3$	$+0.79$
$\Sigma^0 \to \Lambda^0$	-1.61	± 0.08	$(\mu_{\mathrm{d}} - \mu_{\mathrm{u}})/\sqrt{3}$	-1.63
Σ^-	-1.160	± 0.025	$(4\mu_{\mathrm{d}} - \mu_{\mathrm{s}})/3$	-1.09
Ξ^0	-1.250	± 0.014	$(4\mu_{\mathrm{s}} - \mu_{\mathrm{u}})/3$	-1.43
Ξ^-	-0.6507	± 0.0025	$(4\mu_{\mathrm{s}} - \mu_{\mathrm{d}})/3$	-0.49
Ω^-	-2.02	± 0.05	$3\mu_{\mathrm{s}}$	-1.84

*1　核磁気モーメントは陽子の質量 m_{p} を用いて，次式で定義される．

$$\mu_N \equiv \frac{e\hbar}{2m_{\mathrm{p}}} \simeq 3.15 \times 10^{-8}\,\mathrm{eV/Tesla}$$

12.3 カイラル対称性の破れ

高エネルギー物理学では深非弾性散乱として知られている準弾性散乱において，クォークの質量は $m_{\mathrm{q}} < 10\,\mathrm{MeV}$ と見積もられ，ずっと大きいクォーク質量を使っている非相対論的クォークモデルと矛盾しているように思われる．しかし，直接的な比較は不適切である．準弾性散乱が見ているのは，素粒子としての**裸のクォーク**である．ところが，分解能の悪い低エネルギーの実験で見ているのは，グルオンとクォーク・反クォーク対の雲に囲まれたクォークである．直観的な描像はつぎのようなものである．相互作用が非常に弱い場合には，粒子のまわりのディラックの海はかき乱されず，粒子の質量は変わらない．相互作用の強さが臨界値を超えると，ディラックの海は非常に大きくかき乱され，粒子はたくさんの粒子・反粒子対を身にまとう．そのような粒子のことを準粒子とよび，強い相互作用の場合には構成子クォークがそれに当たる．

素粒子としてのクォークと**構成子クォーク**の関係は，カイラル対称性が自発的に破れているモデルを通して記述できる．この対称性の破れは，今日の宇宙論のシナリオでは，宇宙が冷却する間に起こった一連の相転移の中で重要な位置付けにある．このテーマについては，初等的なレベルの解説は見当たらず，教科書でもなかなか扱われない．そこで，この概念的に非常に重要と思われるテーマに十分なページを割いて，この幾分複雑な現象を可能な限り単純に表現しようと思う．詳細な取り扱いは，章末に挙げた Klevansky の概説を参照してほしい．

もし核子を十分に高温で高密度にしたならば，構成子クォークは要素である裸のクォークに分解されるだろう．これは相転移を思い出させる．相転移は，低温度相への転移に伴って対称性の自発的な破れを起こすのが常である．クォークの場合，破れるのはいわゆる**カイラル対称性**である．

物理的にこれほど明快な流れを定式化するのに，抽象的な対称性と結び付けなければならないのは残念なことである．**カイラリティ**または右巻き左巻きの概念は，光学においてもっとも馴染み深い．これは，光の偏光を左または右に回転させる，分子の性質を表すのに使われている．素粒子物理学においては，カイラリティはディラック方程式の対称性を表すのであるが，これについて手短かに説明しよう．しかしながら，読者はここから直接，構成子クォークの項目（12.3.1 項）に跳んでも，理解の大きな妨げにはならないだろう．

はじめに，カイラリティとヘリシティの違いについて説明しよう．ヘリシティは演算子 $h = \sigma \cdot \mathbf{p}/|\mathbf{p}|$ によって表されるが，カイラリティは γ_5（ディラック行列）演算子によって表される．相対論的量子力学において，フェルミ粒子は 4 成分のディラッ

クスピノルによって記述されるので，内部自由度を特徴付けるには両方の量子数が必要である [*1].

カイラリティは，質量ゼロのフェルミ粒子については明らかである．この場合は，ヘリシティ同様よい量子数になっている．自由なフェルミ粒子に対するハミルトニアン演算子

$$H = \gamma_0 \boldsymbol{\gamma} \cdot \mathbf{p}c \equiv \gamma_5 \, h \, |\mathbf{p}| c \tag{12.7}$$

は，カイラリティ演算子 γ_5，ヘリシティ演算子 h の両方と交換可能である．

電磁相互作用，弱い相互作用，強い相互作用は γ_5 と交換するので，カイラリティは，このすべての過程で保存される．質量が無視できる高エネルギー現象では，たとえば β 崩壊では，左巻きフェルミ粒子と右巻き反フェルミ粒子（$\mathrm{e}^+_\mathrm{R} + \nu_\mathrm{L}$ または $\mathrm{e}^-_\mathrm{L} + \bar{\nu}_\mathrm{R}$）が現れる．崩壊の前と後の二つのカイラリティの和は，ゼロである．

しかし，もしフェルミ粒子が有限の質量をもつならば，質量演算子 $\gamma_0 mc^2$ は γ_5 と交換せず，そのため，カイラリティはもはやよい量子数ではなくなってしまう．質量がカイラル対称性を破るともいえる．カイラリティという特性は，粒子に質量があるかないかを決定する基準として用いられる．

質量のあるフェルミ粒子の波動関数は，質量なしの粒子の波動関数を使って表せる．つまり，質量のある粒子の波動関数を，右と左に回転する質量なしのフェルミ粒子に対応した右巻き左巻きの成分に分解できる．右に回転しているフェルミ粒子と反フェルミ粒子は，$(1 + v/c)/2$ の確率で右巻きであり，$(1 - v/c)/2$ の確率で左巻きである．左に回転しているタイプについては，この逆である．

質量のないクォークが，カイラリティを保ちつつ仮想的なクォーク・反クォーク対と結合する場合，結合定数が十分大きくなると，基底状態のカイラル対称性がどのように自発的に破れるか？　これを以下に示そう．

12.3.1 構成子クォーク

質量のないクォークが，対称性の自発的な破れによって質量を獲得する相転移を，モデルを使ってシミュレート（模倣）しよう．**南部・ヨナラシニオモデル**（NJL モデル）は，QCD の低エネルギーでの本質的な性質であるカイラル対称性を含んでいるので，この目的に適している．このモデルでは，グルオンは接触相互作用で置き換えられており（図 12.3），その近似は低エネルギーのハドロン物理では十分によいものである．

---

*1　ディラックスピノル 4 成分のうち 2 成分はプラス，2 成分はマイナスのカイラリティをもち，両者はローレンツ変換のもとで混ざらない．ディラック方程式の質量項は二つのカイラリティを混ぜる．

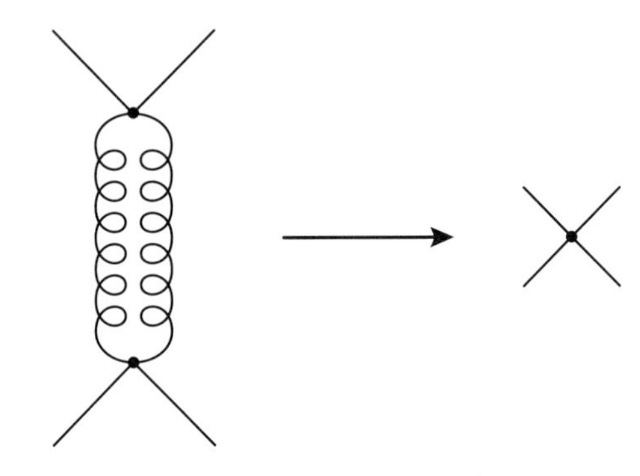

図 12.3　接触相互作用で置き換えられた多重グルオン交換.

ここで，グルオンはあからさまには現れない．計算を簡単にするために，NJL モデルをさらに単純化して，ただ一つのクォークフレーバーの強い相互作用を考察する．通常の二つのフレーバー，アップ (u) とダウン (d) への拡張は，定性的に考察するにとどめる．

単純化された NJL モデルのハミルトニアンは

$$H = \int \mathrm{d}^3 r \left(-\bar{\psi}\mathrm{i}\hbar c\boldsymbol{\gamma}\cdot\nabla\psi + m_0 c^2 \bar{\psi}\psi\right) - G\int \mathrm{d}^3 r \left[(\bar{\psi}\psi)^2 + (\bar{\psi}\mathrm{i}\gamma_5\psi)^2\right] \tag{12.8}$$

で与えられる．ハミルトニアンの 1 行目は，自由なクォークに対するものである．場の演算子 ψ はカラー ($N_{\mathrm{c}} = 3$) および 4 個のディラック成分を含んでいる．G に比例する 2 行目は，カイラリティを保存する QCD 相互作用を模倣している．接触相互作用 $(\bar{\psi}i\gamma_5\psi)^2$ は $(\bar{\psi}\psi)^2$ を拡張して，カイラル不変なスカラーを形成している [*1]．

真空の揺らぎに結合したクォークを表すハートリー解を見つけよう．期待できる最も一般的な解は，$E = \sqrt{\mathbf{p}^2c^2 + M^2c^4}$ の関係を満たす平面波である．解はつぎのようなトリックを使って見つけられる．相互作用を取り込んだクォークのプロパゲーターは，図 12.4 に象徴的に示されているように，幾何級数的なグラフの列として表される．解を求めるために必要なトリックは，相互作用を取り込んだプロパゲーターを一連の裸の（つまり自由粒子）プロパゲーターで展開するところにある．相互作用を取

*1　カイラル変換 $\psi \to \mathrm{e}^{\mathrm{i}\alpha\gamma_5}\psi,\ \bar{\psi} \to \bar{\psi}\mathrm{e}^{\mathrm{i}\alpha\gamma_5}$ のもとで，

$$\begin{aligned}\bar{\psi}\psi &\to \cos(2\alpha)\,\bar{\psi}\psi + \sin(2\alpha)\,\bar{\psi}\mathrm{i}\gamma_5\psi \\ \bar{\psi}\mathrm{i}\gamma_5\psi &\to -\sin(2\alpha)\,\bar{\psi}\psi + \cos(2\alpha)\,\bar{\psi}\mathrm{i}\gamma_5\psi\end{aligned}$$

と 2 次元ベクトルのように回転するので，ハミルトニアンの 2 行目は不変である．1 行目は $m_0 = 0$ のときだけ不変になる．

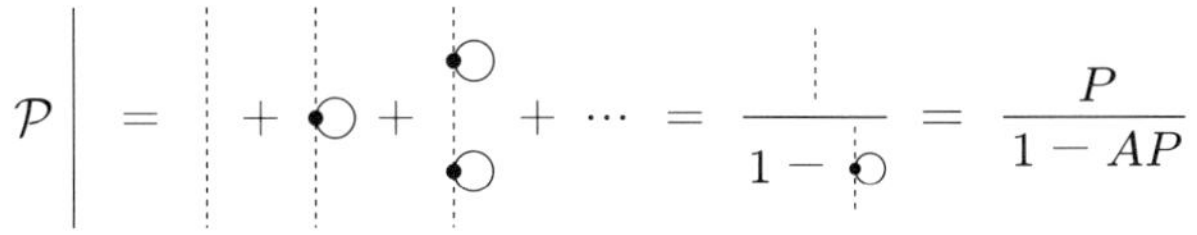

$$\mathcal{P}\Big| = \Big| + \Big|\!\!\bullet\!\!\bigcirc + \cdots = \frac{|}{1-\bullet\!\bigcirc} = \frac{P}{1-AP}$$

図 12.4　ハートリー・フォック近似での構成子クォークのプロパゲーター．実線はプロパゲーター $\mathcal{P}$ を表し，破線は自由プロパゲーター P を表す．A はループ積分を表す．

り込んだプロパゲーターをループの中で使っていることに注意しよう．図 12.4 に象徴的に表された方程式

$$\mathcal{P}^{-1} = P^{-1} - A \tag{12.9}$$

の自己無撞着な解をさがす．自由粒子のプロパゲーターとして [*1]

$$P = (\gamma^\mu p_\mu c + \mathrm{i}\delta)^{-1} \tag{12.10}$$

をとり，相互作用を取り込んだプロパゲーターとして

$$\mathcal{P} = (\gamma^\mu p_\mu c - Mc^2 + \mathrm{i}\delta)^{-1} \tag{12.11}$$

をとると，

$$Mc^2 = A \tag{12.12}$$

を得る．この導出でクォークの裸の質量 m_0 は無視した．図 12.4 におけるループ A の値は，なんとクォークの自己エネルギーである．裸のクォークがカイラル対称性の破れによって質量を獲得したことを強調するために，構成子クォークの質量を $m_\mathrm{q} = M$ と表す．自己エネルギーは，以下のように，ループ中の内部自由度を足し合わせて，運動量 p について積分することで得られる．

$$A = \mathrm{i}\,2G \int_p \mathrm{Tr}\mathcal{P} = \mathrm{i}\,2G \int_p \mathrm{tr}_\mathrm{C}\mathrm{tr}_\mathrm{Dirac} \frac{1}{\gamma^\mu p_\mu c - Mc^2 + \mathrm{i}\delta} \tag{12.13}$$

ここで，$2G$ は，ハミルトニアン演算子 (12.8) の相互作用項の係数である [*2]．

A の値を求めることは，いくらか技術的なことであるが，ファインマンルールを普段から使っている者にとっては，典型的な練習問題である．ファインマンルールの

---

*1　δ は無限小の正定数である．式 (12.10) は質量ゼロのファインマンプロパゲーターのフーリエ変換で，式 (12.11) は質量 M の場合である．

*2　G の次元は [(エネルギー) × (体積)] である．また，$\int_p$ は $\int \frac{c\mathrm{d}p_0}{2\pi}\frac{\mathrm{d}^3p}{(2\pi\hbar)^3}$ を表す．

長所は，物理的過程を図式化することができ，技術的細部を気にしなくても最終結果 (12.17) を定性的に理解できることである．分数式を通分すると，以下のように，γ 行列が分子に入り，分母は運動量 p_μ の 2 乗を含む．

$$A = \mathrm{i}\,2G \int_p \mathrm{tr_C tr_{Dirac}} \frac{\gamma^\mu p_\mu c + Mc^2}{p^\mu p_\mu c^2 - (Mc^2)^2 + \mathrm{i}\delta} \tag{12.14}$$

ここで，トレース $\mathrm{tr_{Dirac}}\gamma^\mu = 0$ と $\mathrm{tr_{Dirac}}1 = 4$ を使う．ループの中の内部自由度 ($\mathrm{Tr} \equiv \mathrm{tr_C tr_{Dirac}}$) について和をとることにより，定数 $12 = 2N_{\mathrm{Cs}}$（ここで $N_{\mathrm{Cs}} = N_{\mathrm{C}} \times N_{\mathrm{s}} = 6$）が得られ，四元運動量 $c\mathrm{d}^4p$ についての積分を明確に実行することだけが必要になる．

p_0 についての積分は，コーシーの定理を用いてエレガントに実行することができる．たとえば，複素平面 ($p_0 = \sqrt{\mathbf{p}^2 + M^2c^2} - \mathrm{i}\delta$) の下方の極を含む経路上を積分し，留数公式から，

$$\begin{aligned} A &= 2G \cdot 2N_{\mathrm{Cs}} \int \frac{\mathrm{d}^3p}{(2\pi\hbar)^3} \\ &\quad \times \int_{-\infty}^{\infty} \frac{\mathrm{i}c\mathrm{d}p_0}{2\pi} \frac{Mc^2}{\left(p_0c - \sqrt{\mathbf{p}^2c^2 + M^2c^4} + \mathrm{i}\delta\right)\left(p_0c + \sqrt{\mathbf{p}^2c^2 + M^2c^4} - \mathrm{i}\delta\right)} \\ &= 2G \cdot 2N_{\mathrm{Cs}} \int \frac{\mathrm{d}^3p}{(2\pi\hbar)^3} \frac{Mc^2}{2\sqrt{\mathbf{p}^2c^2 + M^2c^4}} \end{aligned} \tag{12.15}$$

が得られる．あとは，三元運動量の積分が残され，解析的に実行することができる．しかしその代わりに，単純だが役に立つ見積りを与えよう．低エネルギーのハドロンの励起を記述しようとしているので，積分をカットオフ $\Lambda \approx 1\,\mathrm{GeV}$ で止めてよいはずである．

$$A = 2GN_{\mathrm{Cs}} \int_0^\Lambda \frac{4\pi p^2 \mathrm{d}p}{(2\pi\hbar)^3} \frac{Mc}{\sqrt{p^2 + M^2c^2}} \approx 2GN' \frac{Mc}{\sqrt{\bar{p}^2 + M^2c^2}} \tag{12.16}$$

ここで，$N' = N_{\mathrm{Cs}} \int_0^\Lambda 4\pi p^2 \mathrm{d}p/(2\pi\hbar)^3 = N_{\mathrm{Cs}}\Lambda^3/(6\pi^2\hbar^3)$ は N_{Cs} をかけた運動量状態の密度であり，$\bar{p}$ は平均値として妥当な値，カットオフ Λ の約 2/3 をとる．

したがって，構成質量を表す方程式（ギャップ方程式）は，つぎのようになる．

$$M = \frac{A}{c^2} = 2GN' \frac{M}{c\sqrt{\bar{p}^2 + M^2c^2}} \tag{12.17}$$

これは $M = 0$ を解にもつ．さらに，$(2GN')^2 > \bar{p}^2/c^2$ の場合は，

$$(Mc^2)^2 = (2GN')^2 - (\bar{p}c)^2 \tag{12.18}$$

という解も存在する．実際，有限の質量を与える 2 番目の解は，系のエネルギーを最小化する．ここで，結合の大きさ G の値に応じた相転移が，明快に見てとれる．G の臨界値の下では，自明な解 $M=0$ しかなく，上では $M>0$ が解となる（図 12.5）．

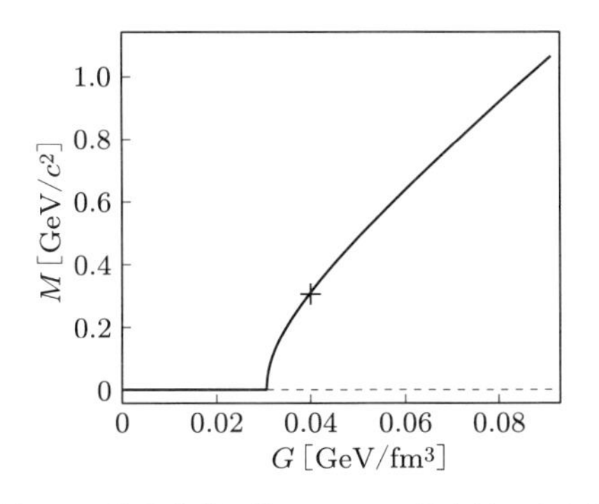

図 12.5 構成質量 M の結合定数の強さ G への依存性．十字印は，現実的な値 $\Lambda=0.631\,\mathrm{GeV}/c$, $M=0.335\,\mathrm{GeV}/c^2$ に対応する．

ここで，強磁性への相転移を記述していた式 (5.27) を思い出し，カイラル相転移に関する式 (12.17) と比較しよう．両方の方程式で，秩序パラメータ "M"（それぞれ磁化または構成質量）が正のフィードバックを与えている．

非相対論的クォークモデルは，ハドロンの基底状態と低エネルギー励起をうまく記述する．バリオンの質量 $M_{\mathrm{B}}\approx 3m_{\mathrm{q}}$，中間子の質量 $M_{\mathrm{q\bar{q}}}\approx 2m_{\mathrm{q}}$ は，式 (12.4) と (12.2) によってよく再現される．例外はパイオンの質量である．これは，二つのクォークの質量の 1/5 に小さくなっている．構成子クォークモデルでは，強いスピン・スピン相互作用が，この質量減少を起こすはたらきをしている．これは確かに定性的には正しい．しかし，これほど大きな質量欠損を非相対論的に計算することは賢明でない．NJL モデルの枠組みの中では，パイ中間子の小さな質量はカイラル対称性の破れの帰結であることを示したいのである．

12.3.2 パイ中間子

パイ中間子 (π) の質量は，構成子クォークの質量の場合と同様に，単純化されたモデルを使って評価することができる．パイ中間子は $J^{\pi}=0^{-}$ をもち，クォーク・反クォーク対と擬スカラー相互作用によって結び付けられている．図 12.6 で，パイ中間子のプロパゲーターと，それをクォーク・反クォーク対との相互作用について展開したものを比較している．図 12.6 の左側には，パイ中間子による共鳴的なクォーク・反

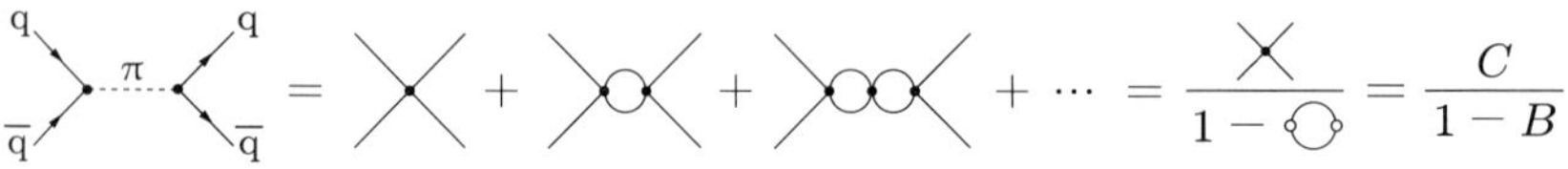

図 12.6 方程式の左辺は，パイ中間子交換による共鳴的クォーク・反クォーク散乱を表し，右辺は，対応する散乱をパイ中間子と同じ量子数をもつクォーク・反クォーク対との相互作用を用いて微視的に表す．点（黒丸）は，結合定数 $2G$ の反応頂点に対応し，白丸は係数 $\sqrt{2G}\,\gamma_5$ を表す．この反応頂点は幾何級数の二つの隣り合うループそれぞれにかかる．

クォーク散乱の振幅

$$\text{振幅}\,(\mathrm{q}\bar{\mathrm{q}} \to \pi \to \mathrm{q}\bar{\mathrm{q}}) = -\mathrm{i}(\hbar c)^3 \frac{(\mathrm{i}\gamma_5 g_{\pi\mathrm{qq}})(g_{\pi\mathrm{qq}}\mathrm{i}\gamma_5)}{E^2 - m_\pi^2 c^4} \tag{12.19}$$

が記述されており，一方，右側にはパイ中間子が微視的に記述されている．接触相互作用の擬スカラー部分は，

$$C = \quad = -\mathrm{i}\ \cdot \mathrm{i}\gamma_5(-2G)\mathrm{i}\gamma_5 \tag{12.20}$$

という値をもっている．図 12.6 の左側と右側が等しいことから，パイ中間子質量と有効結合定数 $g_{\pi\mathrm{qq}}$ が，つぎのように得られる．

$$(\hbar c)^3 \frac{g_{\pi\mathrm{qq}}^2}{E^2 - (m_\pi c^2)^2} = \frac{-2G}{1 - B} \tag{12.21}$$

パイ中間子の質量は，極 $(B(E \to m_\pi c^2) = 1)$ の位置から読み取ることができ，分子は結合定数を与える．B の導出は，積分 A の導出と似ている．結果を理解するために注意したいのは，ループ A はクォークの相互作用を取り込んだプロパゲーターをたった一つしか含んでいないのに対し，ループ B は二つ含んでいることである．$E = 0$ でパイ中間子の静止系 $(\mathbf{p}_\pi = 0)$ をとると，導出は単純である．第 2 のクォークのプロパゲーターについては 4 元運動量が $-p^\mu$ であるので，分母は

$$(\gamma^\mu p_\mu c - Mc^2 + \mathrm{i}\delta)\gamma_5(-\gamma^\mu p_\mu c - Mc^2 + \mathrm{i}\delta)\gamma_5 = (\gamma^\mu p_\mu c - Mc^2 + \mathrm{i}\delta)^2$$

になる．分母を有理化した後で，γ 行列についてトレースをとり，見かけだけの二重の極を無視すると，積分 A と B（$E = 0$ に対する）は，Mc^2 の因子だけしか異ならないことがわかる．よって，

$$B(E^2 = 0) = 2G\mathrm{i} \int \frac{\mathrm{d}^4 p}{(2\pi)^4 \hbar^3 c} \mathrm{Tr} \frac{1}{p^\mu p_\mu - M^2c^2 + \mathrm{i}\delta} = \frac{A}{Mc^2} = 1 \tag{12.22}$$

となる．これは，式 (12.16) にある表現と因子 Mc^2 を除いて完全に一致する．完全

なカイラル対称性（クォーク質量 $m_0 = 0$）に対しては，エネルギーゼロで確かに極 $[1 - B(E^2 = 0)]^{-1} = \infty$ が見つかり，これは質量のないパイ中間子に対応している．

12.3.3 $m_0 \geq 0$ への一般化と二つのクォークフレーバー

アップクォークとダウンクォークは，小さいながら構成質量の約 2%の質量をもっており，そのためカイラル対称性は，はじめからわずかに破れている．したがって，構成質量もアップクォークとダウンクォークでわずかに異なっている．しかし，この違いは微小なもので，裸のクォーク質量の差と同じくらいである．

カイラル対称性の破れにおいては，二つの効果を考慮しなくてはならない．ハミルトニアン (12.8) の中の質量項（$m_0 \neq 0$ の場合）による対称性の破れと，相互作用による自発的対称性の破れである．後者は，構成質量 ($Mc^2 = m_0c^2 + A$) に対して，質量項 (m_0c^2) よりもずっと大きな寄与 (A) を与える．

対称性のあらわな破れは，クォークの質量に対するよりも，パイ中間子の質量に対してはるかに重要である．もしも自発的な対称性の破れしかなかったとすると，パイ中間子は厳密な意味での**ゴールドストーンボゾン**となり，その質量はゼロになる．裸のクォークの有限の質量 ($m_0 \neq 0$) によるあらわな対称性の破れのために，パイ中間子の質量は小さいけれどゼロでなくなる．

パイ中間子は二つのフレーバーのクォークから組み立てられているため，アイソスピンは三重項になる．

12.3.4 集団状態としてのパイ中間子

中間子を粒子・空孔状態（クォーク・反クォーク対）の集団的振動状態として見れば，パイ中間子の特別な性質，すなわちゴールドストーンボゾンを生成するメカニズムへの洞察を深めることができる．ここで記述するモデルは，結晶中での局在した振動モードのモデル（8 章）や原子核物理における巨大共鳴モデル（14 章）と非常によく似ている．原子核物理の殻モデル (shell model) では，核子を閉殻から最外殻に励起することができ，一方，ハドロン物理では，クォークをディラックの海からフェルミの海に励起することができる（図 12.7）．ここで扱っている粒子は構成子クォークで，反粒子は構成子クォークのディラックの海にできる空孔であることを注意しておきたい．集団状態は，つぎのような多くの粒子・空孔（クォーク・反クォーク）配位 ϕ_i の重ね合わせである．

$$|\Phi\rangle = \sum_{i=1}^{\tilde{N}} c_i|\phi_i\rangle \tag{12.23}$$

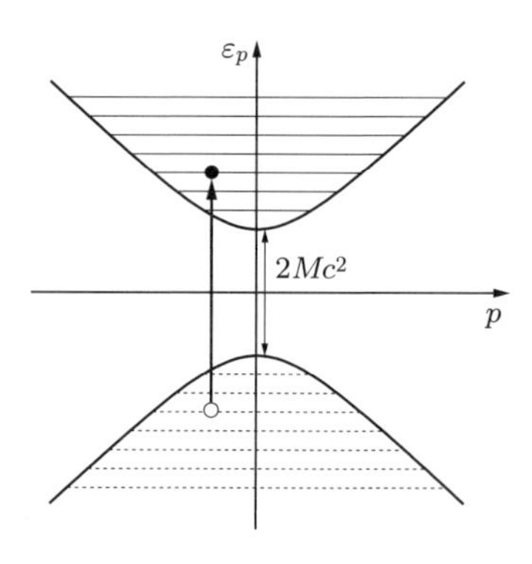

図 12.7 ディラックの海からフェルミの海へのクォークの励起.

ここで，添字 $i \equiv (p, c, f, s)$ は，クォークの運動量，カラー，フレーバーとスピン成分を表す．これらすべてについて，反クォークは逆の値をもつので，パイ中間子は運動量，カラー，スピンともにゼロとなる．配位の数は $\tilde{N} = N'\mathcal{V}$ で，N' は式 (12.16) と (12.18) の場合と同じように単位体積あたりの量子状態の数で，規格化体積 $\mathcal{V}$ が正しい次元を保証している．以上の仮定のもとに，シュレーディンガー方程式 $H|\Phi\rangle = E|\Phi\rangle$ を解くことができる．係数 c_i は，永年方程式

$$\begin{pmatrix} E_1 - 2\tilde{G} & -2\tilde{G} & -2\tilde{G} & \cdots \\ -2\tilde{G} & E_2 - 2\tilde{G} & -2\tilde{G} & \cdots \\ -2\tilde{G} & -2\tilde{G} & E_3 - 2\tilde{G} & \cdots \\ \vdots & \vdots & \vdots & \ddots \end{pmatrix} \begin{pmatrix} c_1 \\ c_2 \\ c_3 \\ \vdots \end{pmatrix} = E \begin{pmatrix} c_1 \\ c_2 \\ c_3 \\ \vdots \end{pmatrix} \tag{12.24}$$

を満たす．対角要素は，摂動を受けないクォーク・反クォーク対のエネルギー $E_i = 2\sqrt{(Mc^2)^2 + (p_i c)^2}$ を含み，すべての対角要素と非対角要素の間の相互作用は，式 (12.20) より $-2\tilde{G} = -2G/\mathcal{V}$ と等しくなる．ここでまた，規格化体積 $\mathcal{V}$ が正しい次元を保証している．

物理学の異なる領域の間の類推を強調するために，この章で集団状態に適用する定式化を 8 章（局在化した振動モード）と 14 章（原子核の巨大共鳴）でも適用する．永年方程式を解くために，対角要素の係数 c_i を，ほかのすべての係数の和によって，

$$c_i = \frac{-2\tilde{G}}{E - E_i} \sum_{j=1}^{\tilde{N}} c_j \tag{12.25}$$

と表す．ここで，$\sum_j c_j$ は定数である．$\tilde{N}$ 個のクォーク・反クォーク状態すべてについて両辺の和をとり，$\sum_i c_i = \sum_j c_j$ を考慮すると，永年方程式の解は関係式

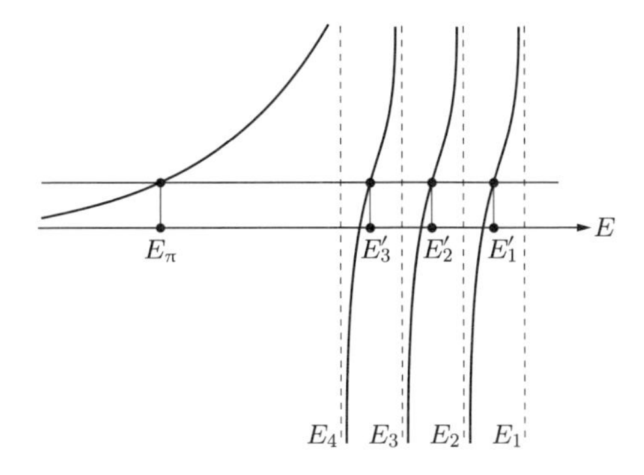

図 12.8　パイ中間子に関する永年方程式の図による解法．E_i の値は摂動を受けていないエネルギー，E_i' の値は対角化されたエネルギーを表す．E_π は，集団的状態のエネルギー（パイ中間子の基底状態，$E_\pi = m_\pi c^2$）である．

$$1 = \sum_{i=1}^{\tilde{N}} \frac{-2\tilde{G}}{E - E_i} \tag{12.26}$$

を与える．この方程式の解を求めるには，図を使うことが最適である（図 12.8）．式 (12.26) の右辺は，値 $E = E_i$ で極をもつ．解 E_i' は，右辺が 1 と等しくなる E の値として見つかる．これらの解は，横軸に記されている．$(\tilde{N} - 1)$ 個の固有値は，摂動を受けていないエネルギー E_i の間に挟まれている．E_π と記された左端の点は，集団状態である（パイ中間子の基底状態）．引力的相互作用に対しては，集団的状態はクォーク・反クォーク状態より下に位置する．

エネルギーシフトに関する定量的な見積りを得るために，すべての状態は縮退している，すなわちエネルギー E_i はすべての i に対して等しいと仮定し，平均運動量 $\bar{p}$ を用いて $\bar{E}_i$ を書く．すると，式 (12.18) から，

$$\bar{E}_i = 2\sqrt{(Mc^2)^2 + (\bar{p}c)^2} = 4GN' \tag{12.27}$$

を得て，集団状態に対しては，

$$E_\pi = 4GN' - \tilde{N} \cdot 2\tilde{G} = 4GN' - N' \cdot 2G = 2GN' \tag{12.28}$$

となる．

通常の $q\bar{q}$ 束縛状態の質量は，構成子クォーク質量 M の 2 倍くらいか，それ以上である．パイ中間子は例外である．集団効果のために，ここでの近似では，その質量は $4GN'$ から $2GN'$ へと下がり，その結果，パイ中間子の質量はだいたい 300 MeV くらいになる．下がり方はまだ十分でない．基底状態（真空）におけるクォークの相関を考慮しなければならない．そうすると，フェルミの海は，クォークによって部分的

に埋められ，クォークを一つフェルミの海からディラックの海に「脱励起」することが可能となる．集団状態の展開 (12.23) において ϕ_i に加えて対応する脱励起 $\bar{\phi}_i$ も考慮して，配位の数はつぎのように 2 倍になる．

$$|\Phi\rangle = \sum_{i=1}^{\tilde{N}} \bigl(c_i|\phi_i\rangle + \bar{c}_i|\bar{\phi}_i\rangle\bigr) \tag{12.29}$$

いわゆる「ランダム位相近似」においては，方程式 (12.24) の 2 倍大きい永年方程式が得られ，パイ中間子の静止エネルギーは

$$E_\pi = 4GN' - 2\tilde{N}\cdot 2\tilde{G} = 4GN' - 2N'\cdot 2G = 0 \tag{12.30}$$

とゼロに落ちる（いくつかの技術的な詳細は省略している）．こうして，パイ中間子についての二つの観点，すなわち集団的状態としての観点と，ゴールドストーンボゾンとしての観点が同等であることがわかっただろう．

カイラル対称性が完全であれば，ゴールドストーンの定理のいうとおり，連続的なグローバル対称性が自発的に破れれば，固有振動数ゼロの「**ソフトモード**」が存在する．しかし，もしも裸の質量が $m_0 \neq 0$ であれば，カイラル対称性はあらわに破れ，パイ中間子は小さいながらも有限の静止質量を獲得する ($E_\pi = m_\pi c^2 = 140\,\mathrm{MeV}$).

パイ中間子は NJL モデルのポテンシャル中の古典的振動とみなすことができる（図 12.9）．真空解の秩序パラメータは $M\mathrm{e}^{\mathrm{i}\phi}$ と書ける．ここで，M は構成子クォークの質量で，ϕ は任意の位相である．パイ中間子（ソフトモード，$\hbar\omega \to 0$）は底に沿った振動に対応しており，σ 中間子は底と直交した険しい方向の振動に対応している ($\hbar\omega \approx 2Mc^2$).

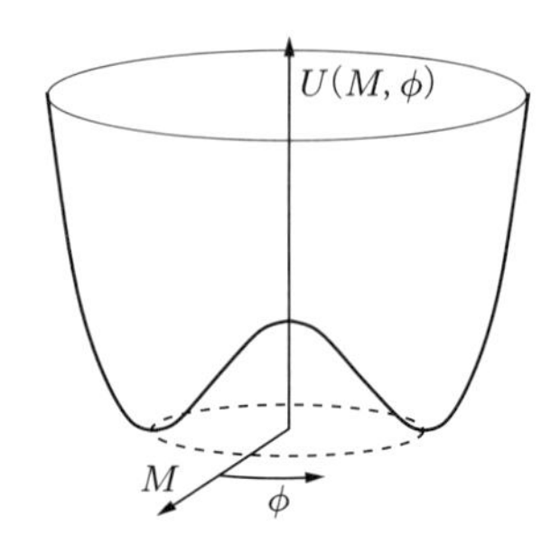

図 12.9　カイラル対称性の自発的な破れに伴い，ポテンシャルの中の自然な振動としてパイオンと σ 中間子が生じる．これは，「メキシカンハット」ポテンシャルとして知られている．パイ中間子 （ソフトモード， $\hbar\omega \to 0$）は，位相角 ϕ に沿った振動に対応し，σ 中間子は，溝と直交した険しい方向の振動に対応している ($\hbar\omega \approx 2Mc^2$).

どうしてパイ中間子だけがゴールドストーンボソンなのかという疑問は，相変わらず残る（三つの軽いクォークに関していえば，ある程度 K 中間子もそうだが）．カイラル対称性のために，NJL モデルのハミルトニアン（式 (12.8)）は二つの項を含んでいる．一つ目の項 $(\bar{\psi}\psi)^2$ は構成子クォーク質量を担っており，集団状態を作ることはない．これは，クォーク・反クォーク対にはたらく量子数 0^+ の相互作用を表している．ゼロエネルギーの 0^+ 状態は，新しい独立した状態を表すのではなく，真空そのものである．二つ目の項 $(\bar{\psi}\gamma_5\psi)^2$ は量子数 0^- のクォーク・反クォーク対にはたらく相互作用を表し，集団状態，つまりパイ中間子を生成する．

参考文献

S. Eideman et al., Phys. Lett. **B592**. (2004)

S. P. Klevansky, “The Nambu–Jona-Lasino model of quantum chromodynamics,” Rev. Mod. Phys. **64**, 649-708. (1992)

B. Povh et al., *Particles and Nuclei.* (Springer, Berlin, 2015)

13 核力
── パイ中間子の共有

So far as the laws of mathematics refer to reality, they are not certain. And so far as they are certain, they do not refer to reality.

── Einstein*1

類推によって，物理学の主要な内容を引き出す試みを続けているわけだが，核力に対して原子間にはたらく力の類推を使うのは，自然な成り行きである．確かに，核子・核子ポテンシャルは，長さのスケールを 5 桁下げる (0.1 nm → 1 fm) ならば，二つの原子間のポテンシャルと非常によく似ている．少なくとも最も重要な化学結合である共有結合と比較する限り，核力はやはり弱い．低温で化学結合が固体を作るのに比べて，原子核は $T = 0\,\mathrm{K}$ でさえも液体であり続ける．

核子間の相互作用は，散乱によって最もよく調べられる．この相互作用は，多体効果がまだ支配的でない軽い原子核の記述に直接使える．これは，重陽子，トリチウムとヘリウムの同位体を強い相互作用による分子とみなせることを意味している．

これとは対照的に，10 個より多い核子からなる原子核は，縮退したフェルミ流体の液滴とみなしたほうがよい．重い原子核の中の核子間の相互作用は，主として共通の原子核ポテンシャルによって記述され，残りの相互作用はより基本的な核子間相互作用とは，定性的にしか似ていない．

核子間相互作用は，パイ中間子生成の閾(しきい)値以下のエネルギーでの散乱から，詳細に研究されてきた．弾性散乱だけが可能なこのエネルギー領域では，相互作用は局所的ポテンシャルでうまく記述できる．ポテンシャルの形は，スピン，アイソスピンと軌道角運動量に強く依存する．斥力と引力のポテンシャルが，核子の相対的な状態に応じていかに大きくなるかを図 13.1 に破線で示した．実線は平均ポテンシャルを示している．すべてのポテンシャルに共通なのは，$r \approx 0.5\,\mathrm{fm}$ より短距離のところで，ポテンシャルが斥力的になるということである．

---

*1 数学の法則は現実に関しては不確かなことしかいわない．確かなことをいう限り，現実には関係がない．── アインシュタイン

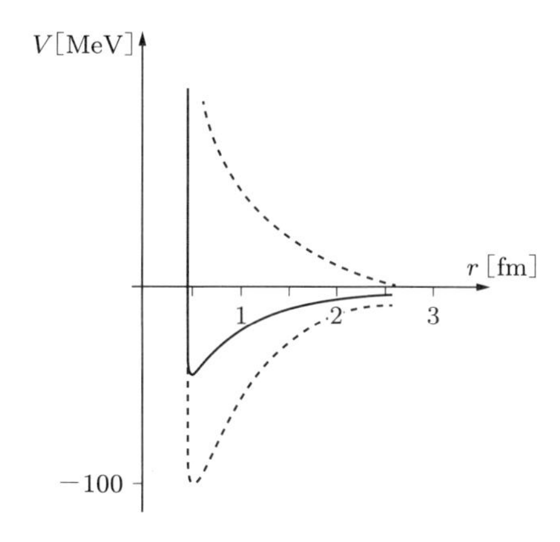

図 13.1　核子間ポテンシャル．スピン，アイソスピンと軌道角運動量によって，ポテンシャルは，斥力的にも引力的にもなり得る．ポテンシャルの強さの限界が破線で与えられている．実線は，スピン，アイソスピンと軌道角運動量について平均をとったポテンシャルを示している．

13.1 短距離での斥力

原子の場合のように，短距離での核子の斥力は，パウリ原理の帰結である．$\ell = 0$ の最低状態には，原理的に 12 の軽いクォークを詰め込むことができる（三つのカラー，二つのフレーバーと二つのスピン）．しかし，六つのクォークに対して反対称化された波動関数は，二つの重なり合った核子を表す波動関数とは直交している．核子間の距離が短いときには，いくつかのクォークはより高い状態に励起され，それらのスピンのいくつかは反転する．いずれの場合もエネルギーが必要となる．二つのクォークを s 状態から p 状態に励起するか，クォークのスピンを反転する（$2\mathrm{N} \to 2\Delta$，すなわち二つの核子を同時に二つの Δ へ励起する）かで，どちらも粗く見積もって 600 MeV のエネルギーが必要となる．どちらの効果も短距離での斥力に寄与する．全体としてすべての効果の折衷の結果（全反発エネルギーの最小化）は，およそ 300 MeV となる．

13.2 引　力

1935 年に，**湯川秀樹**は，核子間の相互作用の理論を電磁相互作用との類推を使って定式化した．核力の到達距離が短距離にしか及ばないため，電磁相互作用の質量ゼロの光子は約 200 MeV の質量をもつパイ中間子に置き換えられた．核力の強さを説明するには，パイ中間子およびそれより重い媒介中間子の核子への結合定数が，光子の電子への結合定数に比べて 3 桁大きくなければならない．原子核物理の教科書では，中間子の古典的な場の方程式を使って原子核相互作用が説明されている．これは，静電気学における**ポアソン方程式**と類似しているが，つぎのように，交換される粒子の質量を表す項が加わっている．

$$\nabla^2\Phi - \left(\frac{m_\Phi c}{\hbar}\right)^2 \Phi = -g\rho(\mathbf{r}) = -g[\delta(\mathbf{r}) + \delta(\mathbf{r} - \mathbf{R})] \tag{13.1}$$

方程式 (13.1) の解は，

$$\Phi = -g\frac{e^{r/b}}{4\pi r} - g\frac{e^{|\mathbf{r}-\mathbf{R}|/b}}{4\pi|\mathbf{r} - \mathbf{R}|} \tag{13.2}$$

で与えられる．ここで，到達距離は $b = \hbar/(m_\pi c) = 1.4\,\mathrm{fm}$ である．ポテンシャルエネルギーは，静電気学の場合のように，

$$V_{\mathrm{pot}} = \frac{1}{2}\int g\rho(\mathbf{r})\Phi(\mathbf{r})\,\mathrm{d}^3 r = V_1 + V_2 + V(R) \tag{13.3}$$

と計算できる．ここで，V_1 と V_2 は R に依存しない独立な寄与で，核子の自己エネルギーを表し，$V(R)$ は有名な**湯川ポテンシャル**

$$V(R) = -g^2\frac{e^{-R/b}}{4\pi R} \tag{13.4}$$

である．この単純な形のポテンシャルは，たとえば，σ 中間子のようなスカラー中間子についてのみ正しい．引力に対する主要な寄与は，スピンとアイソスピンに依存しないので，確かに σ 中間子交換によるものである．パイ中間子（擬スカラー荷電中間子）については，ポテンシャルの形は，スピンとアイソスピンに依存してもっと複雑になる．これらすべての性質は，実験的に詳細に確かめられてきた．

13.3　軽い原子核と少し重い原子核からの情報

核子間相互作用を，原子間相互作用との類推を使って考察しよう．強い相互作用はクォークとグルオンの間の相互作用である．核子間の相互作用は，電子間の相互作用よりも原子間の相互作用に似ている．これら二つの相互作用（核子間および原子間）は類似した性質をもっており，重なるくらいの短距離ではパウリの排他原理がはたらいて斥力となり，表面が触れ合うくらい距離では引力になる．したがって，核子間のポテンシャルと原子間のポテンシャルは，重なるときの強い斥力と短距離での引力という似かよった性質をもっている．電子の陽子による深非弾性散乱では，クォークだけでなく，パイ中間子も陽子の構成要素であることが明らかにされている．陽子は，

25%の確率で核子と中間子からなり，また同じくらいの確率で陽子とスカラーボゾンである *1．カイラル対称性の南部・ヨナラシニオ模型の精神に則れば，パイ中間子はゴールドストーンボゾンであり，スカラーボゾンは σ ボゾンである．σ ボゾンは二つの中間子の散乱状態と大きな重なりをもっている．

酸素以上の原子核では，体積と全束縛エネルギーがともに核子数（質量数 A）に比例しているのは注目に値する．これは，核力が比較的弱く，最近接間にしかはたらかないことを示している．これは，隣り合う核子の間隔は約 2 fm で，ポテンシャルの最小点は距離が約 1 fm のところであるのに関係している．$A = 16$ 以上の束縛エネルギーはほぼ 8 MeV で一定である（図 13.2）．この領域では，全スピンがゼロの 2 中間子状態が結合を支配している．原子間で電子が共有されるように，パイ中間子は原子核中に広がっている．

1 個の偽スカラーパイ中間子の共有からの寄与はもっと複雑である．パイ中間子を供給する核子は，それを受け入れる核子同様に軌道角運動量 $\ell = 1$ をもっている．核子間にもたらされる実質的な力は，核子のスピンとアイソスピンに依存するテンソル

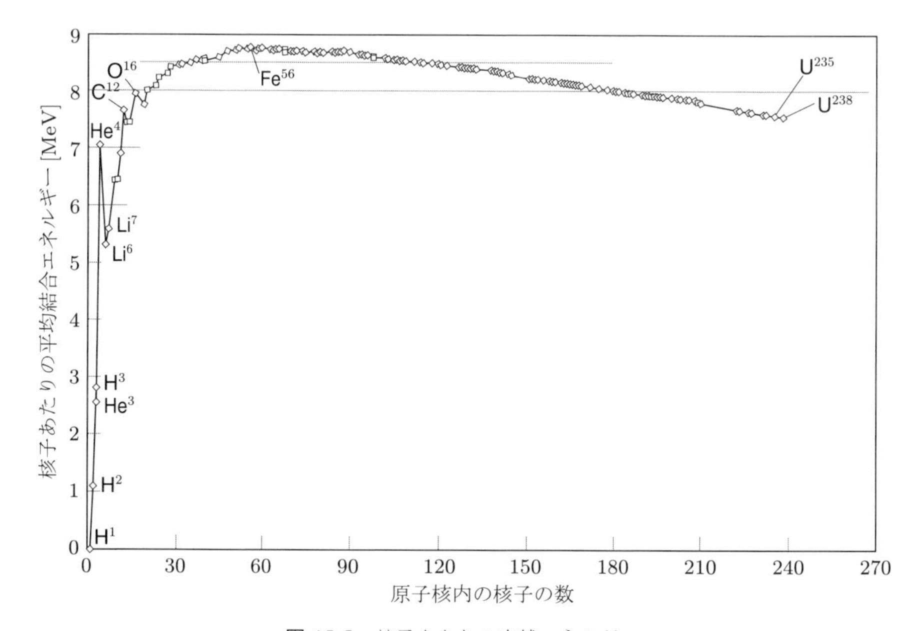

図 13.2　核子あたりの束縛エネルギー

*1　3 章で説明されている深非弾性散乱より，物理的な陽子は u, d クォークだけでなく，s クォーク，およびそれらの反クォーク $\bar{u}, \bar{d}, \bar{s}$ を含んでいることがわかる．したがって，物理的な陽子は，u, d だけからなる核子とパイ中間子（たとえば π^0 は $u\bar{u} - d\bar{d}$）の束縛状態でもあり，また，u, d だけからなる核子と σ 中間子 $u\bar{u} + d\bar{d} + s\bar{s}$ の束縛状態でもある．

力である．重い原子核では1個のパイ中間子の束縛への寄与は平均してゼロになると思われている．一方，軽い原子核では支配的な束縛力になっているだろう．これは，重陽子，^{6}Liや^{14}Nなどいくつかの奇奇核[*1]で実証されている．重陽子は陽子と中性子の束縛状態であり，^{6}Liは^{4}Heの芯に陽子と中性子が束縛されたもの，そして，^{14}Nは^{16}Oの芯に陽子と中性子それぞれの空隙が束縛したものとみなせる．この三つの原子核は，$J^{\pi} = 1^{+}$の基底状態と，励起エネルギーが約2 MeVの第1励起状態$J^{\pi} = 0^{-}$をもっている．テンソル力がこれらの束縛を担っていることは，基底状態にある重陽子の四重極モーメントの測定によって実験的に実証された．軽い原子核の性質を大雑把な計算では示すことが難しいので，14章では，酸素以上の原子核の話に移ることにする．

ここまでの説明により，原子核の新しい描像が浮き上がってくる．原子核はパイ中間子の海の中，三つのクォークからなるクラスターの集合体である．パイ中間子の共有は共有結合や金属結合の性質を部分的にもっている．核子が互いに近い場合，パイ中間子は分子のような軌道を共有する．遠い場合，パイ中間子は非局在化し，自由に動きまわる．

クォーク模型の計算によると，核子が互いに触れ合い，それぞれの核子のクォークが分子のような軌道を共有するときに，原子核共有結合が生じて，それも核力へ寄与する．カラー・ファンデルワールス相互作用による，さらに小さな寄与も存在する．

参考文献

K. Heyde, *Basic Ideas and Concepts in Nuclear Physics.* (Institute of Physics Publishing, Bristol and Philadelphia, 1999)

B. Povh et al., *Particles and Nuclei.* (Springer, Berlin, 2015)

*1 奇数の陽子と奇数の中性子からなる原子核．

14 原子核 —— フェルミ液体の滴

Nullum est iam dictum, quod non sit dictum prius.
—— Terence*1

原子核をフェルミ液体の滴（しずく）とよぶには，それなりの理由がある．核力は弱く，重陽子の場合には，かろうじて束縛状態ができている．原子核の中では，核子は互いにほとんど独立に運動している．基底状態では，原子核は熱力学的な意味で温度 $T = 0\,\mathrm{K}$ にある．前に液体 $^3\mathrm{He}$ について述べたように，低温ではフェルミ液体をフェルミ気体として近似することができる．これは，原子核についても成り立つ．液体中の運動量分布は，フェルミ面が曖昧になっていることだけ気体と違う．1930 年代にすでにフェルミは当時の半古典的近似を用いて，量子気体として原子核を記述している．この近似は，原子核一般の性質の多くを理解するには十分である．しかし，それぞれの原子核の性質を研究するためには，核子がほぼ球対称なポテンシャルの中を運動していることを考慮しなければならない．ポテンシャルの形は，平均場近似かハートリー・フォック近似を用いると，理論的に導出することができる．その結果によると，ポテンシャルの深さは，原子核の密度に比例している．重い原子核に対しては，なめらかな端をもつ井戸型ポテンシャル

$$V = \frac{-V_0}{1 + e^{(r-R)/a}} \tag{14.1}$$

が得られ，これは**ウッズ・サクソンポテンシャル**とよばれる．ここで，V_0 は中心でのポテンシャルの深さで，R は原子核半径である．束縛エネルギーや励起状態などの原子核の個別の特徴は，ポテンシャルの性質（殻モデル）に由来する．核子間距離に比べて平均自由行程が大きいので，ここではフェルミ気体近似がよい近似になっている．

---

*1　前に言われたことがないことは，今まで言われたことがない．—— テレンス

「平均場」は，単純にはつぎのような意味をもつ．核子は一度に1個だけの核子に散乱されるが，散乱には位相のずれが伴わない．散乱中心の近くでは，波動関数は変形し，束縛状態の形を帯びる．しかし，離れた所では，散乱は波動関数に何も影響を与えず，核子は自由な粒子のように振る舞う．別のいい方をすれば，平均自由行程を大きくしている機構はパウリ原理であり，いっぱいになったフェルミの海で核子が始状態と異なる終状態をとることを妨げているのである．

14.1 全体的な性質 — フェルミ気体モデル

それぞれの核子がさらされている平均場ポテンシャルは，ほかのすべての核子が作るポテンシャルの重ね合わせであり，式(14.1)の形をしている．原子核の体積 V の中には，中性子と陽子からなる二つの気体が存在する．それぞれの軌道は二つの同種フェルミ粒子が占有できるので，原子核の中に N 個の中性子と Z 個の陽子があるとすると，

$$N = 2 \cdot \frac{4\pi (p_{\mathrm{F}}^{\mathrm{n}})^3 \mathcal{V}}{3(2\pi\hbar)^3} \quad \text{および} \quad Z = 2 \cdot \frac{4\pi (p_{\mathrm{F}}^{\mathrm{p}})^3 \mathcal{V}}{3(2\pi\hbar)^3} \tag{14.2}$$

となる．原子核体積を

$$\mathcal{V} = \frac{4\pi}{3} R^3 = \frac{4\pi}{3} R_0^3 A \tag{14.3}$$

ととり，電子散乱から得られた $R_0 = 1.21\,\mathrm{fm}$ という値を使うと，$N = Z = A/2$ の原子核について，つぎのようなフェルミ運動量が得られ，**ポテンシャル井戸**の半径として陽子と中性子で同じ値が得られる．

$$p_{\mathrm{F}} = p_{\mathrm{F}}^{\mathrm{n}} = p_{\mathrm{F}}^{\mathrm{p}} = \frac{\hbar}{R_0} \left(\frac{9\pi}{8} \right)^{1/3} \approx 250\,\mathrm{MeV}/c \tag{14.4}$$

これはとくに驚くべきことではない．というのは，それぞれの核子は半径 R_0 の球体の体積を割り当てられており，したがって $R_0 \cdot p_{\mathrm{F}} \approx \hbar$ で $R_0 \approx \lambda\!\!\!^{-}_N$ となることが期待できるからである．式(14.4)はこの期待どおりである．これはさらに，縮退した系すべてについて成り立つことであるが，構成要素の間の平均距離の大雑把な見積りがド・ブロイ波長の見積りと同程度であることを示す．占有されている状態の最も高いエネルギーであるフェルミエネルギー E_{F} は

$$E_{\mathrm{F}} = \frac{p_{\mathrm{F}}^2}{2M} \approx 33\,\mathrm{MeV} \tag{14.5}$$

となる．ここで，M は核子の質量である．核子あたりの典型的な束縛エネルギーは $-8\,\mathrm{MeV}$ である．クーロン斥力と表面エネルギーが核子あたり $8\,\mathrm{MeV}$ 束縛エネルギーを減らすことを考えると，核力の真の束縛エネルギーは核子あたり $B' = -16\,\mathrm{MeV}$ である．これにより，ポテンシャルの深さは，$-V_0 = B' - E_\mathrm{F} \approx -50\,\mathrm{MeV}$ となる．

14.2 個々の性質 — 殻モデル

前節では，多くの核子によるポテンシャル井戸を考察し，原子核を核物質のほとんど巨視的な液滴として扱った．そのようなモデルを使って計算できるのは，核物質の密度，核子あたりの束縛エネルギー，さらには表面エネルギー，クーロン力やペア生成によるエネルギーであるが，原子核個々の性質は得られない．再びフェルミ気体（独立した粒子群のモデル）を近似として採用するが，今回は球対称なポテンシャル井戸を考える（図 14.1）．球対称性のために，1 粒子状態は線形運動量よりも角運動量のほうがよい量子数になっており，計算には原子の殻モデルのように，平面波でなく，むしろ球面波を使う．そのような状態は縮退するので，1 粒子状態は殻に分類される．原子核のポテンシャルは，クーロンポテンシャルでなく，むしろ**井戸型のポテンシャル**によく似ており，また軽い原子核では調和振動子に似ている．そのため，閉殻の魔法数は，希ガスの場合と同じではない．実験的には，大きな励起エネルギーと高い分離エネルギーをもった，特別に強く束縛された原子核を見出すのは，陽子数か中性子数が，2，8，20，28，50，82 と 126 のときである．はじめの三つは，調和振動子 (2，8，20，40，70，112) に対応している [*1]．残りは，非常に強い $(\boldsymbol{\ell}\cdot\mathbf{s})$ 結合を示唆し

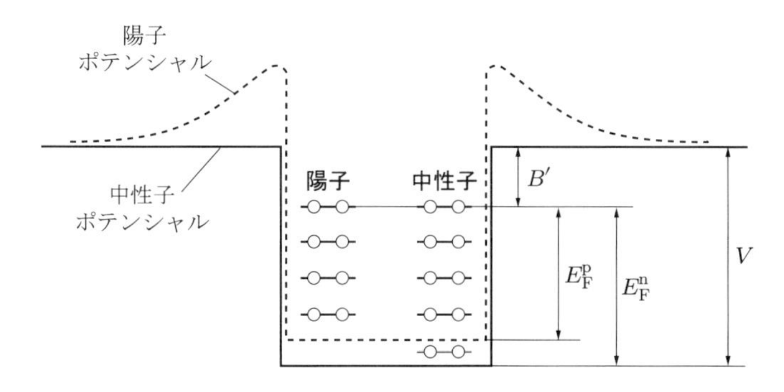

図 14.1 ポテンシャルの形とフェルミ気体モデルにおける陽子と中性子の状態の概略図．

*1 3 次元調和振動子のエネルギー固有状態の数は，$n = 0$ では 1 個，$n = 1$ では 3 個，$n = 2$ では 6 個であるから，スピン自由度も考慮すると，2, 6, 12 状態ある．したがって，$n = 0$ だけ埋めると 2 状態，$n = 1$ まで埋めると 8 状態，$n = 2$ まで埋めると 20 状態になる．

ている．よって，準位 $f_{7/2}, g_{9/2}, h_{11/2}, i_{13/2}$ が低いエネルギーの殻に入り，**魔法数**が調和振動子の場合と比べ $2j+1$ だけ増加することになる [*1]．

きちんとした平均場計算では，中心力ポテンシャルのほか，スピン・軌道ポテンシャルも存在する．そこで，殻モデルでは，つぎのような有効原子核ポテンシャルを用いる．

$$V(r) = V_{\mathrm{centr}}(r) + V_{ls}(r)\frac{\langle \boldsymbol{\ell} \cdot \mathbf{s} \rangle}{\hbar} \tag{14.6}$$

個々の性質は，一方の核子数が魔法数で，もう一方の核子数が魔法数と一つ異なっている原子核の場合に，特別によく理解することができる（図 14.2）．多くの性質，たとえば，励起エネルギー，磁気モーメント，電磁相互作用や弱い相互作用による遷移

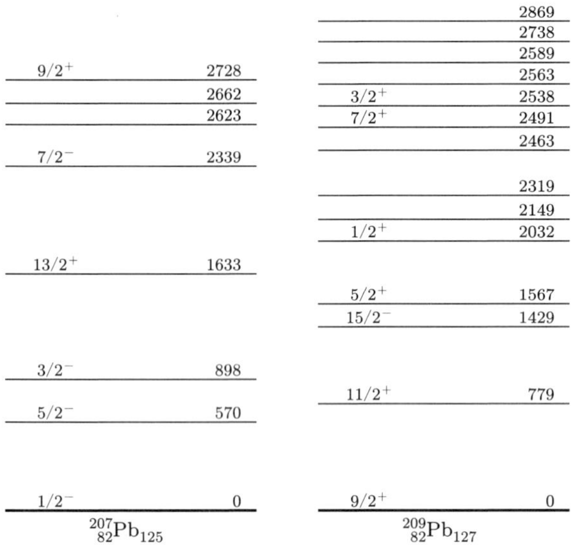

$^{207}_{82}\mathrm{Pb}_{125}$	
$9/2^+$	2728
	2662
	2623
$7/2^-$	2339
$13/2^+$	1633
$3/2^-$	898
$5/2^-$	570
$1/2^-$	0

$^{209}_{82}\mathrm{Pb}_{127}$	
	2869
	2738
	2589
	2563
$3/2^+$	2538
$7/2^+$	2491
	2463
	2319
	2149
$1/2^+$	2032
$5/2^+$	1567
$15/2^-$	1429
$11/2^+$	779
$9/2^+$	0

図 14.2　殻モデルでの単一粒子状態は，鉛の同位体の励起スペクトルの中で容易に認識できる．鉛の同位体 $^{208}_{82}\mathrm{Pb}_{126}$ は，82 個の陽子と 126 個の中性子からなり，中性子の殻も陽子の殻も閉じている．$^{207}_{82}\mathrm{Pb}_{125}$ 中の中性子の空孔は，最後に閉じる殻の準位 ($3p_{1/2}$, $2f_{5/2}$, $3p_{3/2}$, $1i_{13/2}$, $2f_{7/2}$, $1h_{9/2}$) に対応している．$^{209}_{82}\mathrm{Pb}_{127}$ 中の中性子は，$2g_{9/2}$, $1i_{11/2}$, $1j_{15/2}$, $3d_{5/2}$, $4s_{1/2}$, $2g_{7/2}$, $3d_{3/2}$ 内の一つの準位を占有している．スピンが与えられていない準位は，もっと複雑な配位に対応している．隣り合った準位は正しいスケールで描かれてはいない．エネルギーの単位は keV である．

---

*1　$f_{7/2}$ は 8 状態あるから $20+8=28$ を得て，$g_{9/2}$ は 10 状態あるから $40+10=50$ 状態を得る．

の行列要素は，主として価核子または空孔だけに依存している．

重い原子核では，低いところにある殻の空孔は，単一粒子の性質によって記述することができる．しかし，そのような状態のエネルギーは，短い寿命のために非常に広がっている．低いところにある状態を調べるためには，ハイペロン Λ をプローブとして用いると便利である．なぜなら，核子に対するパウリ原理の対象とならず，それだけで，一番上のレベルから一番下のレベルまで次々と落ちて行くからである．そのような実験は，軽いハイパー核（ハイペロンを含む原子核）については行われているが，重い原子核についてはエネルギーの高い状態でしか Λ は測定されていない．

14.3 集団的励起

14.3.1 振動状態

最も特徴的な集団的励起振動は，**巨大双極子共鳴**と**表面振動**である．これらの励起は電磁的遷移確率の測定によって，はっきりと示すことができる．これは，いくつかの核子がコヒーレントに電磁的遷移に寄与すると仮定しなければ，説明できない．励起振動の両方のタイプとも，古典的液滴では実に自然である．巨大双極子共鳴は陽子と中性子の反対方向の振動に対応しており，イオン化されたプラズマのプラズモン励起や，イオン結合（6 章を参照）による結晶の光学分枝フォノン励起との類推で理解することができる．また，どんな水滴でも，その表面は振動させることができる．しかし，原子核は量子系であり，集団的励起の性質は縮退したフェルミ液体の準位構造によって決められている．以下で，集団的な振動状態の性質は，フェルミ面近くの単一粒子励起が殻構造をなすことから説明できることを示そう．

14.3.2 モデル

図 14.3 には，$J^\pi = 0^+$ の基底状態をもつ球対称な原子核における $J^\pi = 1^-$ と $J^\pi = 2^+$ の励起状態が描かれている．これらの状態すべては，基底状態から一つの核子を持ち上げることによって得られる．殻モデルでは，下のほうの $J^\pi = 2^+$ 状態は，すべての核子を同じ一番下の殻にとどめる角運動量の再合成によって生成される．一方，$J^\pi = 1^-$ 状態は，逆のパリティをもつ，一つ上の殻へ核子が励起されることに対応している．殻モデルのポテンシャルに含まれていない核子間の相互作用は，同じ角運動量をもつ状態を混ぜる．たとえば，巨大共鳴の $J^\pi = 1^-$ 状態は，いわゆる粒子・空孔励起で，一つの核子が励起殻にあって一つの核子が原子核の芯から欠けている状態であるが，これらの状態は混ざり合える．この核子の配位の変化は，粒子・空孔相

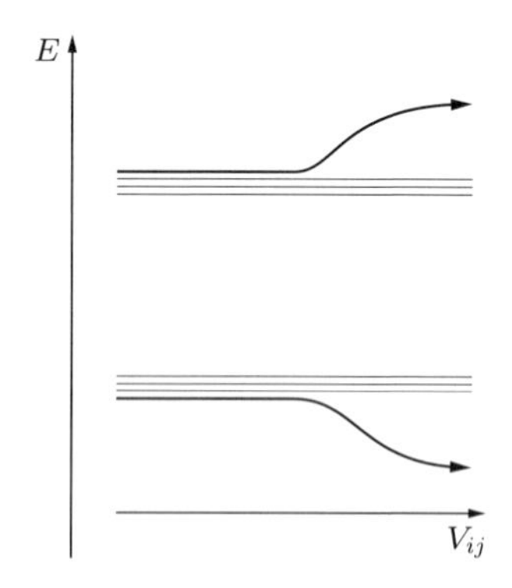

図 14.3 摂動 V_{ij} がスイッチオンされた後の，縮退した 1^- と 2^+ 準位内の分裂．1^- 状態（上）に対しては斥力的な摂動を仮定し，2^+ 状態（下）に対しては引力的な摂動を仮定した．

互作用によって記述することができる．これは非常に強い相互作用であり，殻の内側の状態は縮退しているとみなしてよい．二つの縮退状態は，さらに相互作用することによって混ざり，対称な分裂が引き起こされる．しかし，縮退した状態が N 個あるとき，相互作用の行列要素がすべて同じ位相をもっていれば，一つの状態だけが残りの状態から分離する．この集団的状態は，N 個の状態の位相がそろった重ね合わせである．原子核のポテンシャル中の核子に対するハミルトニアン演算子を H_0 と表し，粒子・空孔相互作用を V と表そう．摂動を受けていない粒子・空孔状態 $|\psi_i\rangle$ は，H_0 の固有解である．

$$H_0|\psi_i\rangle = E_i|\psi_i\rangle \tag{14.7}$$

全ハミルトニアンに関するシュレーディンガー方程式の解 $|\Psi\rangle$ は

$$H|\Psi\rangle = (H_0 + V)|\Psi\rangle = E|\Psi\rangle \tag{14.8}$$

から得られる．状態 $|\Psi\rangle$ を $|\psi_i\rangle$ で展開すると，

$$|\Psi\rangle = \sum_{i=1}^{N} c_i|\psi_i\rangle \tag{14.9}$$

となる．係数 c_i は，つぎの永年方程式を満たす．

$$\begin{pmatrix} E_1+V_{11} & V_{12} & V_{13} & \cdots \\ V_{21} & E_2+V_{22} & V_{23} & \cdots \\ V_{31} & V_{32} & E_3+V_{33} & \cdots \\ \vdots & \vdots & \vdots & \ddots \end{pmatrix} \begin{pmatrix} c_1 \\ c_2 \\ c_3 \\ \vdots \end{pmatrix} = E \begin{pmatrix} c_1 \\ c_2 \\ c_3 \\ \vdots \end{pmatrix} \tag{14.10}$$

簡単のために，すべての V_{ij} は等しい，つまり

$$\langle \psi_i | V | \psi_j \rangle = V_{ij} = V_0 \tag{14.11}$$

と仮定すると，永年方程式の解はそれぞれの係数について，

$$c_i = \frac{V_0}{E - E_i} \sum_{j=1}^{N} c_j \tag{14.12}$$

となる．ここで，和 $\sum_j c_j$ は定数である [*1]．両辺を N 個すべての粒子・空孔状態について和をとり，$\sum_i c_i = \sum_j c_j$ であることを考慮すると，条件

$$1 = \sum_{i=1}^{N} \frac{V_0}{E - E_i} \tag{14.13}$$

が永年方程式の解 E について導かれる．この方程式の解は，図式するとわかりやすい (図 14.4)．

式 (14.13) の右辺は，点 $E = E_i$ で極をもつ．解 E'_i は，右辺が 1 と等しくなると

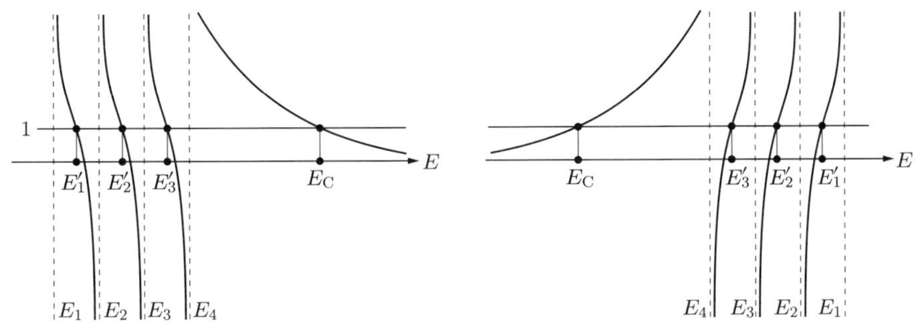

図 14.4 永年方程式の解法の図式的表現．(a) 斥力的ポテンシャル ($V_0 > 0$) の場合と (b) 引力的ポテンシャル ($V_0 < 0$) の場合．E_i は摂動を受けていないエネルギー，E'_i は新しいエネルギー，E_C は集団的状態のエネルギーである．

*1 永年方程式を用いたこのような導出は，これで 3 度目である．

ころで見つけられる．新しいエネルギーは横軸に示されている．$(n-1)$ 個の固有値は，摂動を受けていないエネルギー E_i に挟まれている．外れた値 E_C は集団的状態を表す．斥力的相互作用の場合 $(V_0 > 0)$ は，集団的状態は粒子・空孔状態の上に存在するが，引力的相互作用の場合 $(V_0 < 0)$ には，それらの下に存在する（図 14.4）．ここでは，巨大共鳴に関して，集団的状態を生成するメカニズムの類似性を強調するために，8 章（局在した振動モード）と 12 章（パイオン）で用いたのと同じ定式化を使った．エネルギーのずれを定量的に見積るために，すべての i に対して $E_i = E_0$ であると仮定しよう．そうすると，式 (14.13) は

$$1 = \sum_{i=1}^{N} \frac{V_0}{E_\mathrm{C} - E_0} \tag{14.14}$$

と書いてよい．よって，反発的な相互作用に対しては

$$E_\mathrm{C} = E_0 + N \cdot V_0 \tag{14.15}$$

を得て，また，引力的な相互作用に対しては

$$E_\mathrm{C} = E_0 - N \cdot |V_0| \tag{14.16}$$

を得る．集団的状態の展開係数は

$$c_i^{(\mathrm{C})} = \frac{V_0}{E_\mathrm{C} - E_i} \sum_j c_j^{(\mathrm{C})} \tag{14.17}$$

で，すべてが同じ符号をもち，E_C が E_i から遠くに位置する限り，i にほとんど依存しない．この近似のもとで，集団的状態は

$$|\Psi_\mathrm{C}\rangle = \frac{1}{\sqrt{N}} \sum_i |\psi_i\rangle \tag{14.18}$$

と書ける．図 14.5 に，最も重要な集団的励起状態を図示する．まだ示さねばならないのは，集団的状態は基底状態への遷移確率が大きいということで，ほかの状態とは確かに異なっているということである．集団的状態の多重極励起の行列要素は，

$$\begin{aligned}\mathcal{M}_\mathrm{C} &= \int \mathrm{d}^3x \left(c_1^{(\mathrm{C})} \langle\psi_1| + c_2^{(\mathrm{C})} \langle\psi_2| + \cdots \right) \mathcal{O}|0\rangle \\ &= \sum c_n^{(\mathrm{C})} A_n \approx \frac{1}{\sqrt{N}} \sum A_n \end{aligned} \tag{14.19}$$

である．ここで，$\mathcal{O}$ は遷移演算子である．積分

$$A_n = \int \mathrm{d}^3x \, \langle\psi_n|\mathcal{O}|0\rangle \tag{14.20}$$

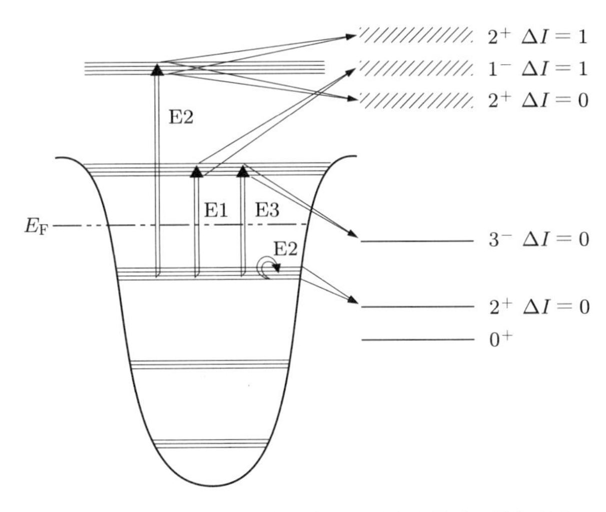

図 14.5　殻モデルにおける集団的励起状態．陽子と中性子の位相がそろって振動する集団的状態 ($\Delta I = 0$) は，原子核の形の振動に対応し，より低いエネルギーにずれる．位相が逆で振動する集団的状態 ($\Delta I = 1$) は，高いエネルギーにずれる．E1 と E2 と E3 はそれぞれ，電気双極，四重極，八重極励起を表す．

は，粒子・空孔励起の振幅を表している．干渉が建設的であるためには，係数 $c_n^{(\mathrm{C})}$ を決める相互作用の行列要素だけでなく，励起の振幅 A_n もコヒーレントでなければならない．すなわち，同じ位相をもたねばならない．原子核にそのような集団的励起があるというのは，偶然の一致ではない．それはむしろ，遷移とエネルギーの演算子が同じように多重極展開できるということの結果である．これは，エネルギー演算子がコヒーレントなとき，遷移演算子もコヒーレントであることを意味する．

14.3.3 変形状態と回転状態

球対称な原子と違って，大多数の原子核は変形しており，葉巻型（扁長楕円体）またはパンケーキ型（扁平楕円体）の形をもつことができる．原子中の電子は互いに反発し合うので，最外殻より内側では一様に分布する．原子核の場合には，球対称なのはほぼ閉殻をもつ原子核だけである．最外殻の中の単一粒子状態は，1 次近似では縮退しており，価核子は非一様に分布することができる．引力は，核子を極のまわり（扁長楕円体）か，赤道のまわり（扁平楕円体）に集める．基底状態にある楕円体の典型的な軸長の比は 1.3 対 1 までで，回転励起状態では 2 対 1 にまでなる．四重極モーメントを測定することにより，変形は静的に観測することが可能である．とくに，変形は原子核の回転のスペクトルに顕著に現れる（図 14.6)．

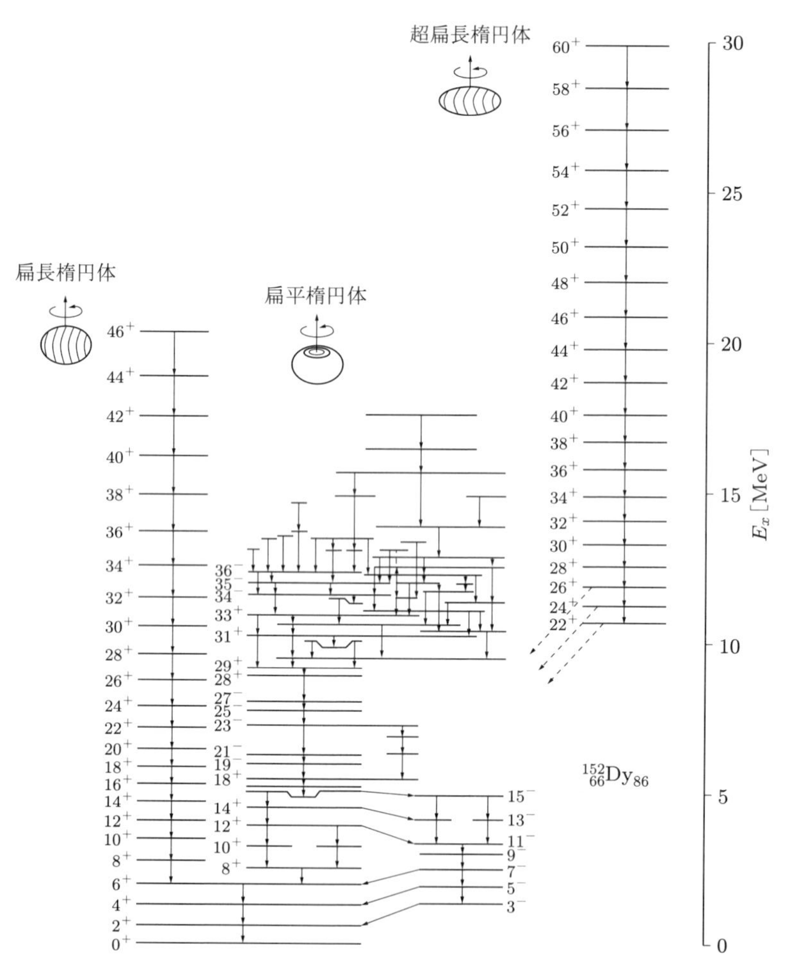

図 14.6 ^{152}Dy 原子核のエネルギーレベル（Sharpey-Schafer による）．低エネルギー状態ではいくらか異常な振動帯を示しているのに対し，高エネルギー状態では回転帯が形成されており，原子核が大きく変形していることを意味する．

エネルギー準位は，回転体の典型的な励起パターン $E_J = \hbar^2 J(J+1)/(2\mathcal{I})$ に従う．ここで，$\mathcal{I}$ は原子核の慣性モーメントである．原子核は剛体の回転体として回転するわけではないので，慣性モーメントは剛体でできた回転体の場合のおよそ 1/3 である．これは原子核がフェルミ液体でできていることの明確な証拠である．

14.3.4 変形とクーパー対形成の対比

閉殻外の同じ軌道にある二つの核子について考えよう．束縛エネルギーは，それらの角運動量が $J^\pi = 0^+$ に結合しているときに最大となる．そのような結合においては，確率は核子が互いに近いときに最大となり，短距離で強くなる引力にとって最適である．原子核は球対称性を保つ．そのように結合した二つの核子の状態を，超伝導との類推から**クーパー対**とよぶ．クーパー対を表す波動関数は，磁気量子数の組み合わせ (m_1, m_2)（ただし $m_2 = -m_1$）すべての重ね合わせである．

数個の核子に対しては，対形成と変形が競合する．クーパー対の場合は，単一粒子状態の磁気量子数は一様に占有されるが，変形の場合は，最大の（または最小の）$|m|$ 値だけが波動関数に生じる．数個のクーパー対をもつ状態では，核子には対の間の相関しかなく，対あたりの結合エネルギーはほぼ一定である．しかしながら，変形した状態では，すべての価核子が互いに関係をもっている．核子数が少ない場合には対形成が支配的だが，核子数がより大きくなると変形が打ち勝つ．これは，対形成エネルギーが価核子数に対して線形に増加するのに対し，変形エネルギーは 2 乗に比例して増加するからである．

閉殻の原子核から強く変形した原子核への移り変わりが，図 14.7 に示されている．変形の関数としてのエネルギーは，閉殻の原子核では非常に鋭い最小値をもち，四重極振動の周波数（エネルギー）は非常に高い．ところが，ほぼ閉殻の原子核（数個の価核子）では，対形成と変形は同じくらい強く，ほぼ完璧なバランスがとれていることが示唆される．したがって，四重極振動の周波数は非常に低く，最初の 2^+ 状態のエネルギーはわずか 0.5 MeV である．振動スペクトルははっきりと見える．価核子の数がもっと大きくなると，変形が支配的になって，球状の形は不安定になり，対称

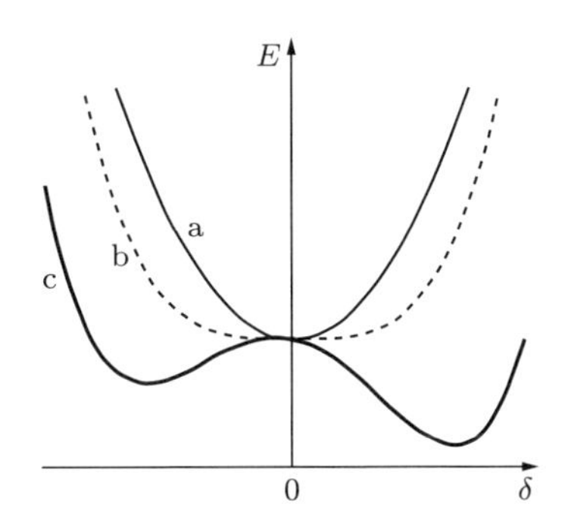

図 14.7　変形の関数としての原子核エネルギーを，(a) 閉殻の場合，(b) 数個の価核子の場合と (c) 多くの価核子の場合についてそれぞれ示す．変形 $\delta = \Delta R/R$ は，楕円体の長軸と短軸の差 ΔR と，楕円体と同じ体積をもつ球体の半径 R の比として定義される．

性は自発的に破れる．つまり，相互作用は球対称性をもっているが，エネルギーの最も低い状態は球対称ではない．

参考文献

H. Frauenfelder, E. Henley, *Subatomic Physics.* (Prentice-Hall, Englewood Cliffs, NJ, 1991)

K. Heyde, *Basic Ideas and Concepts in Nuclear Physics.* (Institute of Physics Publishing, Bristol and Philadelphia, 1999)

B. Povh et al., *Particles and Nuclei.* (Springer, Berlin, 2015)

J. Sharpey-Schafer, Phys. World **3**(9), 31. (1990)

15 恒星，惑星，小惑星

Verdoppelt sich der Sterne Schein,
Das All wird ewig finster sein.

—— Goethe*1

核反応は，恒星の一生の中で重要な役割を果たしている．恒星は，その一生のうちほとんどの間，核融合炉とみなすことができる．核反応は，恒星の温度を一定に保つために必要なエネルギーを供給し，その一方で，重力がプラズマを閉じ込めてくれている．最終段階の恒星は，縮退したフェルミ粒子の系として理解することができる．

天文学的な規模の系においては，重力が支配的な力である．太陽系の力学と，地球のまわりの人工衛星の運動に基づく経験から，重力的な系はビリアル定理に支配されていることがわかっている．これは，巨大恒星をはじめ，太陽や主系列にあるほかの恒星についても，また白色矮星，中性子星，惑星と小惑星についても成り立つ．これら天体の性質が原子定数とビリアル定理から定性的に理解できることを，以下に示そう．

15.1 太陽と太陽に似た恒星

主系列の恒星は，星間ガスと塵の収縮によって生成される．星の材料は，ほとんどすべてがビッグバンのときに形成された水素とヘリウムから成り立っており，あと約2%がそれより重い元素である．収縮によって恒星の中心は加熱される．核融合を起こすのに必要なだけの高温かつ高密度になると，恒星は熱平衡に達する．そうすると，恒星は収縮をやめ，外に放射されるエネルギーは，恒星の中心のエネルギー生成とつり合う．核反応によって生成されたエネルギーは，主として放射によって表面に運ばれる．これは恒星内物質を大して混ぜない．恒星の化学組成は，その一生のうちにだんだんと変わり，とくに核反応の起こっている恒星の中心近くで変化する．

*1　たとえ星々の輝きが倍加するにせよ，宇宙は永遠に幽暗なままだろう．——ゲーテ
　［出典：ゲーテ『神と心情と世界』．訳は，田口義弘訳『ゲーテ全集 1』（潮出版社）より引用.］

15.1.1 状態方程式

恒星の中心から r 離れたところでの圧力 p は，流体静力学の熱的平衡を仮定することによって計算できる．重力的圧力によって生まれる力を F_g とすると，

$$\mathrm{d}F_\mathrm{g} = -\frac{GM_r\mathrm{d}m}{r^2} = -\frac{GM_r\rho}{r^2}\mathrm{d}A\,\mathrm{d}r \tag{15.1}$$

は，熱的圧力から生まれる力 $\mathrm{d}F_p = -\mathrm{d}p\,\mathrm{d}A$ とつり合っていなければならない（図 15.1 (a)）．式 (15.1) において，G は重力定数，ρ は位置 r での密度で，M_r は半径 r の球面の内側に含まれる質量

$$M_r = \int_0^r 4\pi\rho r^2\mathrm{d}r \tag{15.2}$$

である．平衡ということは $\mathrm{d}F_\mathrm{g} + \mathrm{d}F_p = 0$ を意味し，流体の静力学的平衡の条件から，つぎの状態方程式が導かれる．

$$\frac{\mathrm{d}p}{\mathrm{d}r} = -\frac{GM_r\rho}{r^2} \tag{15.3}$$

この方程式は，恒星の化学組成やその他の詳細を考慮することにより，著しく洗練され，可能なすべての筋書きに関して研究されてきた．恒星の振る舞いを定性的に理解するためには，密度 ρ を一定としてよい．そうすると，微分量 $\mathrm{d}r$ と $\mathrm{d}p$ を，恒星の半径 R と閉じ込め圧力 P という積分した変数で置き換えることができる．よって，式 (15.3) は

$$\frac{P}{R} = -\frac{GM}{R^2}\frac{M}{V} \tag{15.4}$$

となる．この単純化は，冷たい天体に対してはよい．白色矮星と中性子星の密度は，

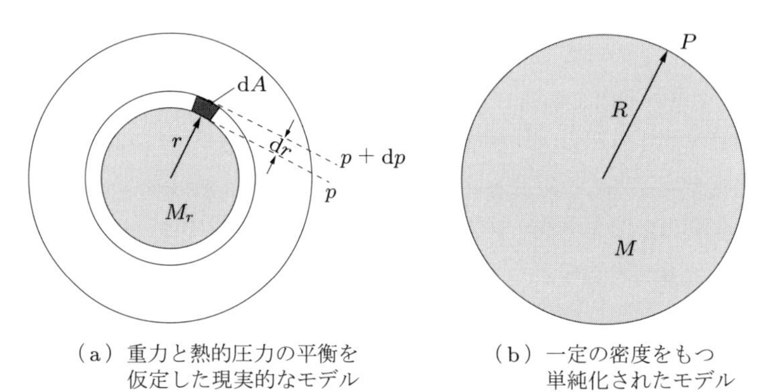

（a）重力と熱的圧力の平衡を仮定した現実的なモデル　（b）一定の密度をもつ単純化されたモデル

図 15.1　現実的な状態方程式では，半径 r で重力と熱的圧力による力が平衡にあることを考慮しなくてはならない．

半径にあまり依存しない．しかし，熱い恒星は，全質量の大部分が集中している重い核をもっており，式 (15.4) に恒星半径 R を単純に代入することはできない．むしろ，プラズマの構成要素の間の平均距離 d を用いたほうがよい．このスケールは，恒星の熱力学的特徴を決めている．図 15.1 では，状態方程式（図 15.1 (a)）への現実的な仮定 (15.3) から，一定の密度をもつ単純化された恒星モデル (15.4) への移り変わりを描いた（図 15.1 (b)）．

15.1.2 ビリアル定理

質量 M，半径 R で一様な密度 $\rho = M/V$ をもつ恒星を考察しよう．恒星のポテンシャルエネルギーは，

$$E_{\mathrm{pot}} = -\frac{3}{5}\frac{GM^2}{R} \tag{15.5}$$

で与えられる．恒星の全エネルギーは運動エネルギー（ここでは，熱的エネルギーといったほうがよいが）とポテンシャルエネルギーの和である．

$$E = E_{\mathrm{therm}} + E_{\mathrm{pot}} \tag{15.6}$$

非相対論的な場合は，

$$E = \frac{1}{2}E_{\mathrm{pot}} = -E_{\mathrm{therm}} \tag{15.7}$$

が成り立つ．これは，$1/r$ ポテンシャルについてよく知られたビリアル定理である．よって，恒星は，全エネルギーが最小の状態で安定に存在することがわかる．

15.1.3 大きさと温度

以下の概算では，水素だけから成り立っている恒星について考察する．微細構造定数 α の類推で，G の代わりに無次元の結合定数

$$\alpha_{\mathrm{G}} = \frac{Gm_{\mathrm{p}}^2}{\hbar c} \approx 10^{-38} \tag{15.8}$$

を用いる．ここで，m_{p} は陽子質量である．恒星の質量を核子数 N で表すと便利で，$M = N(m_{\mathrm{p}} + m_{\mathrm{e}}) \approx Nm_{\mathrm{p}}$ と書ける．そうすると，ポテンシャルエネルギーは

$$E_{\mathrm{pot}} = -\frac{3}{5}\frac{\alpha_{\mathrm{G}}\hbar c N^2}{R} \tag{15.9}$$

となる．

非相対論的粒子の圧力に比べて，放射の圧力が小さい恒星を考察しよう．これは，太

陽やもう少し重い恒星について成り立つが，とくに，太陽より小さな天体についてよく成り立つ．そのような天体において，重力による圧力は，N 個の陽子と N 個の電子の熱運動による圧力とつり合っている．

15.1.4 陽子のエネルギー

1 個の陽子または電子の平均運動エネルギーは，$(3/2)kT$ である．したがって，恒星の全運動エネルギーは

$$3\,NkT = -\frac{1}{2}E_{\mathrm{pot}} = \frac{1}{2}\,\frac{3}{5}\,\frac{\alpha_{\mathrm{G}}\,\hbar c N^2}{R} \tag{15.10}$$

である．$R^3 \approx Nd^3$ によって，半径を陽子間の平均距離 d で置き換えるならば，温度 T，平均距離 d，恒星の中の核子数 N の間の関係は

$$3\,kT = \frac{3}{10}\,\frac{\alpha_{\mathrm{G}}\hbar c N^{2/3}}{d} \tag{15.11}$$

となる．太陽の中の核子数 10^{57} を N_0 と表すと，自然の気まぐれで，なんと $\alpha_{\mathrm{G}} = N_0^{-2/3}$ となる．天文学では質量の標準を太陽の質量にとることが一般的であり，平均粒子間距離との関係，つまり質量と半径の関係は，

$$kT = \frac{1}{10}\left(\frac{N}{N_0}\right)^{2/3}\frac{\hbar c}{d} \tag{15.12}$$

と表される．

15.1.5 電子のエネルギー

恒星が収縮すると，電子間の平均距離 d は縮み続け，d が電子のド・ブロイ波長と同程度になると，電子の縮退圧力は熱運動による圧力より重要になる．縮退した電子気体の平均運動量は，$\hbar^2/(2m_{\mathrm{e}}d^2)$ と見積もられる．式 (9.8) に基づくもっと正確な計算によると，さらに因子 $(3/5)\,(9\pi/4)^{2/3} \approx 2.2$ がかかる（この章で用いられている d の定義は，式 (9.8) とは少し異なっていることに注意）．よって，恒星が流体静力学的に平衡になっているための条件を単純化して，

$$\frac{3}{2}\,kT + 2.2\,\frac{\hbar^2}{2m_{\mathrm{e}}d^2} = \frac{3}{10}\left(\frac{N}{N_0}\right)^{2/3}\frac{\hbar c}{d} \tag{15.13}$$

を得る．大きな距離 d では，第 2 項は重要でなくなり，電子のエネルギーは，古典論的に扱ってよい．電子のエネルギーは，エネルギー等分配の法則の結果として，陽子のエネルギーと等しく，$(3/2)kT$ の寄与をする．温度の d 依存性を，図 15.2 に示す．

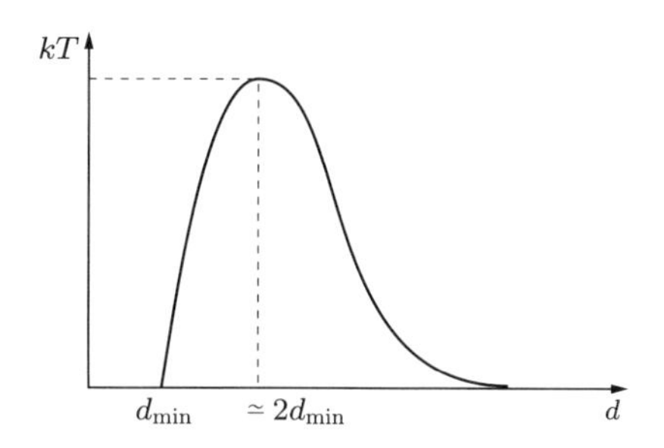

図 15.2 恒星の温度の，陽子間の平均距離 d に対する依存性.

15.1.6 白色矮星

太陽質量をもち，その寿命の最期に白色矮星となるような恒星について考察しよう．その寿命の最終段階で「小さな」赤色巨星となって，質量をいくらか失うということは無視しよう．式 (15.13) から，恒星の収縮は $d_{\min} \approx 3.5\lambda_e$ になったときに電子の圧力によって停止する．これは，白色矮星の半径が 10^4 km であることを意味する．最高温度には，$d = 2d_{\min}$ のときに達し，

$$kT \approx \frac{1}{70}\left(\frac{N}{N_0}\right)^{2/3} m_e c^2 \approx 7\,\mathrm{keV} \approx k \times 10^8\mathrm{K} \tag{15.14}$$

となる．これはなんと，赤色巨星の中心部の温度のかなりよい見積りとなっている．この温度では，恒星の温度はヘリウムを燃焼することにより得られている．いずれにしても，水素の燃焼は $kT \approx 1\,\mathrm{keV}$ のときにすでに起こっている（太陽の中心では，$kT = 1.3\,\mathrm{keV}$ である）．恒星の一生の概略を与えよう（図 15.2）．恒星は温度 $kT \approx 1\,\mathrm{keV}$ に達するまで収縮した後，恒星の中心部の水素が使い切られるまでこの温度を保つ．つぎに，恒星の中心部は，温度 $kT_{\max} \approx 10\,\mathrm{keV}$ に達するまで収縮し，その一方で恒星の外縁部は拡大して，表面は 3000 K 程度まで冷却され，恒星は赤く見える．中心部のヘリウムが消費し尽くされたとき，それは核融合して，炭素と酸素になるのであるが，恒星の質量は小さすぎて，それ以上の核反応を起こさせるのに十分な高温を発生することができない．恒星の中心部は冷却されて白色矮星となり，重力的圧力は縮退した電子によるパウリの縮退圧力とつり合う．

15.1.7 褐色矮星

式 (15.14) によると，太陽質量の数十分の 1 しかない天体は，$kT_{\max} \leq 1\,\mathrm{keV}$ までしか到達しない．この温度は低すぎて，核反応からエネルギーを獲得することはできない．そのような小さな天体の一生は非常に単純である．それらは収縮して，粒子の

運動エネルギーは増加する．しかし，この増加分は，ポテンシャルエネルギーの減少分のわずか半分にしかならない．この差は放射によって失われる．その低い表面温度のために，このような矮星は非常に弱くしか光らず，一番明るくなるのは最高温度にあるときである．そのため，「褐色」矮星の色は，実際には赤である．しかし，「赤色矮星」の名前は，$0.1\,M_\odot$ と $1\,M_\odot$（太陽質量）の間の質量をもつ普通の恒星にとられている．

15.2 太陽の中でのエネルギー生成

これまで計算してきた温度は，マックスウェル分布の最大値に対応する．原子核は電荷をもつので，クーロン反発力のために，分布の高エネルギー側のすそにある原子核だけが核融合する（図 15.3）．反発力のある場合の断面積は，反応に関与する粒子が相互作用領域に入ってくる確率，いわゆるガモフ因子 $\exp(-b/\sqrt{E})$ と，原子核の間の相互作用の強さに比例する．ここで，$b = \pi\alpha Z_1 Z_2\sqrt{2mc^2}$ で，m は換算質量，Z_1 と Z_2 は核融合する原子核の電荷である．核融合は，強い相互作用によって起こるときは粒子放出を伴い，電磁相互作用によって起こるときはガンマ線放出を伴い，弱い相互作用によって起こるときは電子ニュートリノ放出を伴う．

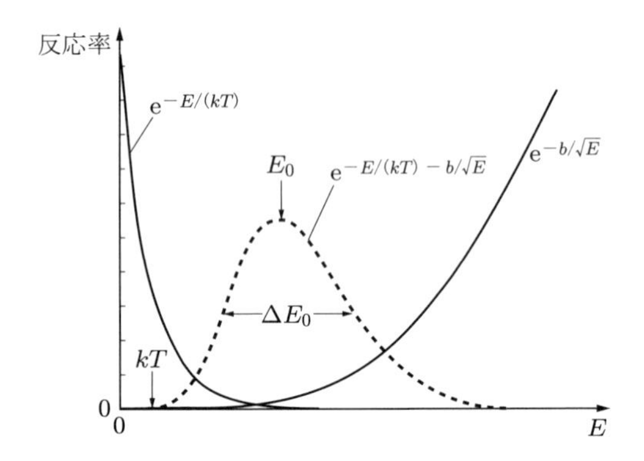

図 15.3　核融合反応率を計算するのに必要な，マックスウェル分布 $\exp[-E/(kT)]$ とガモフ因子 $\exp(-b/\sqrt{E})$ の積の概略図．この積は，核融合の確率に比例している（破線）．核融合は，E_0 のまわりの幅 ΔE_0 のかなり狭いエネルギー領域で起こる．この曲線の積分値が，全反応率に比例する．

ガモフ因子は，量子力学におけるトンネル効果の最適な例である．量子力学から，**トンネル効果**の確率は，高さ V_0，長さ L の長方形の障壁に対して e^{-2G} のように減少することが知られており，指数は $2G = 2\sqrt{2m(V_0 - E)}\,L/\hbar$ である．このガモフ因子の指数は，クーロンポテンシャルが，高さ $\overline{V - E} = (\pi/2)^2 E$ と広がり $L = \alpha Z_1 Z_2 \hbar c/E$

をもっていることから理解することができる（L は，折り返し点の半径までの障壁の長さであり，折り返し点で $V - E$ は消滅するから，$\alpha Z_1 Z_2 \hbar c/L = E$ である [*1]）．

強い相互作用による核融合反応率は，単位体積あたり

$$W = n_1 \cdot n_2 \cdot \langle \sigma v \rangle \tag{15.15}$$

と与えられる．ここで，n_1 と n_2 は核融合に関与する原子核の数密度であり，$\langle \sigma v \rangle$ は核融合断面積（図 15.3）と核融合する相手どうしの相対的速度の積を平均したものである．

しかし，とくに興味深いのは，このパターンに従わない二つの反応である．太陽の寿命はおよそ 10^{10} 年であるが，それは弱い相互作用過程 $\mathrm{p} + \mathrm{p} \to \mathrm{d} + \mathrm{e}^+ + \nu_\mathrm{e}$ によって決定されている．できたばかりの太陽は，水素とヘリウム（それとわずかの軽い元素）だけだった．重い元素を構成する時間スケールは，赤色巨星の中での $3\alpha \to {}^{12}\mathrm{C}$ 過程によって決定されている．

15.2.1 p–p サイクル

太陽のモデルに従うと，核融合が起こるのは，半径 $R \approx R_\odot/3$ までの，太陽質量の 70%を占める中心部である．太陽の中心温度は $kT \approx 1.3\,\mathrm{keV}$ に達し，中心からの距離とともに急激に低下する．温度と密度の平均値を用いて反応率を見積もるためには，太陽の最も中心の部分 $R \approx R_\odot/10$ を考察したほうがよい．全太陽質量の 1/10 がこの体積に含まれており，生成率は平均エネルギー $kT \approx 1.0\,\mathrm{keV}$ から計算することができる．この中心部は全エネルギー生成の半分を担っている．太陽の光度は $L = 4 \times 10^{26}$ W である．太陽が若かったときには，その元素組成は現在の太陽表面と同じであった（71%の水素，27%のヘリウム，2%の重い元素）．前に述べたように，太陽の質量は $M_\odot = 10^{57}$ 核子質量で，半径は $R_\odot \approx 7 \times 10^8\,\mathrm{m}$ である．このことは，太陽の中心部では，陽子数が $N_\mathrm{H} = 0.7 \times 10^{57}$ であり，数密度は $n_\mathrm{H} = 0.5 \times 10^{32}\,\mathrm{m}^{-3}$ であることを意味している．

燃焼のおよそ 98%は陽子・陽子サイクル，いわゆる p–p サイクルで，その主要な過程は

---

*1 $2G = 2\sqrt{2m(V_0 - E)}\,L/\hbar$ で，$V_0 - E$ を $\overline{V - E} = (\pi/2)^2 E$ で置き換えると，

$$2G = \pi\sqrt{2mE}\,\frac{L}{\hbar} = \pi\sqrt{2mE}\,\frac{\alpha Z_1 Z_2 \hbar c}{E} = \pi\alpha Z_1 Z_2 \sqrt{\frac{2mc^2}{E}} = \frac{b}{\sqrt{E}}$$

を得る．

$$\mathrm{p} + \mathrm{p} \to \mathrm{d} + \mathrm{e}^+ + \nu_\mathrm{e} + 0.42\ \mathrm{MeV} \qquad \tau(\mathrm{p}) = 10^{10}\ 年$$

$$\mathrm{p} + \mathrm{d} \to {}^3\mathrm{He} + \gamma + 5.49\ \mathrm{MeV} \qquad \tau(\mathrm{d}) = 1.6\ 秒$$

$${}^3\mathrm{He} + {}^3\mathrm{He} \to \mathrm{p} + \mathrm{p} + \alpha + 12.86\ \mathrm{MeV} \qquad \tau({}^3\mathrm{He}) = 10^6\ 年$$

$$\mathrm{e}^+ + \mathrm{e}^- \to 2\gamma + 1.02\ \mathrm{MeV}$$

である（τ は反応にかかる時間の平均）．

結局，正味の反応 $4\mathrm{p} \to \alpha + 2\mathrm{e}^+ + 2\nu_\mathrm{e}$ を通じて，エネルギー $E_\mathrm{pp} = 26.72\,\mathrm{MeV}$ が放出される．第1のステップは，弱い相互作用を通じて進行するので，最も遅い．これが太陽の寿命を決めている．電磁相互作用で決まっている重陽子の寿命と，原子核の相互作用を通じて崩壊する ${}^3\mathrm{He}$ の寿命については，定性的にだけ議論する．

陽子の寿命は，光度と太陽中心での陽子数から導くことができる [*1]．実際に，

$$\frac{L}{2} = N_\mathrm{H} \frac{E_\mathrm{pp}/4}{\tau(\mathrm{p})} \tag{15.16}$$

から，太陽中での陽子の寿命が $\tau(\mathrm{p}) \approx 10^{10}$ 年と求められる．太陽の寿命もこれと同じオーダーである．

p–p サイクルの奇妙さは，図を使うとわかりやすい．図 15.4 に，p–p 融合に関する最も重要なデータを表した．${}^2\mathrm{H}$ からの β 崩壊は，散乱状態から起こる．重水素の波動関数の長い尾のために，散乱状態との重なりは，主として強い相互作用の範囲の外側で，クーロン障壁の下で起こる．反応率を計算するためには，個々のエネルギーでの崩壊確率を求め，エネルギーについて積分しなくてはならない．これは解析的には行えない．大雑把に見積るためには，はじめから平均量を用いなければならない．

上に一覧にまとめた太陽に関するパラメータの助けを借りて，陽子の寿命 $\tau(\mathrm{p})$ を見積もってみよう．最初に温度 T において，p–p サイクルで核融合反応に関与する陽子の割合を計算してみよう．反応率は，マックスウェル分布 $\propto \exp[-E/(kT)]$ とガモフ因子 $\exp(-\pi\alpha\sqrt{2mc^2/E})$ の積に依存する．その積は，

$$\frac{\mathrm{d}}{\mathrm{d}E}\left(\frac{E}{kT} + \pi\alpha\sqrt{\frac{2mc^2}{E}}\right) = \frac{1}{kT} - \frac{\pi}{2}\alpha\sqrt{2mc^2}E^{-3/2} = 0 \tag{15.17}$$

で最大値となる（陽子に対して $Z_1 = Z_2 = 1$ とした）．これから，$kT = 1.0$ keV では

$$\frac{E_0}{kT} = \frac{\pi}{2}\alpha\sqrt{\frac{2mc^2}{E_0}} \approx 5 \tag{15.18}$$

---

*1 $N_\mathrm{H}E_\mathrm{pp}/4$ はすべての陽子から放出されるエネルギーで，これが寿命 $\tau(\mathrm{p})$ の間に太陽から放出されるエネルギー $(L/2)\tau(\mathrm{p})$ と等しいとする．

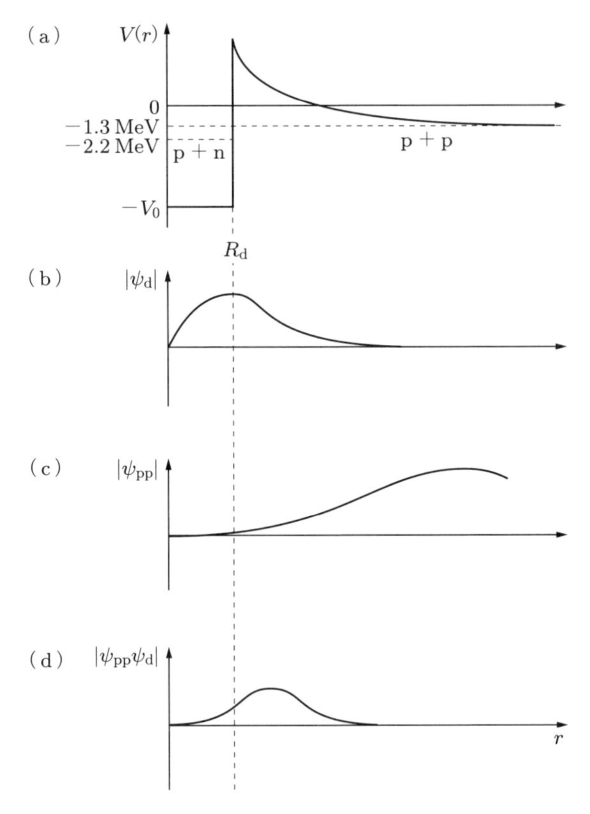

図 15.4　p–p サイクルの速度を決めているいくつかの要素．(a) 重陽子と pp 系に対する核力ポテンシャル．エネルギースケールは MeV 単位で，陽子・中性子閾値をゼロにとった．陽子・中性子質量差のために静止した陽子・陽子系のエネルギーは，-1.3 MeV である．(b) 基底状態での重陽子の波動関数．(c) 二つの陽子の散乱波動関数．(d) 二つの波動関数の重なりが，遷移行列要素を決める．おもな寄与は R_d の外側で，クーロン障壁の下である．

となる．このエネルギーでは, マックスウェル因子とガモフ因子の積は, $\exp(-5-10) = 3.1 \times 10^{-7}$ となる．エネルギー間隔 ΔE_0 としては，反応率が最大値をとる点から $1/e$ の値になる点までの間隔を採用する（指数は 1 だけ増加する）．

$$\frac{\mathrm{d}^2}{\mathrm{d}E^2}\left(\frac{E}{kT}+\pi\alpha\sqrt{\frac{2mc^2}{E}}\right)\frac{(\Delta E_0)^2}{2} = \frac{3\pi}{8}\alpha\sqrt{2mc^2}E_0^{-5/2}\Delta E_0^2$$
$$= \frac{3}{4}\frac{E_0}{kT}\left(\frac{\Delta E_0}{E_0}\right)^2 = 1 \qquad (15.19)$$

これから，$\Delta E_0/E_0 = 0.52$ であることがわかる．よって，温度 $kT = 1\,\mathrm{keV}$ のとき

に陽子がクーロン障壁を貫通し，短い時間 Δt の間，不安定な ^{2}He 原子核を形成する割合は

$$B = \frac{\Delta E_0}{kT} \exp\left(\frac{-E_0}{kT} - \pi\alpha\sqrt{\frac{2mc^2}{E_0}}\right) = 8.0 \times 10^{-7} \tag{15.20}$$

で与えられる．重陽子の半径として $R_\mathrm{d} \approx 4\,\mathrm{fm}$ を選ぶと，この距離の内側に二つの陽子が集まる確率は

$$w_\mathrm{pp} = Bn_\mathrm{H}\frac{4\pi}{3}R_\mathrm{d}^3 = 1.1 \times 10^{-17} \tag{15.21}$$

である．弱い相互作用 H_β による過程 $\mathrm{pp} \to \mathrm{d}$ に対しては，摂動論（黄金律）を適用することができて，

$$\sigma v = \frac{2\pi}{\hbar}|M|^2\rho(E_0), \qquad M = \langle \mathrm{d}|H_\beta|\mathrm{pp}\rangle \tag{15.22}$$

となる．ここで，v は入射粒子の速度で，$\rho(E)$ は終状態の密度である．漸近的な陽子の密度は 1 に規格化されている（$\psi_\mathrm{p}(r \to \infty) \to 1$）．原子核の行列要素 M を評価せずに，類似した過程からその値を見積もることができる．たとえば，ベータ崩壊 $^{18}\mathrm{Ne} \to {}^{18}\mathrm{F}$ では，$0^+(T=1) \to 1^+(T=0)$ 遷移に伴い，$\tau_{18} \equiv \tau(^{18}\mathrm{Ne} \to {}^{18}\mathrm{F}) = 2.4$ s（すなわち半減期は 1.7 s）である．

$$\frac{1}{\tau_{18}} = \frac{2\pi}{\hbar}|M_{18}|^2\rho(E_{18}), \qquad M_{18} = \langle {}^{18}\mathrm{Ne}|H_\beta|{}^{18}\mathrm{F}\rangle \tag{15.23}$$

どちらの場合も $\mathrm{p} \to \mathrm{n}$ で，ほかの核子は傍観者とみなすことができる．原子核体積内の波動関数

$$\psi_\mathrm{p}(^{18}\mathrm{F}) \approx \psi_\mathrm{n}(^{18}\mathrm{Ne}) \approx \psi_\mathrm{n}(\mathrm{d}) \approx \left(\frac{4\pi R_\mathrm{d}}{3}\right)^{-1/2} \tag{15.24}$$

は，状態密度 $\rho(E_0) \approx \rho(E_{18})$ と同じ程度の大きさである．入射陽子の波動関数だけが異なっている．これは非束縛状態に対応しており，ガモフ因子

$$\psi_\mathrm{p}(\mathrm{pp}) \approx e^{-G} \equiv e^{-(\pi\alpha/2)\sqrt{2mc^2/E_0}} \tag{15.25}$$

の分だけ減少する．そうすると，行列要素間の比は，

$$\frac{M^2}{M_{18}^2} = \frac{e^{-2G}}{(4\pi R_\mathrm{d}/3)^{-1}} \tag{15.26}$$

で，これから断面積の見積り

$$\sigma v \approx \frac{e^{-2G} 4\pi R_{\mathrm{d}}^3/3}{\tau(^{18}\mathrm{Ne} \to {}^{18}\mathrm{F})} \tag{15.27}$$

を得ることができる．陽子の寿命 $\tau(\mathrm{p})$ は，その近くにある $N_{\mathrm{eff}} = n_{\mathrm{H}}[\Delta E_0/(kT)] \exp[-E_0/(kT)]$ 個の陽子との反応率に反比例し，式 (15.20) と (15.21) の助けを借りて，次式を得る．

$$\frac{1}{\tau(\mathrm{p})} = N_{\mathrm{eff}}\,\sigma\,v \approx \frac{w_{\mathrm{pp}}}{\tau(^{18}\mathrm{Ne} \to {}^{18}\mathrm{F})} = \frac{1}{2.2 \times 10^{17}\,\mathrm{s}} = \frac{1}{7.2 \times 10^{9}\,\text{年}} \tag{15.28}$$

したがって，反応率は二つの陽子が集まる確率と接触中にベータ崩壊の起こる確率の積である．この陽子の寿命 $\tau(\mathrm{p}) = 7 \times 10^9$ 年は，光度から計算された太陽中での陽子の寿命 $\tau(\mathrm{p}) \approx 10^{10}$ 年と非常によく一致している．

二つの陽子が集まる確率を見積もるのには，量子力学が必要であることを注意したい．古典的には，陽子はクーロン障壁を越えることができない．量子力学的には，陽子はトンネル効果を通して越えることができる．$r \sim 0$ での波動関数のすそはかなり小さいが，それでも十分にある．陽子・陽子系には共鳴がないので（非共鳴過程），原子核ポテンシャル中の陽子は，何度も行ったり来たりすることはできず，むしろすぐに跳ね返り，そのうちのほんのわずかがベータ崩壊を経験する．一方，次節で説明する共鳴過程 ($3\,\alpha \to {}^{12}\mathrm{C}$) には統計力学が適用できる．

第 2 の反応 ($\mathrm{p} + \mathrm{d} \to {}^3\mathrm{He} + \gamma$) における重水素の寿命はずっと短い．重水素と陽子が相互作用領域に入ってくる確率は，相手の粒子の質量の小さな違いを別にすれば，陽子・陽子の場合と同じである．しかし，電磁的遷移は何桁も速い．この場合は，磁気双極子遷移である．$\tau(\mathrm{d})$ を考慮に入れると，遷移確率は $\approx 10^{15}\,\mathrm{s}^{-1}$ であり，これはガンマ線のエネルギー幅 $\approx 1\,\mathrm{eV}$ に対応する．これらの数値を，ベータ崩壊の遷移確率 $\approx 1/(2\mathrm{s})$ およびエネルギー幅 $10^{-16}\,\mathrm{eV}$ と比較してみるとよい．第 3 の反応 ($^3\mathrm{He} + {}^3\mathrm{He} \to \mathrm{pp}\alpha$) は強い相互作用によって進行する．クーロン障壁を貫通する原子核はすべて相互作用する．$^3\mathrm{He}$ の寿命は，ガモフ因子と $^3\mathrm{He}$ の密度だけで決まっている．

15.2.2 $3\,\alpha \to {}^{12}\mathrm{C}$ 過程

およそ 10^{10} 年後になって，太陽の水素が使い切られて，熱的圧力が重力的圧力とつり合わなくなったとき，中心部はつぶれて $2 \times 10^8\,\mathrm{K}$ 程度まで加熱される．これは $kT \approx 17\,\mathrm{keV}$ に対応する．太陽の外部は巨大化するので，エネルギー生成が前より大きくなるにもかかわらず，太陽は赤く見える（**赤色巨星**）．その段階での新しい平衡を担う第 1 の反応は $3\,\alpha \to {}^{12}\mathrm{C}$ である．$A = 5$ または $A = 8$ の安定な原子核は存在せ

ず，また炭素やそれより重い元素を生成するほかの方法がないので，この反応は詳細に調べる価値がある．

炭素合成の特徴は，以下のように，それが二つの共鳴状態を次々と経て起こることである（図 15.5）．

$$\alpha + \alpha \leftrightarrow {}^{8}\mathrm{Be}, \qquad {}^{8}\mathrm{Be} + \alpha \leftrightarrow {}^{12}\mathrm{C}^{*}, \qquad {}^{12}\mathrm{C}^{*} \rightarrow {}^{12}\mathrm{C} + 2\gamma \tag{15.29}$$

^{8}Be の基底状態の寿命は 0.97×10^{-16} s で，91.9 keV を放出して，二つの α 粒子に崩壊する．^{8}Be の ^{4}He プラズマ中での濃度を計算するために，化学平衡の式を書こう．化学ポテンシャルは反応の前後で不変だから，

$$\mu_4 + \mu_4 = \mu_8 + \Delta E_8 \tag{15.30}$$

である．具体的に書くと，

$$kT \ln n_4 \left(\frac{2\pi\hbar^2}{m_4 kT} \right)^{3/2} + kT \ln n_4 \left(\frac{2\pi\hbar^2}{m_4 kT} \right)^{3/2} = kT \ln n_8 \left(\frac{2\pi\hbar^2}{m_8 kT} \right)^{3/2} + \Delta E_8 \tag{15.31}$$

となる．ここで，n_4 と n_8 は ^{4}He と ^{8}Be の密度で，$\Delta E_8 = 91.9$ keV が崩壊で放出される．第 2 のステップの化学平衡は

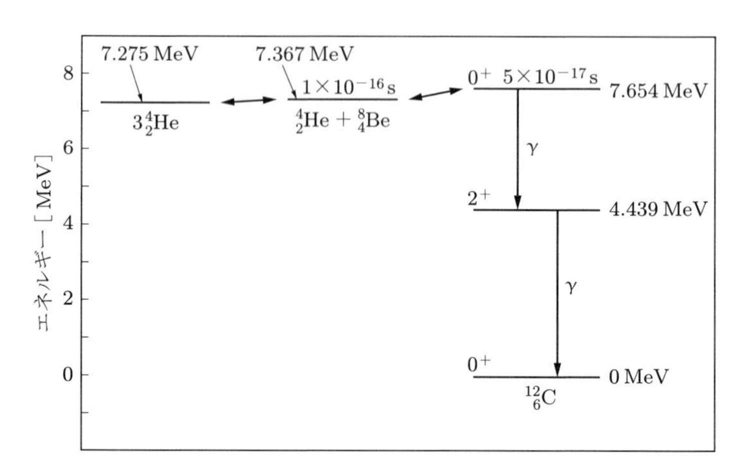

図 15.5 さまざまな系，3α，α+^{8}Be と ^{12}C のエネルギー準位．3α 系と α+^{8}Be 系のすぐ上に ^{12}C 原子核の 0^+ 状態が存在し，それは ^{4}He 原子核の共鳴的核融合によって作り出される．この励起状態は，0.04%の確率で ^{12}C の基底状態に崩壊する．

$$\mu_8 + \mu_4 = \mu_{12}^* + \Delta E_{12}^* \tag{15.32}$$

となる．ここで，星印は炭素の励起状態を表し，$\Delta E_{12}^* = 288\,\mathrm{keV}$ は $7.654\,\mathrm{MeV}$ の励起状態に対応している．第 2 の平衡状態を完全に書き下すと，

$$kT \ln n_8 \left(\frac{2\pi\hbar^2}{m_8 kT}\right)^{3/2} + kT \ln n_4 \left(\frac{2\pi\hbar^2}{m_4 kT}\right)^{3/2} = kT \ln n_{12}^* \left(\frac{2\pi\hbar^2}{m_{12}^* kT}\right)^{3/2} + \Delta E_{12}^* \tag{15.33}$$

である．赤色巨星の中心でのヘリウム密度は，$\rho = 10^9\,\mathrm{kg\,m^{-3}}$ ($n_4 = 1.5 \times 10^{35}\,\mathrm{m^{-3}}$) としてよい．平均温度は，$T = 10^8\,\mathrm{K}$ ($kT = 8.62\,\mathrm{keV}$) と仮定した．これから，$n_8/n_4 = 6.6 \times 10^{-9}$ と $n_{12}^*/n_4 = 3.7 \times 10^{-27}$ であることがわかる．非常に小さいのだが，なんとこれで十分である．

したがって，炭素の生成率は，

$$\frac{\mathrm{d}n_{12}}{\mathrm{d}t} = n_{12}^* \Gamma_\gamma \tag{15.34}$$

となる．エネルギー $7.654\,\mathrm{MeV}$ の励起状態の崩壊幅は $\Gamma_\gamma = 3.58\,\mathrm{meV}$ ($5.6 \times 10^{12}\,\mathrm{s^{-1}}$) と測定されているから，

$$\frac{\mathrm{d}n_{12}/\mathrm{d}t}{n_4} = \frac{n_{12}^*}{n_4}\Gamma_\gamma = 2.1 \times 10^{-14}\,\mathrm{s^{-1}} = \frac{1}{1.5 \times 10^6\,\text{年}} \tag{15.35}$$

が得られる．約百万年というこの期間は，太陽に似た恒星のヘリウム燃焼時期の継続期間に対し非常によい見積りとなっている．

これら二つの共鳴状態がなければ，炭素合成は何桁も遅くなっていたであろう．p-p サイクルの場合のように，衝突時間を見積もることが必要になるだろう．しかし，共鳴状態においては，相手の粒子と互いに近くにいる時間はずっと長い．そうでなければ，宇宙は，水素，ヘリウム，宇宙背景輻射と，おそらく暗黒物質と暗黒エネルギーだけで作り上げられたであろう．自然が物理定数を選ぶうえで積極的な役割を果たしており，それらの定数が人間の存在を可能にするように選ばれている（人間原理）と考える哲学者もいる．この原理には，太陽の中での水素の燃焼の遅さと，生命に必要な重い元素の速い生成をも含まなくてはならない．

炭素の約 $7\,\mathrm{MeV}$ の励起した $J^\pi = 0^+$ 状態は，実に興味深いことに，Fred Hoyle（フレッド・ホイル）によってすでに 1953 年に予言されていた．彼の根拠は，もしこの状態がなければ重い元素の生成は不可能だったろうということである．

15.3 太陽より重い恒星

太陽質量の10倍かそれ以上の恒星は，速く，激しく一生を終える．水素は，p–pサイクルよりずっと速い**CNOサイクル**を通して燃焼し，αを生成する．CNOサイクル中で最も遅い過程は$^{14}\mathrm{N}+\mathrm{p}\to{}^{15}\mathrm{O}+\gamma$で，これは電磁的遷移である．一生の後半に，これらの恒星は太陽より高い温度をもち続ける．その温度はあまりに高いので，炭素だけでなく，より重い鉄までの元素が核融合によって生成される．本来(α,n)反応で発生する中性子は，鉛までの元素を生成する[*1]．恒星の中心部が主として鉄からできているとき，吸熱性の核反応だけが可能となり，恒星は重力の圧力に耐えられなくなる．まず爆縮し，その後で爆発する．

15.3.1 中性子星

爆発の後に残された質量は，主として鉄から成り立っているが，太陽質量の1.5倍程度の場合，恒星中の電子のパウリ圧力は，重力の圧力に耐えられなくなり，中性子星が形成される．爆縮した鉄の中心核では，高い電子密度のために，**逆ベータ崩壊**

$$^{56}\mathrm{Fe}+26\,\mathrm{e}^-\to 55\,\mathrm{n}+(\mathrm{pe}^-)+25\,\nu \tag{15.36}$$

が始まり，ほとんどすべての陽子を中性子に変える．およそ2%の陽子と電子が，縮退した中性子との間の動的な平衡のもとで生き残る．中性子星のパウリ圧力は中性子の状態の縮退によっている．中性子間の平均距離はλ_nで，白色矮星の中の電子間距離の1/1000以下になっている[*2]．中性子星の半径は10 km程度で，やはり白色矮星の場合の1/1000以下になっている．

15.3.2 ブラックホール

残された質量がさらに大きくて，縮退した中性子のパウリ圧力が重力の圧力に負けざるを得ないとき，恒星はさらに崩壊してブラックホールが形成される．ブラックホール表面の重力エネルギーはあまりに大きいので，光子でさえ，そこから脱出することができない．恒星の表面での光子のポテンシャルエネルギーは，

$$E_\mathrm{pot}=-\frac{GM}{R}\frac{\hbar\omega}{c^2} \tag{15.37}$$

である．無限遠での運動エネルギーは，

---

*1 (α,n)反応とは，原子核がα粒子との衝突によって中性子(n)を出す反応のこと．

*2 $m_\mathrm{n}/m_\mathrm{e}\simeq 2000$だから．

$$E_{\rm kin} = \hbar\omega' = \hbar\omega - \frac{GM}{R}\frac{\hbar\omega}{c^2} \tag{15.38}$$

だから，ブラックホールの半径は，$\hbar\omega' = 0$ によって $R \leq GM/c^2$ と求められる．一般相対論によると，臨界半径は，この 2 倍大きい．この値 $2GM/c^2$ は，**シュワルツシルト半径**とよばれる．

15.3.3　元素存在比

地球上，月面と，隕石中のサンプルの同位体存在比は，例外もあるがほぼ普遍的で，太陽系外に起源をもつ宇宙線中の核種存在比と一致する（図 15.6）．現在の理解では，今日ある重水素とヘリウムの合成は，宇宙の初期，宇宙が生まれて数分しか経っていないときに起こった．

炭素からウランまでの元素は，重い恒星の最終段階で作られた．赤色巨星の段階では炭素と酸素が作られ，その後の段階で鉄までの元素が作られた．引き続いて起こる中性子捕獲は，中性子過剰同位体を生成する．同位体が β 不安定な場合には，安定な

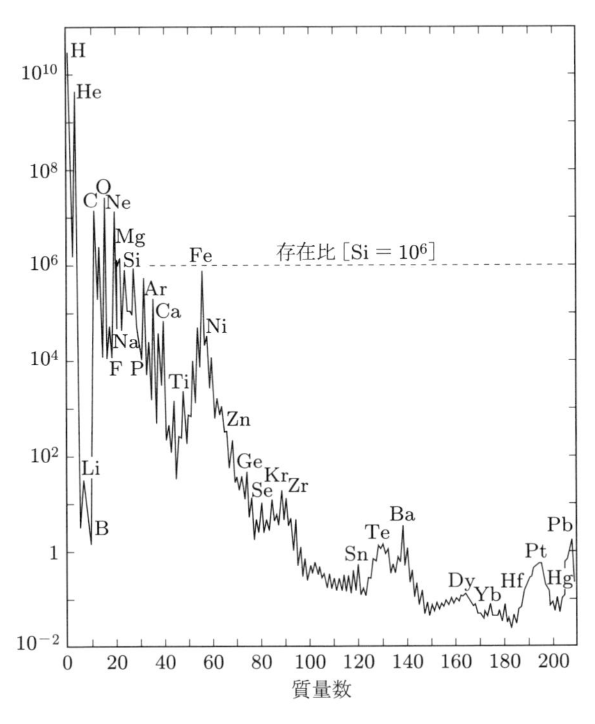

図 15.6　質量数 A の関数としての太陽系内の元素存在比．シリコンの存在比が 10^6 になるように規格化されている．

同重核に崩壊する．このようにして，さらに重い元素が安定性の谷間に沿って生成される．この遅い過程（s過程）で，鉛までの原子核が生み出される．鉛より重い原子核はα不安定で，α粒子と鉛に崩壊する．速い過程（r過程）はおそらく超新星爆発の間に起こる．この段階で$10^{32}\,\mathrm{m}^{-2}\,\mathrm{s}^{-1}$の中性子流量が実現され，引き続いて起こる多くの中性子の吸収は，β崩壊やα崩壊過程よりずっと速い．超ウラン元素合成の上限は，自発的核分裂によって決まっている．

15.4 惑星と小惑星

さて，最大の惑星はどのくらいの大きさか，また惑星と小惑星を区別する線をどこに引くか，を概算してみよう．ここで，惑星や小惑星とよぶのは，以下のように，陽子間の平均距離がボーア半径より大きい物体のことである（したがって，通常の物質からできている）．

$$d \geq a_0 = \frac{\hbar c}{\alpha m_{\mathrm{e}} c^2} \tag{15.39}$$

式(15.13)から，最大の惑星の質量を得ることができ，

$$\frac{N}{N_0} \leq \left(\frac{10\alpha}{3}\right)^{3/2} \approx 4 \times 10^{-3} \tag{15.40}$$

であり，これは太陽質量の1/1000の数倍で，木星の質量と同程度である．

惑星の質量の下限は，その半径がその惑星にある山の高さよりずっと大きいという条件から求めることができる．山の高さは惑星や小惑星の質量によって決まっていることがわかるだろう．

山の高さの上限は，山の重さによって麓の岩石が液化するときに到達する．ここで，液化とは，地殻が浮いている地球のマントルの岩石のような，非常に高い粘性をもつ非結晶質の物質になることを表す．

図15.7に，最も重要な量が示されている．安定性の限界は，山の高さをΔhだけ減少したときに，ポテンシャルエネルギーが融解エネルギーと同じだけ減少することによって与えられる．そこで，

$$Mg \cdot \Delta h = E_{\mathrm{liq}} \cdot n\Delta h X \tag{15.41}$$

を考える．ここで，単位体積あたりの分子数をn，分子あたりの融解エネルギーをE_{liq}，それらの質量数をA，山の麓の表面積をXと表している．そして，gは地球上での重力場の強さ（自由落下加速度）である．式(15.41)の山の質量を

$$M = nAm_{\rm p}hX \tag{15.42}$$

で置き換えると，安定性の条件は

$$gnAm_{\rm p}hX \le E_{\rm liq}nX \tag{15.43}$$

となる．したがって，

$$h \le \frac{E_{\rm liq}}{Am_{\rm p}g} \tag{15.44}$$

を得る．

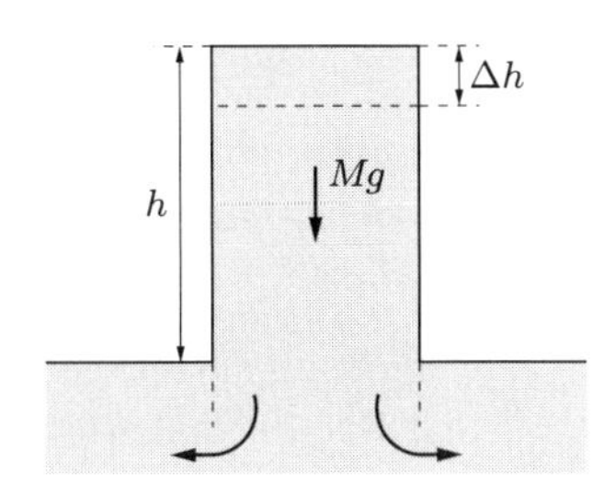

図 15.7 高さ h の山が岩石を液化し，横側に押し出す．

$E_{\rm liq}$ は原子に関する物理量を使って見積もることができる．地殻と地球のマントルの主要な部分を構成している二酸化ケイ素の典型的な結合エネルギーは数 eV で，リュードベリ定数を用いて表すと，だいたい 0.2 Ry である．水の融解エネルギーは，結合エネルギーのおよそ 1/8 である．だから，束縛エネルギーの 10%というのは，$E_{\rm liq}$ に対して妥当な近似である．したがって，条件 (15.44) を「基本的な」スケールで表現すると，

$$h \le \frac{0.02\,{\rm Ry}}{Am_{\rm p}g} \tag{15.45}$$

となる．地球に対しては，この見積りは $h \le 30$ km を与える．侵食のために，エヴェレスト山の高さ ($h \approx 10$ km) は，地球のマントルに浮かんでいる地殻の厚さより小さい．マントルが液体，より正しくいえば，粘性液体である理由は，上で最大の山の高さを見積もるのに用いたのと同じ理由である．地殻の厚さは 12 から 62 km で，30 km という見積りと非常によく一致している．

惑星の半径はその山の高さよりずっと高いと予想されるから，$h_{\rm max}/R \le 0.1$ は妥当な選択である．比率 $h_{\rm max}/R$ は，地球に対しては，高さの評価を地殻の厚さ (30 km)

で置き換えて，0.5×10^{-2} となる．惑星の平均密度は，因子 2 から 3 しか変わらないから，惑星の表面での重力加速度について $g = GM/R^2 \propto R$ としてよい．式 (15.45) から，比率は

$$\frac{h_{\max}}{R} \propto \frac{1}{R^2} \tag{15.46}$$

となる．冥王星も月も，惑星としてのこの評価基準 $h_{\max}/R \leq 0.1$ を満たしている．最大の小惑星セレスは半径が 500 km で，$h_{\max}/R \sim 1$ となっており，その形状は球体からだいぶかけ離れている．

参考文献

H. Karttunen et al., *Fundamental Astronomy.* (Springer, Berlin, 1996)

C. E. Rolfs and W. S. Rodney, *Cauldrons in the Cosmos.* (University of Chicago Press, Chicago, 1988)

V. F. Weisskopf, “Modern Physics from an Elementary Point of View.” CERN 夏の学校講義, 1969 年ジュネーブ, CERN 70-8. (1970)

16 素粒子 —— 素過程

Science is always wrong: it never solves a problem without creating ten more.

—— George Bernard Shaw[*1]

物理学の収めてきた大きな成功は，自然の秘密を本当に発見できるという幻想をもたらすが，それは，数少ない基本的な構成要素の間の相互作用によって，複雑な系の性質を説明することができるからだろう．この還元論的な道筋をたどることによって，素粒子とそれらの相互作用の現代的な理解が得られ，それは**素粒子の標準模型**によって華麗に記述されている．

標準モデルが，素粒子現象の全体像をよりよく記述することができればできるほど，より差し迫った新しい疑問が提出される．これらの疑問に答えられなければ，素粒子物理学を本当に理解できたと信ずることはできない．現在，素粒子の質量の生成を担う機構の探索が，実験的に検証されている．これは根底にある標準模型がくりこみ可能であることを示す重要な結果である．しかし，粒子の質量がどこからやってくるかについては，何も教えてくれない．George Bernard Shaw の科学への皮肉が，なんと正しいことか．

16.1 素粒子のファミリー

弱い相互作用を **W ボゾン**のレプトンとクォークへの結合と理解することにより，素粒子をファミリーへ分類する考えが得られた．W ボゾンの崩壊は，$\bar{\mathrm{p}}\mathrm{p}$ と $\mathrm{e}^+\mathrm{e}^-$ 衝突型加速器の両方で，詳細に調べられてきた．

16.1.1 $\mathrm{W}^{\pm}$ ボゾンの崩壊

CERN の $\mathrm{e}^+\mathrm{e}^-$ 衝突型加速器である LEP は，はじめの数年間重心系のエネルギー

*1 科学はいつも間違っている．一つ問題が解けると必ず 10 の新しい問題ができる．—— ジョージ・バーナード・ショー

$\approx$180 GeV で運転された．2000 年には，エネルギーは $\approx$ 200 GeV まで増強された．これにより，$M_{\mathrm{W}} = (80.22 \pm 0.26)$ GeV の質量をもつ W ボゾンの対を，大量に作り出すことが可能になった．

はじめに，つぎの W^- ボゾンのレプトン対への崩壊を見てみよう．

$$\mathrm{W}^- \to \mathrm{e}^-\bar{\nu}_{\mathrm{e}},\ \mu^-\bar{\nu}_{\mu},\ \tau^-\bar{\nu}_{\tau} \tag{16.1}$$

W^+ は，正の荷電レプトンとそれに対応したニュートリノになる [*1]．$\mathrm{W}^\pm$ の崩壊は，弱い相互作用の重要な特徴を示している．荷電レプトンとそれに対応したニュートリノは，$(\mathrm{e}\nu_{\mathrm{e}})$，$(\mu\nu_{\mu})$，$(\tau\nu_{\tau})$ からなる三つのファミリーに分類される．実験からわかる限り，$\mathrm{W}^\pm$ は同じファミリーのレプトン対に崩壊する（図 16.1）．レプトンの場合，ニュートリノはここでやってきたように，フレーバーを使ってそれぞれのファミリーに分類するのが普通で，質量の固有状態は使わない（16.1.4 項）．

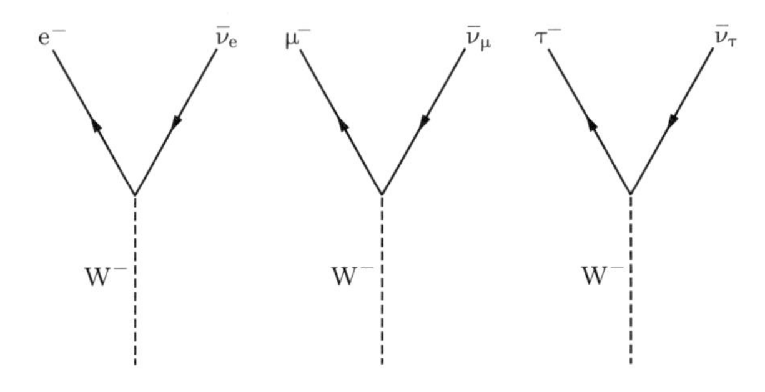

図 16.1 W^- ボゾンのレプトン対への崩壊．

ところが，クォークは，質量の固有状態によって分類する．したがって，同じファミリーに属するクォーク・反クォークへのおもな崩壊に加えて，一つまたは二つのファミリーをまたぐクォーク・反クォークペアへの崩壊もある．これらの崩壊はおもな崩壊に比べて起こりにくい（図 16.2）．

1963 年のこと，N. Cabibbo（カビッボ）は，ハドロンの弱崩壊の振幅がユニタリー的に関係付けられていることに気づいた．大多数の実験で，レプトンが対応するニュートリノに崩壊することが観測されていることから，このユニタリー関係は，以下のように表現すると便利である．

$$M(\mu \to \nu_{\mu}) : M(\mathrm{n} \to \mathrm{p}) : M(\Lambda \to \mathrm{p}) = 1 : \cos\theta_{\mathrm{C}} : \sin\theta_{\mathrm{C}} \tag{16.2}$$

後に，Glashow（グラショウ），Iliopoulos（イリオプロス），それに Maiani（マイ

---

*1 $\mathrm{W}^+ \to \mathrm{e}^+\nu_{\mathrm{e}},\ \mu^+\nu_{\mu},\ \tau^+\nu_{\tau}$

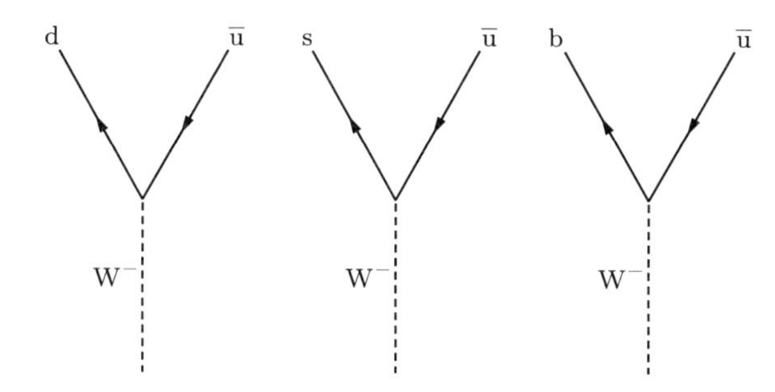

図 16.2　W^- ボゾンのクォーク対への崩壊．崩壊は，同じファミリー（左），隣のファミリー（中）と離れたファミリー（右）に属するクォーク対へのものである．

アニ）は，当時知られていなかった**チャームクォーク**をストレンジクォークのパートナーとして仮定し，二つのクォークファミリーでユニタリー性を完成した．さらに，小林と益川は，素粒子の三つ目のファミリーを仮定し，ユニタリー行列を 3×3 行列に拡張した．彼らはこれによって，当時すでに知られていた CP の破れを混合行列に取り込んだ．

いわゆる**カビッボ・小林・益川行列**（CKM 行列）によるユニタリー変換は，クォークの**質量演算子の固有状態** (d, s, b) を新しい組み合わせのクォーク状態，つまり**弱い相互作用の固有状態** (d′, s′, b′) と関係付けている（式 (16.3)）．なお，「**質量演算子**」とは，ディラック方程式の質量項に対する，単なる気取ったいい回しである．

$$\begin{pmatrix} \mathrm{d}' \\ \mathrm{s}' \\ \mathrm{b}' \end{pmatrix} \approx \begin{pmatrix} 1-\dfrac{\lambda^2}{2} & \lambda & A\lambda^3(\rho - \mathrm{i}\eta) \\ -\lambda & 1-\dfrac{\lambda^2}{2} & A\lambda^2 \\ A\lambda^3(1-\rho-\mathrm{i}\eta) & -A\lambda^2 & 1 \end{pmatrix} \begin{pmatrix} \mathrm{d} \\ \mathrm{s} \\ \mathrm{b} \end{pmatrix} \tag{16.3}$$

ユニタリー行列 (16.3) で，$\lambda \approx \sin\theta_{\mathrm{C}} \approx 0.2$ であり，したがって関係式 $1 - \lambda^2/2 \approx \cos\theta_{\mathrm{C}} \approx 0.98$ が成り立つ．パラメータ A は実数で，≈ 0.8 である．位相 $(\rho - \mathrm{i}\eta)$ は後述するように，K^0-$\bar{\mathrm{K}}^0$ 系と B^0-$\bar{\mathrm{B}}^0$ 系での小さな **CP の破れ**を考慮したものである．行列 (16.3) に関して，パラメータ λ による近似を選択したのは，ハドロンの混合（質量演算子の固有状態と弱い相互作用の固有状態の間の）がいかに小さいかを明らかにするためである．慣習として，d，s と b クォークは，d′，s′ と b′ クォークの重ね合わせとみなされている（その代わりに，u，c と t クォークについて同様なことをいってもよい）．

CKM 行列は，つぎのように解釈することができる．W ボゾンは，厳密にいうと，弱電荷だけに結合している．しかし，クォークの質量演算子に対する固有状態は，弱い相互作用に対する固有状態になっていない．弱い相互作用に対する固有状態は，(u, d′)，(c, s′) および (t, b′) 対で与えられる．明らかに，弱い相互作用におけるクォークと質量演算子におけるクォークを同時に対角化することはできない．

クォークの崩壊の様子を図 16.3 にまとめておく．

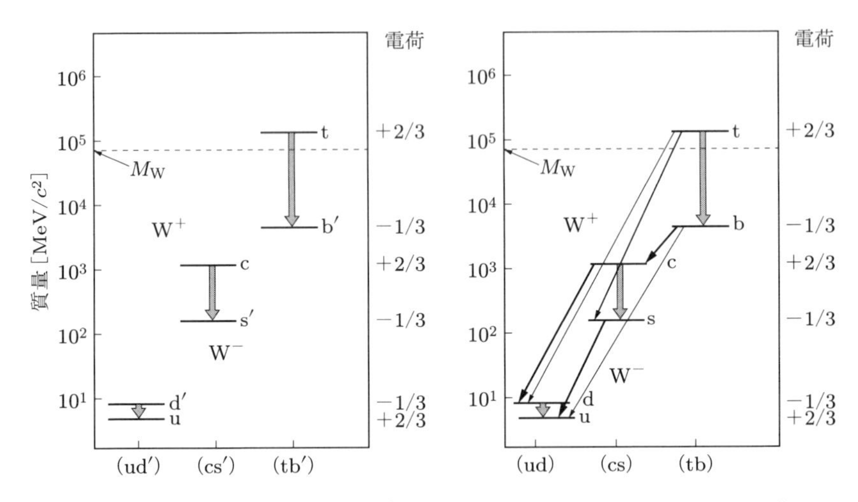

図 16.3 荷電カレント（仮想的 $W^\pm$ ボゾン）によって媒介されるクォーク遷移．左は弱い相互作用の固有状態の間の遷移で，右は物理的なクォークの間の遷移である．t クォークだけが，実在の W ボゾンを放出するのに十分な大きさの質量をもっている．太い矢印はより速い遷移（同じファミリー内での遷移）を表し，細い矢印は異なるファミリー間のさらに起こりにくい遷移を表している．

16.1.2 パリティの破れと弱アイソスピン

パリティの破れは，原子核の β 崩壊と，パイ中間子とミュー粒子の崩壊において，詳細に研究されてきた．W ボゾンは，左巻きフェルミ粒子と右巻き反フェルミ粒子とだけ結合する *1．弱い相互作用においては，右巻きフェルミ粒子と左巻き反フェルミ粒子は存在しない．

左巻きのクォークとレプトンのファミリーのそれぞれは，フェルミ粒子の二重項を

*1 左巻きと右巻きはヘリシティのことではなく，カイラリティのことである．12.3 節を参照．

形成し，W ボゾンの放出と吸収に伴って相互に変換する．二重項の中のフェルミ粒子の電荷の差は，ちょうど 1 単位，e である．弱い相互作用だけを考慮すれば（いい換えれば，ファミリーの中のフェルミ粒子間の大きな質量差を無視すれば）二つのフェルミ粒子は，一つの弱アイソスピン $T = 1/2$ 粒子の，二つの射影（$T_3 = \pm 1/2$）であるとみなすのが自然である．右巻きの反フェルミ粒子対しては，T_3 と電荷の符号は，ともに逆転する（表 16.1）．

表 16.1 電弱相互作用の多重項．クォーク d′，s′ と b′ は，一般化されたカビッボ回転（CKM 行列）によって，質量固有状態から作られる．弱アイソスピン T の二重項は，括弧の中におさまっている．二重項の二つの状態の電荷 ze は，いつも単位電荷だけ異なっている．第 3 成分 T_3 の符号は，二重項の中で，差 $z - T_3$ が一定になるように定義されている．

	フェルミ粒子多重項			T	T_3	z
レプトン	$\begin{pmatrix} \nu_e \\ e \end{pmatrix}_L$	$\begin{pmatrix} \nu_\mu \\ \mu \end{pmatrix}_L$	$\begin{pmatrix} \nu_\tau \\ \tau \end{pmatrix}_L$	1/2	+1/2 −1/2	0 −1
	e_R	μ_R	τ_R	0	0	−1
クォーク	$\begin{pmatrix} u \\ d' \end{pmatrix}_L$	$\begin{pmatrix} c \\ s' \end{pmatrix}_L$	$\begin{pmatrix} t \\ b' \end{pmatrix}_L$	1/2	+1/2 −1/2	+2/3 −1/3
	u_R	c_R	t_R	0	0	+2/3
	d_R	s_R	b_R	0	0	−1/3

一方，右巻きのフェルミ粒子と左巻きの反フェルミ粒子は W ボゾンと結合しないので，一重項として記述される ($T = T_3 = 0$)．左巻きのレプトンと**カビッボ回転**を受けた左巻きのクォークは，それぞれのファミリーの中で二つの二重項を形作る．弱アイソスピンの導入に，何らかの物理的意味があるとすれば，通常のスピンの場合と同様に，$W^\pm$ は弱アイソスピン三重項の二つの射影である．$T = 1$，$T_3 = 0$ をもつ第 3 の状態があるはずで，フェルミ粒子の二重項に $W^\pm$ と同じ強さ g で結合していなければならない．この状態を W^0 と表す．

16.1.3 K⁰–K̄⁰，B⁰–B̄⁰ 振動と CP の破れ

K^0 と $\bar{K}^0$ 中間子は，強い相互作用を通じて作られる．それらはどちらも，弱い相互作用を通じて，二つか三つのパイ中間子に崩壊する．弱い相互作用は，以下のように，仮想パイ中間子の交換によって二つの中間子を結び付けている．

$$K^0 \longleftrightarrow \left\{ \begin{array}{c} 2\pi \\ 3\pi \end{array} \right\} \longleftrightarrow \bar{K}^0$$

確率振幅は，K^0 と $\bar{K}^0$ の間で振動する．

ここで，振動しない基底を使って，系の時間依存性を調べてみよう．つまり，弱い相互作用の固有状態を見つけなくてはならない．粒子と反粒子は同じ質量をもつが，弱い相互作用による K^0 と $\bar{\mathrm{K}}^0$ の結合 $H' = \langle \mathrm{K}^0|\hat{H}'|\bar{\mathrm{K}}^0\rangle = \langle \bar{\mathrm{K}}^0\ |\hat{H}'|\mathrm{K}^0\rangle$ は，この質量の縮退を破る．H' を対角化する固有状態は，

$$
\begin{aligned}
|\mathrm{K}_1^0\rangle &= \frac{1}{\sqrt{2}}(|\mathrm{K}^0\rangle + |\bar{\mathrm{K}}^0\rangle) \\
|\mathrm{K}_2^0\rangle &= \frac{1}{\sqrt{2}}(|\mathrm{K}^0\rangle - |\bar{\mathrm{K}}^0\rangle)
\end{aligned}
\tag{16.4}
$$

で与えられ，対応する固有エネルギーは $E_{\mathrm{K}} \pm H'$ となる．弱い相互作用は，パリティを単に破るだけでなく，最大限に破っている．弱い相互作用はまた，粒子を反粒子に変換する荷電共役 C も破る．K_1^0 は正の CP 対称性をもち，二つのパイ中間子に崩壊するのに対して，K_2^0 は負の CP 対称性をもち，三つのパイ中間子に崩壊する．2 パイ中間子崩壊モード ($\tau \approx 10^{-9}\,\mathrm{s}$) は，3 パイ中間子崩壊モード ($\tau \approx 10^{-7}\,\mathrm{s}$) よりずっと速く，そのため，異なる崩壊時間によって実験的に見分けることができる．

2 状態系における振動については，多くの例がよく知られている．ここで，K^0–$\bar{\mathrm{K}}^0$ と B^0–$\bar{\mathrm{B}}^0$ を考察する理由は，CP の破れがこの二つの系においてだけ観測されているためである．宇宙論研究者には，宇宙における粒子と反粒子の非対称性を説明するために，CP 対称性を破る相互作用が必要である．

寿命の長い状態は非常によく測定できるが，純粋な K_2^0 状態ではない．3 パイ中間子崩壊ばかりでなく，2 パイ中間子崩壊も観測される．なんと，実験では，はっきりしない CP 量子数をもつ K 中間子が検出されるのである．これらの状態は，K_1^0 と K_2^0 の重ね合わせとして，つぎのように書ける．

$$
\begin{aligned}
|\mathrm{K_S}\rangle &= \frac{1}{\sqrt{1+\epsilon^2}}(|\mathrm{K}_1^0\rangle + \epsilon|\mathrm{K}_2^0\rangle) \\
|\mathrm{K_L}\rangle &= \frac{1}{\sqrt{1+\epsilon^2}}(|\mathrm{K}_2^0\rangle + \epsilon|\mathrm{K}_1^0\rangle)
\end{aligned}
\tag{16.5}
$$

この表現 (16.5) は，CPT（荷電共役，パリティ，時間反転）の積が保存するときに限って正しく，実験的にも確認されている．混合パラメータ ϵ は複素数で，$\Re\epsilon = (1.67 \pm 0.08) \times 10^{-3}$ である．

中性 K 中間子系における CP の破れをパラメータ ϵ によって現象論的に説明することはできても，対称性の破れの起源については完全に未解決のままである．

標準モデルの中では，CP の破れの源は，CKM 行列の複素位相ただ一つである．反クォークに対しては，弱い相互作用の固有状態と質量演算子の混合が複素共役行列 V_{CKM}^* によって記述されるので，反クォークに対する弱い相互作用の振幅は，クォー

クに対する振幅の複素共役になっている．

一つの振幅 A だけがハドロンの弱崩壊 $h \to f$ に寄与するのであれば，反粒子に対する観測される崩壊率も，$|A|^2 = |A^*|^2$ なので，同じでなければならない．しかし，異なる位相をもつ複数の振幅が寄与するのであれば †1，粒子と反粒子の崩壊率は干渉項のために異なり，位相差は測定可能である．

1980 年代の終わりに，ARGUS と CLEO 実験が，中性 B 中間子についても強い混合を観測した．中性 K 中間子と比較すると，同じ終状態への分岐比は小さい．混合はいわゆるボックスダイアグラムによって起こる．崩壊率は，トップクォークの質量の 2 乗に比例するので，かなり大きい．CP の固有状態 $\mathrm{f_{CP}}$ は，$\mathrm{B^0}$ と $\bar{\mathrm{B}}^0$ の共通の終状態になる．振幅 $\mathrm{B^0} \to \mathrm{f_{CP}}$ と $\mathrm{B^0} \to \bar{\mathrm{B}}^0 \to \mathrm{f_{CP}}$ の間の干渉も，粒子と反粒子の間の CP 非対称を示す．この測定の大きな利点は，CKM 行列要素間の位相差を直接測定できることである．

この理由のために，いわゆる B ファクトリーが，1990 年代にいくつか建設された．CP の破れの発見後 30 年以上経った 2000 年に，BaBar と Belle 実験が，$\mathrm{B} \to J/\psi\,\mathrm{K_S}$ 崩壊において非対称を観測することに成功した．それ以来，どちらの実験もはるかに高い統計で，さまざまな終状態について調べてきた．対称性の破れの起源が，このような方法ではじめて調べられたのである．現在，すべての測定は誤差の範囲で標準モデルの予言と一致している．

16.1.4 ニュートリノ振動

三つのニュートリノ $\nu_\mathrm{e}, \nu_\mu, \nu_\tau$ は，逆反応で実験的に検出されてきた *1．ニュートリノがさまざまなフレーバーをもっていることも証明された．三つのニュートリノはすべて，普遍的な結合定数 g_W で W ボゾンと結合している．これらの結果とニュートリノには質量がないという仮定を合わせて，$\nu_\mathrm{e}, \nu_\mu, \nu_\tau$ は弱い相互作用の固有状態であるだけでなく，質量演算子の固有状態であると結論されるようになった．質量のないニュートリノに対しては，どのようなニュートリノの混合状態も，質量演算子の固有状態になっている．後で見るように，質量がないという仮定はくつがえされている．

上に述べた実験はどれも，加速器か原子炉におけるニュートリノ生成位置のすぐ近くで遂行されたものばかりであった．$^{37}\mathrm{Cl}$ と $^{71}\mathrm{Ga}$ の逆ベータ崩壊による太陽ニュートリノの測定は，異なる結果を与えている．地球上では，太陽モデルによって予言される太陽 ν_e の流量の 1/3 から半分しか観測されていない．太陽モデルの予言の正し

†1 （原著注）振幅は，たとえば，強い相互作用のために，余分の位相だけ異なるはずである．

*1 逆反応とは逆ベータ崩壊のこと．

さを確認するために，三つすべてのニュートリノフレーバーと結合する Z^0 交換反応を使ってニュートリノ流量が測定された．

サドベリー・ニュートリノ観測所（カナダ）は，地下2000メートルで1000トンの重水 (D_2O) で満たしたチェレンコフ検出器を使って太陽ニュートリノを検出している．この検出器の中では，つぎのような反応を測定することができる．

$$\nu_e + d \to p + p + e^-$$

$$\nu_{e,\mu,\tau} + d \to p + n + \nu_{e,\mu,\tau}$$

$$\nu_{e,\mu,\tau} + e^- \to e^- + \nu_{e,\mu,\tau}$$

第1の反応は，ニュートリノのエネルギーが μ や τ を生成するのには低すぎるので，ν_e だけ可能である．第2の反応はフレーバーに依存しないので，ニュートリノの全流量を測定できる．ν_e の流量の3倍の大きさの全流量が，確かに観測されている．電子の散乱は，実際は，ν_e（ZとWの交換）に対して ν_μ や ν_τ（Zの交換のみ）より大きな断面積をもつが，補足的な検証を与えてくれる．

太陽ニュートリノ振動は，太陽・地球間距離のスケールで量子的干渉性が観測できることを意味している．これから，ニュートリノの二つの性質，つまりニュートリノ質量はゼロでなく，また ν_e, ν_μ, ν_τ は質量演算子の固有状態ではないことが導かれる．質量演算子の固有状態は，ν_1, ν_2, ν_3 と表される．クォークとの類推で，弱い相互作用のニュートリノ固有状態を，質量演算子のニュートリノ固有状態の重ね合わせとして書くことができる．ニュートリノに対しては，CKM行列と類似の行列は，**ポンテコルボ・牧・中川・坂田行列（PMNS行列）**とよばれる．ここで，B. Pontecorvoは，ニュートリノ・反ニュートリノ振動の可能性をはじめて考察し，ほかの3人は，ニュートリノのフレーバー混合をはじめて研究した．このPMNS行列のユニタリー変換は，弱い相互作用のニュートリノ ν_e, ν_μ, ν_τ を質量演算子の固有状態 ν_1, ν_2, ν_3 と関係付ける．

PMNS行列の個々の要素は，異なる実験で測定される．そのうちの二つだけを考えよう．KamLAND実験での原子炉反ニュートリノ ($\bar{\nu}_e$) の振動と，大気ニュートリノの測定による ν_μ の振動である．どちらの場合も，二つのニュートリノフレーバー間の振動を考えれば十分である．

原子炉反ニュートリノの振動を考えてみよう．反ニュートリノのエネルギーは，ミュー粒子やタウレプトンを生成する閾値よりはるかに低いので，検出できるのは $\bar{\nu}_e$ だけである．よって，距離 L だけ移動した後に，反ニュートリノが元のフレーバーにある確率を求めるべきである．時間に依存する反ニュートリノの状態ベクトルは，

$$|\bar{\nu}_e(t)\rangle = U_{e1}e^{-iE_{\bar{\nu}_1}t/\hbar}|\bar{\nu}_1\rangle + U_{e2}e^{-iE_{\bar{\nu}_2}t/\hbar}|\bar{\nu}_2\rangle \tag{16.6}$$

である．反ニュートリノは相対論的なので，そのエネルギーは

$$E_{\bar{\nu}_i} = \sqrt{p^2c^2 + m_i^2c^4} \approx pc\left(1 + \frac{m_i^2c^4}{2p^2c^2}\right)$$

で近似される．したがって，時間 t の後に元のフレーバーを保っている確率は

$$\begin{aligned} P_{\bar{\nu}_e}(t) &= |\langle\bar{\nu}_e(t)|\bar{\nu}_e(0)\rangle|^2 \\ &= |U_{e1}|^4 + |U_{e2}|^4 + 2|U_{e1}|^2|U_{e2}|^2\cos\left[\frac{1}{2}\frac{(m_1^2 - m_2^2)c^4}{\hbar pc}t\right] \end{aligned} \tag{16.7}$$

となる．振動長 $L_{2\pi}$ は，位相が 2π になる長さと定義する．$\Delta m_{21}^2 = m_2^2 - m_1^2$ とし，$t = L_{2\pi}/c$ とすると，

$$L_{2\pi} = 4\pi\frac{\hbar pc^2}{\Delta m_{21}^2c^4} \approx 4\pi\frac{\hbar cE_{\bar{\nu}}}{\Delta m_{21}^2c^4} \tag{16.8}$$

となる．日本の神岡（岐阜県）で，原子炉反ニュートリノとそれらのエネルギーが，1000 トンの液体シンチレーターで，つぎの反応によって検出された．

$$\bar{\nu} + p \to e^+ + n, \qquad n + p \to D + \gamma + 2.2\,\mathrm{MeV} \tag{16.9}$$

検出器と原子炉の平均距離は $L \sim 180\,\mathrm{km}$ で，検出器は 1.8 MeV より大きいエネルギーの反ニュートリノに対して感度がある．一方で，反ニュートリノのエネルギースペクトルは，およそ 4 MeV にピークをもっていた．これらの条件のもとで，式 (16.8) から容易に確かめられるように，振動長全体を調べることができ，まだ大きな不定性はあるものの $\Delta m_{21}^2 \sim 8.1 \times 10^{-5}\,\mathrm{eV}^2$ および振動パラメータ $U_{e1} \sim 0.84$ と $U_{e2} \sim 0.54$ が測定された．

ν_μ 振動は，1 GeV 付近の広いエネルギー範囲で観測された．地球上の検出器で大気 ν_μ が検出される頻度は，ニュートリノがはじめに大気のみを通過してきたか，地球全体を通過してきたかに強く依存している．これらの観測は，地表から 1000 メートル下にあり 32000 トンの水で満たされたチェレンコフ検出器をもつスーパーカミオカンデ検出器（日本）で行われた．

大気ニュートリノと反ニュートリノは，

$$\begin{aligned} \pi^+ &\to \mu^+ + \nu_\mu \\ \mu^+ &\to \bar{\nu}_\mu + e^+ + \nu_e \end{aligned}$$

および対応する反粒子の崩壊によって生成される．元々ニュートリノが大気だけを通過しなくてはならない場合には，ミューオン型と電子型の (反) ニュートリノの比率は，$[n(\nu_\mu)+n(\bar{\nu}_\mu)]/[n(\nu_e)+n(\bar{\nu}_e)]=2$ である．対照的に，地球を通過する $\nu_\mu+\bar{\nu}_\mu$ の流量は，因子 2 ほど少ない．地球はニュートリノにとってあまりにも透明なので，弱い相互作用による反応によってニュートリノ流量が著しく減少したということはありえない．さらに，GeV 程度のエネルギーでは，大気 ν_e の流量は地球の直径のスケールでは変化していない．

観測された ν_μ 振動は ν_2 と ν_3 の間で起こっているという手がかりによって，$\Delta m_{23}^2\approx\left(46\,\mathrm{meV}/c^2\right)^2$ という解析結果が導かれた．

図 16.4 に，ニュートリノの質量スペクトルが描かれている．ニュートリノの質量の絶対値も Δm_{23}^2 の符号もわからないので，質量スケールについても状態間の順序も明らかにすることができない．Δm_{21}^2 と Δm_{32}^2 の値から正常階層の場合，もし m_1 が非常に小さいならば，$m_2\geq 9\,\mathrm{meV}/c^2$，$m_3\geq 55\,\mathrm{meV}/c^2$ が結論できる．実験的に決定された PMNS 行列は，つぎのようにすっきりと書くことができる．

$$\begin{pmatrix}\nu_e\\ \nu_\mu\\ \nu_\tau\end{pmatrix}\approx\begin{pmatrix}\sqrt{\dfrac{2}{3}} & \sqrt{\dfrac{1}{3}} & \epsilon\\ -\sqrt{\dfrac{1}{6}} & \sqrt{\dfrac{1}{3}} & \sqrt{\dfrac{1}{2}}\\ \sqrt{\dfrac{1}{6}} & -\sqrt{\dfrac{1}{3}} & \sqrt{\dfrac{1}{2}}\end{pmatrix}\begin{pmatrix}\nu_1\\ \nu_2\\ \nu_3\end{pmatrix} \tag{16.10}$$

式 (16.10) に引用した値は，実験誤差の範囲内にある．式 (16.10) の行列は，ハドロンとは対照的に，ニュートリノの間の混合が非常に大きいことを明確に示している．

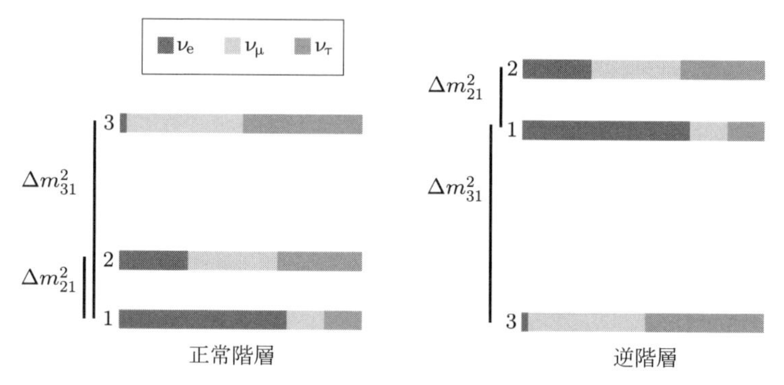

図 16.4　Δm_{32} の符号はわかっていないので，ニュートリノ質量の逆階層 (右) の可能性は除外できない．最も重いニュートリノの質量の上限は，$0.05\leq m_\nu\leq 1\,\mathrm{eV}$ と予想される．影の部分は，質量固有状態に占めるフレーバー固有状態の割合を表す．

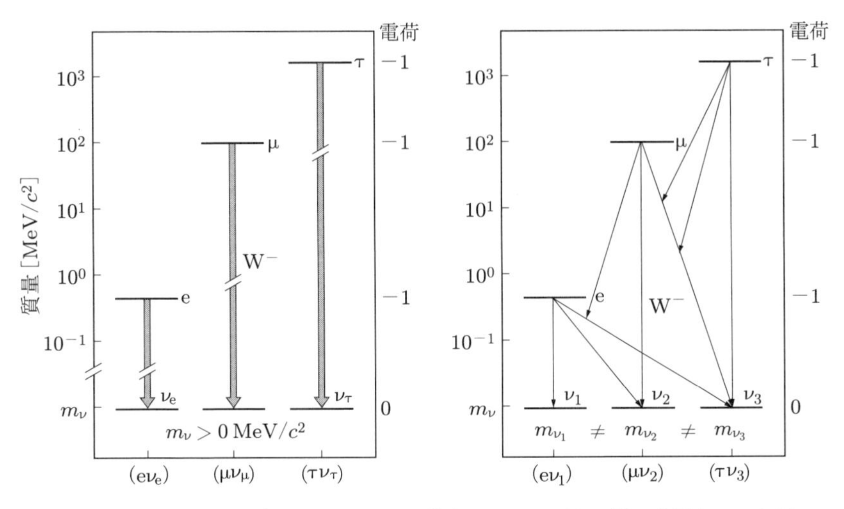

図 16.5 仮想的な $W^\pm$ ボゾンによって媒介されるレプトン間の荷電カレント遷移．左は弱い相互作用の固有状態間の遷移，右は質量演算子の固有状態間の遷移である．右側の図にある矢印は，質量状態間の混合を示している．

例外は $U_{e3} = \epsilon \leq 0.1$ である．ϵ はゼロでないので，ほかの行列要素はユニタリー性を満たすために，少しだけ小さくなければならない．

観測されたレプトンの崩壊について，図 16.5 に要約しておく．

16.2 クォークの弱崩壊

弱崩壊は，仮想的な W ボゾンを交換することで起こる．クォークは，フレーバーを変えるが，それは仮想的な W ボゾンを放出することによって，電荷や場合によってはファミリーまで変えることができる．実際に何が起こるかは，終状態の多粒子位相空間に依存する．クォークの寿命は，相互作用にかかわるクォークの質量差と，崩壊前後の環境に依存する．したがって，弱崩壊の寿命にはかなりの幅があることになり，とくに原子核の β 崩壊で顕著である．寿命が終状態の多粒子位相空間に支配されない唯一の弱崩壊は，トップクォークの崩壊で，概算するのは難しくない．その巨大な質量 $(m_t c^2 = (173 \pm 1)\,\mathrm{GeV})$ のために，仮想的でなく，真の W^+ の放出を伴う b クォークへの崩壊 $(t \to b + W^+)$ が可能である．このチャンネルは，崩壊確率のほぼ 100% を説明する．

16.2.1 トップクォーク崩壊

トップクォークの寿命は，いつものように，フェルミの第二黄金律から，つぎのように見積もることができる．

$$\Gamma = \frac{2\pi}{\hbar}|\mathcal{M}|^2 \frac{4\pi p_{\mathrm{b}}^2 \mathrm{d}p_{\mathrm{b}}\, n_{\mathrm{s}}}{(2\pi\hbar)^3 \mathrm{d}E_0} \tag{16.11}$$

ここで，自由度 n_{s} には，W ボゾンの三つのスピン状態を考慮に入れねばならず，$E_0 = E_{\mathrm{b}} + E_{\mathrm{W}}$ は崩壊の全エネルギーである．トップの静止系では $p_{\mathrm{b}} = p_{\mathrm{W}}$ で，崩壊エネルギーに関しては $\mathrm{d}E_0 = (v_{\mathrm{b}} + v_{\mathrm{W}})\mathrm{d}p_{\mathrm{b}}$ と書くことができる．式 (16.11) では，微分を $\mathrm{d}E_0/\mathrm{d}p_{\mathrm{b}} = v_{\mathrm{b}} + v_{\mathrm{W}}$ で置き換え，位相空間の最終形を用いて，遷移確率の表式

$$\begin{aligned}\Gamma &= \frac{2\pi}{\hbar}|\mathcal{M}|^2 \frac{4\pi p_{\mathrm{b}}^2 n_{\mathrm{s}}}{(2\pi\hbar)^3(v_{\mathrm{b}} + v_{\mathrm{W}})} \\ &= \frac{2\pi}{\hbar}|\mathcal{M}|^2 \frac{4\pi p_{\mathrm{b}}^2 n_{\mathrm{s}}}{(2\pi\hbar)^3 p_{\mathrm{b}} c^4 (E_{\mathrm{b}} + E_{\mathrm{W}})/(E_{\mathrm{b}}E_{\mathrm{W}})}\end{aligned} \tag{16.12}$$

を得ることができる．電弱統一の結果を単純に $\alpha_{\mathrm{W}} \sim \alpha$ とすると，行列要素を $\mathcal{M}^2 \approx 4\pi\alpha(\hbar c)^3/(2E_{\mathrm{W}})$ で近似することができる．和 $E_{\mathrm{b}} + E_{\mathrm{W}} = m_{\mathrm{t}}c^2$ はトップの質量で，$E_{\mathrm{b}} \approx p_{\mathrm{b}}c$ を使って，

$$\Gamma \approx 2\alpha \frac{p_{\mathrm{b}}^2}{m_{\mathrm{t}}} n_{\mathrm{s}} \tag{16.13}$$

を得る．$p_{\mathrm{b}}^2 \approx (m_{\mathrm{t}}c)^2/6$ および $n_{\mathrm{s}} \approx 3$ と見積もれば，さらに

$$\Gamma \approx \alpha m_{\mathrm{t}} c^2 \tag{16.14}$$

と簡単化できる．

素過程としての電弱崩壊は，ファインマングラフの相互作用頂点に対応し，典型的な崩壊幅は粒子の質量の 1/137 である．

Glashow，Weinberg と Salam の電弱理論を用いた正確な計算は，ほぼ同じ結果を与える．α の代わりに用いなければならないのは，弱い結合定数 $f_{\mathrm{tb}}^2\alpha_{\mathrm{W}} = \alpha/(4\sin^2\theta_{\mathrm{W}}) = 1.081\alpha$ で，$f_{\mathrm{tb}} = 1/2$ は t→ b 遷移の行列要素である．スピン因子は 3 より少し大きく，

$$n_{\mathrm{s}} = \frac{1}{2} + \frac{1}{2} + \frac{1}{2}\left(\frac{m_{\mathrm{t}}}{m_{\mathrm{W}}}\right)^2 = 3.34$$

である．$\sin^2(\theta/2)$ についての平均のために，横波成分は両方とも 1/2 しか寄与せず，縦波成分が支配的となる．位相空間因子は，1/6 ではなくて，$p_b^2/(m_t c)^2 = [1-(m_W/m_t)^2]^2 = 0.155$ となる．弱い相互作用と強い相互作用の輻射補正は，因子 1.02 を導入する．これらすべてを合わせると，次式の結果が導かれる．

$$\Gamma = 1.14\alpha m_t c^2 = 1.45\,\mathrm{GeV} \tag{16.15}$$

この崩壊幅は，寿命 $\tau = \hbar/\Gamma = 0.5 \times 10^{-24}\,\mathrm{s}$ に対応し，かなり短いように思われるが，トップクォークの時間スケール $\hbar/(m_t c^2)$ と比べれば $\tau \approx 137\hbar/(m_t c^2)$ とかなり長い．

16.3 Z^0 と光子

Z^0 ボゾンは，弱アイソスピンに関する考察から予言された W^0 ボゾンとは少し違う．Z^0 ボゾンの質量は $(91.187 \pm 0.007)\,\mathrm{GeV}/c^2$ で，これは $W^\pm$ ボゾンの質量より約 $11\,\mathrm{GeV}/c^2$ 大きい．素粒子の質量については，いまだにほとんど理解できていないことが多いので，質量差は Z^0 が W^0 でないことの強い論拠とはならない．しかし，Z^0 ボゾンの崩壊は，それが弱い相互作用によってのみフェルミ粒子と結合しているのではないことを明確に示している（図 16.6）．

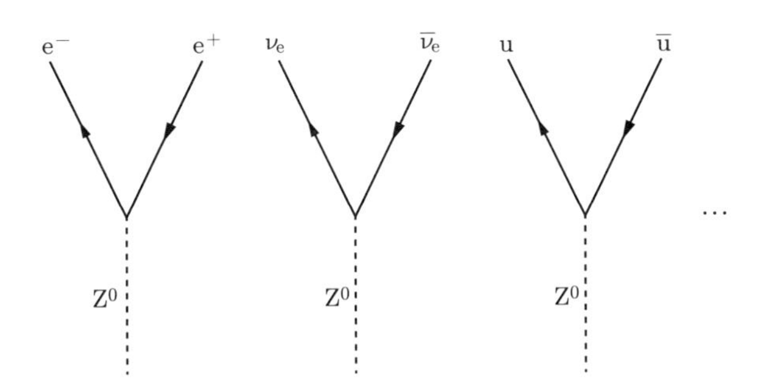

図 16.6 Z^0 ボゾンのフェルミ粒子対への崩壊．フェルミ粒子と反フェルミ粒子はいつも同じフレーバーをもつ．

LEP と SLAC の実験データの解析から，つぎのような分岐比が得られる（詳しくは Particle Data Group[*1] を参照）．

---

*1 Particle Data Group (PDG) は，素粒子に関するすべての実験結果を集め分析して，2 年に一度そのまとめを発表している．URL は http://pdg.lbl.gov/である．

$$\begin{array}{llr} Z^0 \longrightarrow & e^+ + e^- & 3.363 \pm 0.008\% \\ & \mu^+ + \mu^- & 3.366 \pm 0.013\% \\ & \tau^+ + \tau^- & 3.370 \pm 0.015\% \\ & \nu_{e,\mu,\tau} + \bar{\nu}_{e,\mu,\tau} & 20.00 \pm 0.16\ \% \\ & \text{ハドロン} & 69.91 \pm 0.15\ \% \end{array}$$

Z^0 崩壊が，荷電レプトンとニュートリノを区別し，さらに異なる電荷をもつクォークを区別していることは，明らかである．もしすべてのフェルミ粒子対が Z^0 と同じように結合しているとすると，それぞれのレプトン対には 1/21，ハドロンには 15/21（三つのカラー自由度と五つのクォークフレーバー）の分岐比が期待される．質量を生成する相互作用が弱い相互作用のエレガントな対称性を捨てて，混乱を生むことにはもう驚かないだろう．弱い相互作用と電磁相互作用の本来のゲージボソンは，弱アイソスピンの SU(2) 対称性の三つの $W^{\pm,0}$ ボソンと U(1) 対称性の "光子"B である．

完全な SU(2)×U(1) 対称性は，質量を生成する相互作用によって破れており，CKM 混合と同じような，状態の混合が引き起こされている．実験的に観測される光子と Z^0 は，本来の光子 B と W^0 とはユニタリー変換で関係付けられている．

このユニタリー変換は，いわゆる**ワインバーグ角** θ_W を用いて表される [*1]．

$$\begin{aligned} |\gamma\rangle &= \cos\theta_W|B\rangle + \sin\theta_W|W^0\rangle \\ |Z^0\rangle &= -\sin\theta_W|B\rangle + \cos\theta_W|W^0\rangle \end{aligned} \tag{16.16}$$

この混合はまた，弱い相互作用の振幅（弱アイソスピンの第 3 成分 T_3）と電磁相互作用の振幅（電荷 z）の混合を引き起こし，そのため，部分崩壊幅は $(T_3 - z\sin^2\theta_W)^2$ に比例する．右巻きのフェルミ粒子 $(T_3 = 0)$ は，弱い結合をもたない．左巻きの負のレプトンとクォークは弱アイソスピン $T_3 = -1/2$ をもち，一方，ニュートリノと正のクォークは $T_3 = +1/2$ をもつ．左巻きと右巻きの寄与を足し合わせ，$\sin^2\theta_W \approx 1/4$ と近似することにより，

$$\Gamma \propto (-z\sin^2\theta_W)^2 + \left(\frac{1}{2} + |z|\sin^2\theta_W\right)^2 \approx \frac{1}{8}\left(2 - 2|z| + z^2\right) \tag{16.17}$$

が得られ，Z^0 崩壊に対しては近似的な比率

$$\Gamma(e^+e^-) : \Gamma(\nu_e\bar{\nu}_e) : \Gamma(u\bar{u}) : \Gamma(d\bar{d}) \approx 1 : 2 : \left(3 \times \frac{10}{9}\right) : \left(3 \times \frac{13}{9}\right) \tag{16.18}$$

---

*1 最近は**弱い混合角**とよばれることが多い．

が得られる．第2，第3のファミリーについても同様である．因子3は，クォークの三つのカラーである（3章を参照）．もっと正確な値 $\sin^2\theta_{\mathrm{W}} = 0.2312$ を使った比率は，1 : 1.99 : 3.42 : 4.41 である．実験的には，三つのファミリーについて平均をとって，1 : 1.98 : 3.00 : 4.93 である（$\mathrm{u\bar{u}}$ と $\mathrm{c\bar{c}}$ 対に関しては，$\mathrm{t\bar{t}}$ 対が重すぎて生成できないため，二つのファミリーの平均をとった）．レプトンに対する一致はすばらしいが，クォークに対する10%レベルの不一致は，ほかの物理的効果があることを示唆している．閉じ込めのために，終状態は自由なクォークから成り立っているわけではなく，ハドロン化が使用可能な位相空間を変え，崩壊確率に影響を与えている．

16.4 Higgs ex Machina

ヒッグス場の概念は，標準模型を救済するために導入された．標準模型では発散する積分が現れるため，積分の正則化とくりこみが必要である．くりこみ可能性のためには，ラグランジアンがゲージ不変でなければならないことが証明されている．ゲージ不変性は，真に受けると，質量ゼロのフェルミ粒子とゲージ粒子を必要とするように見える．勝手にラグランジアンに質量項を入れてしまうと，ゲージ不変性が壊れてしまう．質量項の代わりにゲージボゾンとフェルミ粒子をヒッグス場というスカラー場に結合させ，その1成分にゼロでない期待値をもたせることで問題は解決される．

以下，三つの図を使って**ヒッグス機構**[*1] の概略を示そう．まず，図16.7では，電弱相互作用を媒介する質量のないゲージボゾン $\mathrm{W_1, W_2, W_3}$ と B を示した．

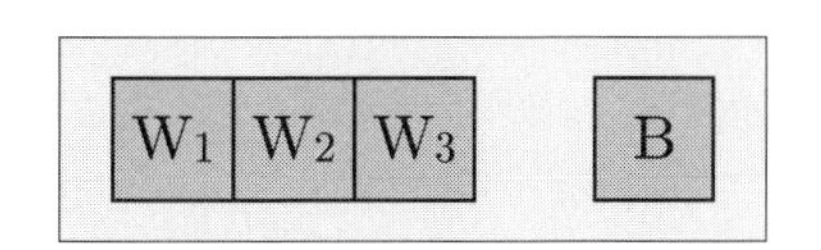

図 16.7　電弱相互作用の質量ゼロのゲージ粒子．

フェルミ粒子を弱い相互作用のボーズ粒子（弱ボゾン）に正しく結合するためには，ヒッグス場は二つのSU(2)二重項を作らねばならず，それを並べ替えたのが図16.8である．

電荷をもつヒッグス場の二つの成分は，$\mathrm{W_1}$ と $\mathrm{W_2}$ ボゾンの縦波成分として吸収される（図16.9）．中性成分 $\mathrm{H^0}$ は，$\mathrm{W_3}$ と B を混ぜ，$\mathrm{Z^0}$ ボゾンの縦波成分に寄与し，光子の質量はゼロに保つ．ヒッグス場の真空期待値からのゆらぎは観測可能な粒子を表す．運のよいことに質量 $125\,\mathrm{GeV}/c^2$ のヒッグスボゾンが実験的に検証された．

---

*1　発見者3人 (Brout, Englert, Higgs) の頭文字をとって **BEH 機構**というほうがよい．

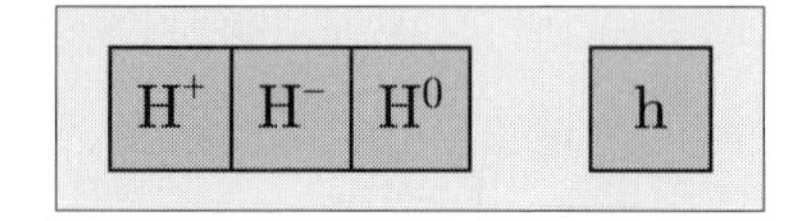

図 16.8 ヒッグスボゾンの四つの状態．左の三つは弱ボゾンに質量を与え，光子は質量ゼロのままにする．4 番目の状態は観測可能な粒子である．

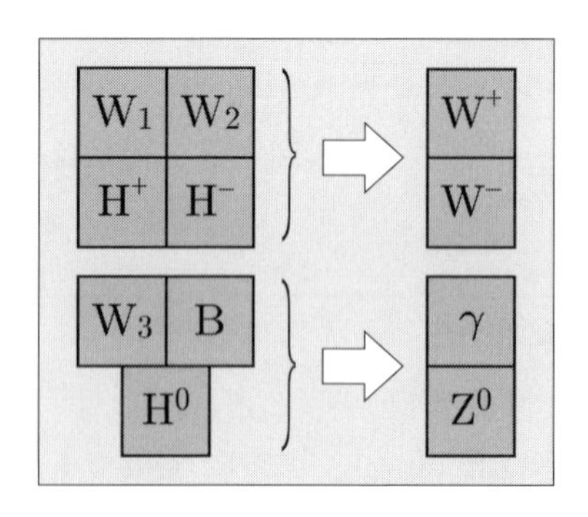

図 16.9 ヒッグス模型のイメージ図．

George Bernard Shaw によれば，一つの問題を解くことによって，10 個の新しい問題が生み出される（それは非常にうれしいことではある）．ここでは三つだけ，いままでに解いた問題より単純ではない問題に言及する [*1]．

1. 素粒子の質量を担っているメカニズムは何か？ — ヒッグス機構はこの質問に答えない．粒子の質量は実験から得られ，標準模型では単なる自由パラメータである．質量の起源に関しては，理論的な概念すら存在しない．
2. 質量固有状態である d，s，b が，弱い相互作用の固有状態 d'，s'，b' とは異なるのはなぜか？ これもわかっていない．これを食い止めることのできる対称性も知られていない．自然界では，保存則によって明白に禁じられてない限り，何でも許されると考えるのが普通である．
3. ニュートリノの質量はどのくらいか？ 単純化された標準モデルでは，ニュートリノは質量がないと仮定されている．しかし，CKM 型の混合が太陽ニュートリノと大気ニュートリノに関して存在するということが実験で明らかにされており，小さいが有限の数 meV 程度の質量が示唆されている．問題はこのように小さな質量を可能にするメカニズは何であるかということである．

*1 この節のタイトルはラテン語の Deus ex Machina（機械仕掛けから出てくる神）のもじりである．古代ギリシャの演劇で，解決困難な局面を解決する神を演ずる役者がクレーンのような機械仕掛けで舞台に登場したことによる．

完全な U(1)× SU(2) 対称性をもつ単純な電弱理論では，電子とニュートリノは同じ質量と電荷をもつだろう．同様にして，SU(2) 二重項のパートナー $(\mathrm{e}, \nu_{\mathrm{e}})$，$(\mu, \nu_{\mu})$，$(\tau, \nu_{\tau})$，(d, u)，(s, c) と (b, t) は，縮退した質量をもつだろう．くりこみ可能な場の理論による記述を仮定するならば，弱ボゾンは質量がゼロでなければならないだろう．そこで，ヒッグス場が「機械仕掛けから出てくる神」として粒子に正しい有効質量を与えることになる．これは，対称性の自発的な破れという相転移を通して起こる．

相転移のシナリオの概略を説明しよう．ヒッグス場は，弱ボゾンと結合するために，弱アイソスピンをもっていなくてはならない．したがって，ヒッグス場は SU(2) 二重項を構成しなければならない．ヒッグス場の三つの成分は，$\mathrm{W}^{\pm}$ ボゾンと Z^0 ボゾンの縦波成分に変換されなくてはならないので，二重項は少なくとも二つ存在しなくてはならない [*1]．質量ゼロの弱ボゾンは，二つの（横波の）自由度しかもっていないが，質量を得た弱ボゾンはさらに縦波の成分を獲得するからである．こうして，ヒッグス場は，質量，縦波成分，それに加えて後で見るように本来の光子 B と W^0 の混合を作り出す．ヒッグス場の残りの第 4 成分は，物理的な粒子として取り残される．

最も単純な相転移のモデルは，秩序パラメータ，つまりヒッグス場にゼロでない真空期待値を与えることによって構築できる．これは，図 16.10 に示したような形の**ヒッグスポテンシャル** $V(\Phi)$ によって実現することができる．ここで，場 Φ は，リング状の最小値の中から任意の値をとることができる．真空がもはや SU(2) のもとで対称になっていないので，対称性は自発的に破れているといわれる．

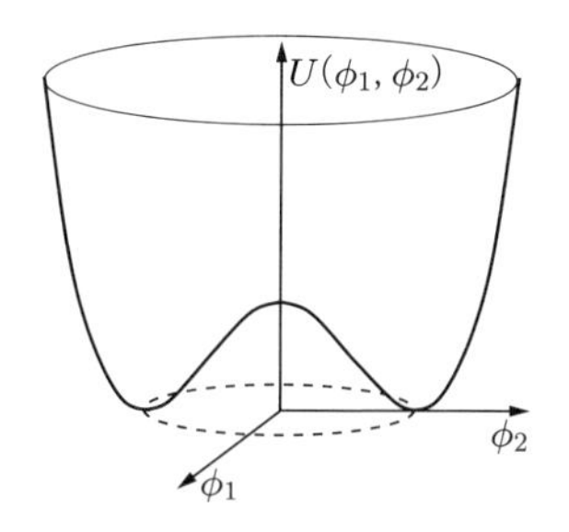

図 16.10 低温（つまり，TeV 閾値の下の「低エネルギー」）でのポテンシャルの最小値は，ヒッグス場のゼロでない値のところにあり，SU(2)×U(1) 対称性の自発的な破れを引き起こす．一方，高い温度 ($kT > 2v$) と密度では，ポテンシャルはまったく違って見える．それは $\Phi_{\mathrm{Higgs}} = 0$ で最小値をもち，対称性は回復する．座標 ϕ_1 と ϕ_2 は，ヒッグス場 Φ の上下の成分の実部である．

---

*1 したがって，全部で四つの成分がある．三つの弱ボゾンがそれぞれ 1 成分ずつ使うので，1 成分（第 4 成分）が残る．

このようなパターンの相転移は，すでに12章で，カイラル対称性の自発的破れを記述するのに応用されている．そこでも，秩序パラメータ（有効質量 M）に対するエネルギーの曲線は，M の値がゼロでない縮退した基底状態（真空）のあるメキシコ帽に似ている．しかし，5章と12章では，相転移を秩序パラメータのフィードバックの結果として記述した（式 (5.27) と (12.17) を参照）．自己無撞着方程式はともに，メキシコ帽型をしたエネルギー面に関する変分方程式として得られるので，両方の記述は同等である．

通常二つのヒッグス二重項を複素場 Φ で記述する．上の複素成分を正と負の粒子に対応させ，下の複素成分は二つの中性粒子に対応させる [*1]．真空は中性なので，ヒッグス二重項の下の（中性の）成分だけが，ゼロでない真空期待値 v をもつことができる．ヒッグス場の位相は，いつでも v が実数になるように定義することができる．以下のように，ヒッグス場 Φ をその真空期待値 Φ_0 のまわりに展開する．四つの実数場のそれぞれの成分は，真空値のまわりのゆらぎに対応する．

$$\Phi_0 = \frac{1}{\sqrt{2}}\begin{pmatrix} 0 \\ v \end{pmatrix}, \quad \Phi = \frac{1}{\sqrt{2}}\begin{pmatrix} \chi_1 + \mathrm{i}\chi_2 \\ (v+\chi_3) + \mathrm{i}\chi_4 \end{pmatrix} \tag{16.19}$$

成分 χ_1, χ_2 は弱ボゾン $\mathrm{W}^{\pm}$ の縦成分に変換される．χ_4 は中性弱ボゾンの縦成分になり，χ_3 は物理的粒子に対応する．どうして χ_3 なのか？　それは，χ_3 が v を伴っており，メキシコ帽におけるヒッグス場の急峻な方向のゆらぎを記述しているからである（図16.10）．

ヒッグス場の B と W ボゾンへの最小結合は，

$$\begin{aligned}\mathcal{L}_{\mathrm{Higgs}} = &\left[\left(\mathrm{i}g\frac{\boldsymbol{\tau}}{2}\cdot\mathbf{W}^{\mu} + \mathrm{i}g'\frac{1}{2}B^{\mu}\right)\frac{1}{\sqrt{2}}\begin{pmatrix} 0 \\ v \end{pmatrix}\right]^{\dagger} \\ &\times\left[\left(\mathrm{i}g\frac{\boldsymbol{\tau}}{2}\cdot\mathbf{W}_{\mu} + \mathrm{i}g'\frac{1}{2}B_{\mu}\right)\frac{1}{\sqrt{2}}\begin{pmatrix} 0 \\ v \end{pmatrix}\right]\end{aligned} \tag{16.20}$$

によって与えられる．2×2 のパウリ行列 $\boldsymbol{\tau}$ は弱電荷で，本来の光子場 B への結合因子 1/2 は，ヒッグス場の U(1) ハイパーチャージである．結合定数 g と g' は，α と α_{W} に，$\alpha_{\mathrm{W}} = g^2/(4\pi)$, $\tan\theta_{\mathrm{W}} = g'/g$ と $\alpha = \alpha_{\mathrm{W}}\sin^2\theta_{\mathrm{W}}$ という関係で結びついている．

ここで，ヒッグス場の真空期待値だけを書いたのは，質量の生成に重要な W，B と χ の2乗項を作っているのは，これだけだからである．ヒッグス場はさらに3乗項，

---

*1　この対応はゲージの選択であって，物理的な意味はない．

4 乗項にも寄与し，それらはヒッグス粒子の生成と崩壊を担っている．ヒッグスボゾンの最も重要な崩壊は，Z^0Z^0 か W^+W^- 対へであり，結合定数 g に依存する．これらの崩壊は，弱ボゾンの崩壊生成物であるジェットか，レプトンの二つの対を通して，困難なく検出することができる．運のよいことにレプトンのペア（とくにミュー粒子）は簡単に同定できる．ヒッグスの質量は弱ボゾンの質量の 2 倍より小さいので，弱ボゾンの一つは仮想的でなければならない．仮想的な弱ボゾンは，ベータ崩壊ですでにおなじみである．

弱い相互作用の場の 2 乗項は，質量項に似ており，実際そう解釈できる．ボゾンはヒッグス場に貼り付いているので，質量を獲得することができる．対角化によって混合した $-2gg'W^{0\mu}B_\mu/4$ の項を除くことができて，

$$
\begin{aligned}
&\frac{1}{4}\begin{pmatrix} W^{0\mu}, & B^\mu \end{pmatrix}\begin{pmatrix} g^2v^2 & -gg'v^2 \\ -gg'v^2 & g'^2v^2 \end{pmatrix}\begin{pmatrix} W^0_\mu \\ B_\mu \end{pmatrix} \\
&\quad \to \frac{1}{4}\begin{pmatrix} Z^{0\mu}, & A^\mu \end{pmatrix}\begin{pmatrix} (g^2+g'^2)v^2 & 0 \\ 0 & 0 \end{pmatrix}\begin{pmatrix} Z^0_\mu \\ A_\mu \end{pmatrix}
\end{aligned}
$$

を得て，さらに以下を得る．

$$
\mathcal{L}_{\text{Higgs}} = 2\frac{m_{\text{W}}^2c^4}{2}W^{+\mu}W^-_\mu + \frac{m_{\text{Z}}^2c^4}{2}Z^{0\mu}Z^0_\mu + \frac{m_\gamma^2c^4}{2}A^\mu A_\mu \tag{16.21}
$$

ここで，$m_{\text{W}}c^2 = gv/2$，$m_{\text{Z}}c^2 = \sqrt{g^2+g'^2}\,v/2 = m_{\text{W}}c^2/\cos\theta_{\text{W}}$ で，$m_\gamma = 0$ である．光子の場は A と表した．この対角化は，ワインバーグ混合 (16.16) に対応している．$g = (e/\sqrt{\varepsilon_0\hbar c})/\sin\theta_{\text{W}} = 0.6$ から，真空期待値 $v = 2m_{\text{W}}c^2/g = 246\,\text{GeV}$ を計算することができる [*1]．

フェルミ粒子もヒッグス場に結合しており，質量を獲得することができる．これを調べるためには，結合の最も単純な形である**湯川結合**

$$
\begin{aligned}
\mathcal{L}'_{\text{Higgs}} &= -\sum_\alpha \frac{g_\alpha}{\sqrt{2}}(v+\chi_3)\bar{\psi}_\alpha\psi_\alpha \\
&= -\sum_\alpha m_\alpha c^2\left(1+\frac{\chi_3}{v}\right)\bar{\psi}_\alpha\psi_\alpha
\end{aligned} \tag{16.22}
$$

を用いれば十分である．$g_\alpha v/\sqrt{2} = m_\alpha c^2$ をフェルミ粒子質量と解釈した．そのような質量生成の代価は，フェルミ粒子のヒッグス場 χ_3 への結合である．ほかの成分 χ_1, χ_2, χ_4 については，ここでは記述しない．というのは，これらは等価な弱ボゾンの縦成分として書き直すほうがよいからで，弱ボゾンの横成分と一緒に，クォーク・

*1 フェルミ相互作用の結合定数は，$G_{\text{F}} = 1/(\sqrt{2}\,v^2) = 1.17\times10^{-5}\,\text{GeV}^{-2}$ で与えられる．

W 結合，またはクォーク・Z 結合を表すラグランジアンを構成する．

結合定数 $g_\alpha/\sqrt{2} = m_\alpha c^2/v = g(m_\alpha/m_{\mathrm{W}})$ がフェルミ粒子質量 m_α に比例することは注目に値する．したがって，ヒッグス粒子の最も頻繁な崩壊は重いクォーク・反クォークのペア，つまり $\mathrm{b\bar{b}}$ に対して起こる．$\mathrm{t\bar{t}}$ ペアは重すぎるので，より確率の低い仮想的な崩壊として起こり，最終的には，たとえば $\gamma\gamma$ 崩壊へと導かれる．

ヒッグス模型は，そのエレガントさにもかかわらず，不完全である．個々のフェルミ粒子は，任意の結合定数 g_α を必要としている．この値は，ヒッグス機構によって生成された質量（に因子 $\sqrt{2}\,c^2/v$ をかけたもの）に等しい．粒子の質量がどこから得られるのかは，「標準模型を超えた物理」である．

強調したいのは，ヒッグス機構がすべてではないということである．ヒッグス機構が与えるのは裸の質量であって，たいていの場合は有効質量とほぼ同じである．しかし，u と d クォークの場合，裸の質量はたったの $3\,\mathrm{MeV}/c^2$ から $7\,\mathrm{MeV}/c^2$ であるが，有効質量は約 $330\,\mathrm{MeV}/c^2$ もある．有効質量は強い相互作用によってグルオンが凝縮して起こる．我々の体重も，いってみればグルオンが担っているわけである．

16.5 陽子崩壊

力の統一が物理学における重要な原理であることは，これまでに証明されてきた．ニュートンは確かに，地球上でも天界でも同じ法則が成り立つという仮定のもとに，彼の重力理論を導入した．マックスウェルは，電気的相互作用と磁気的相互作用が一つの結合定数を用いて説明できることを示した．今日人々は，大統一理論 (grand unified theory, GUT) の枠組みの中で，この統一の様式を電磁相互作用，弱い相互作用，強い相互作用に適用しようと試みている．

三つすべての相互作用が共通の結合定数によって記述され得ることは，一見かなりありそうもないと思われる．実際，現在到達可能な加速器のエネルギーでは，三つの結合定数は，以下のように非常に違っている．

$$\alpha = \frac{1}{137}, \qquad \alpha_{\mathrm{W}} = \frac{1}{32}, \qquad \alpha_{\mathrm{s}} \approx \frac{1}{5} \text{ から } \frac{1}{9}$$

統一が可能かもしれないという手がかりは，結合定数のスケール依存性によって得られる（式 (3.19) と (3.20)）．より高い分解能での（すなわち増加する Q^2 に伴って）電磁結合定数は，より強くなると考えられる．それは，真空分極によって遮蔽されている電荷が，近い距離ではより多く見られるからである．強い相互作用と弱い相互作用では，これは逆転する．弱ボゾンが弱アイソスピンをもち，またグルオンがカラーをもつことで自己結合の効果が生じ，それが真空分極の効果にまさり，どちらの相互作

用も Q^2 が大きくなるにつれて弱くなる．図 16.11 での外挿は，弱エネルギースケール（100 GeV）を越えて行われるので，本来の光子 B は W^0 から分離し，電磁結合定数の代わりに結合定数 α_B を用いねばならない．

$$\alpha_B = \left(\frac{5}{3}\right)\frac{g'^2}{4\pi} = \left(\frac{5}{3}\right)\frac{\alpha}{\cos^2\theta_W}$$

ここで因子 5/3 は，三つすべての相互作用の一様な規格化によるものである．10^{15} GeV 付近で，三つすべての結合定数は，1/45 くらいになって一致する（図 16.11）．

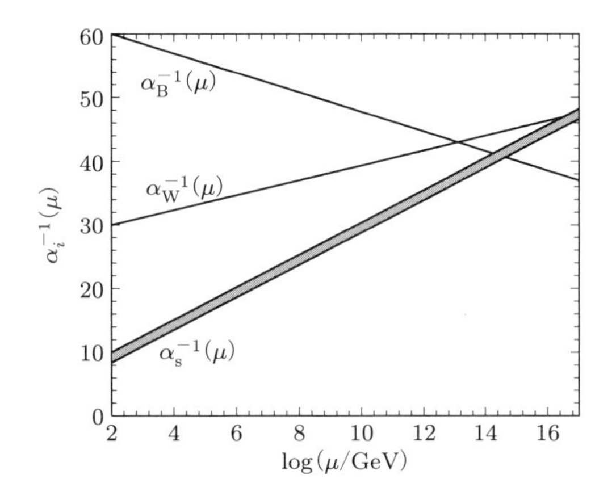

図 16.11 大統一理論の可能性は，スケール依存の結合定数 α_s，α_W，α_B の外挿から示唆される．結合定数の逆数が，結合の測定されるスケール $Q^2 = \mu^2$ に対して図示されている．

この外挿が意味をもつのは，もちろん，弱エネルギースケール 100 GeV と統一スケールである 10^{15} GeV の間に新しい物理がない場合のみである．

大統一理論 (GUT) の基礎をなすアイディアは，統一のエネルギースケールで，より大きな対称性への相転移があり，クォークからレプトンへの転換が可能になるということである．この転換を媒介するボーズ粒子は，X ボゾンとよばれる．それらの質量はおよそ統一スケールである．

統一理論仮説の実験的検証は，陽子崩壊によって与えられる．陽子の寿命に対する大雑把な見積りには，X ボゾンが質量 $m_X = 10^{15}\,\mathrm{GeV}/c^2$ をもつと仮定すればよい．陽子崩壊に対して期待されるのと同じ位相空間をもつ弱崩壊と比較するのが，一番簡単である．

陽子の崩壊モード ($\mathrm{p} \to \pi^0 + \mathrm{e}^+$) を D メゾンの弱崩壊モード ($\mathrm{D}^+ \to \bar{\mathrm{K}}^0 + \pi^+$) と比較してみよう（図 16.12）．ほかの崩壊チャンネルはすべてほぼ同じ位相空間をもつと仮定しておこう．大統一理論においては，すべての結合定数は同じであり，相違は

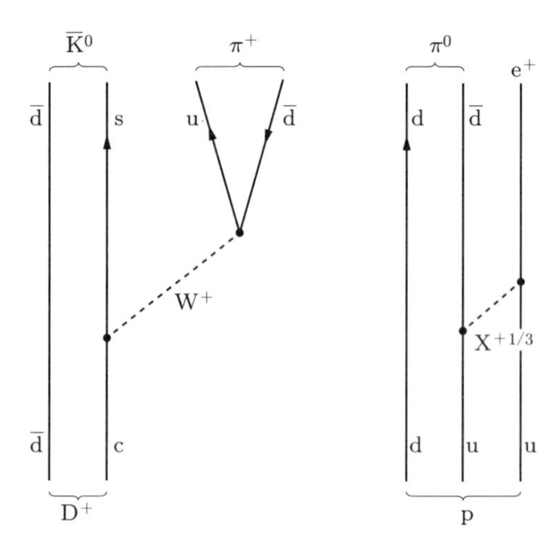

図 16.12 陽子崩壊の位相空間は，D メゾンのカビッボ許容崩壊の位相空間と同程度である．

プロパゲーターだけである．行列要素はボゾン質量の 2 乗に逆比例し，

$$\mathcal{M}(\mathrm{p} \to \pi^0 \mathrm{e}^+) \propto \frac{1}{m_\mathrm{X}^2}, \qquad \mathcal{M}(\mathrm{D}^+ \to \bar{\mathrm{K}}^0 \pi^+) \propto \frac{1}{m_\mathrm{W}^2} \tag{16.23}$$

となる．これにより，寿命の比は

$$\frac{\tau(\mathrm{p} \to \pi^0 \mathrm{e}^+)}{\tau(\mathrm{D}^+ \to \bar{B}\mathrm{K}^0 \pi^+)} \approx \left(\frac{m_\mathrm{X}}{m_\mathrm{W}}\right)^4 \approx 10^{52} \tag{16.24}$$

となる．D^+ の寿命は $10^{-12}\,\mathrm{s}$ だから，陽子の寿命は

$$\tau_\mathrm{proton} \approx 10^{52} \times 10^{-12}\,\mathrm{s} \approx 10^{40}\,\mathrm{s} \approx 10^{32}\,\text{年} \tag{16.25}$$

と見積もれる．いままでのところ実験的には，陽子崩壊の確実な証拠は見つかっておらず，陽子の寿命に以下の下限が与えられている．

$$\tau_\mathrm{proton} > 10^{32}\,\text{年}$$

おそらく統一スケールは図 16.11 の外挿より高いところに位置し，現在の GUT モデルは自然が実現したものとは違うことが示唆される．

参考文献

Q. R. Ahmad et al., "Measurement of the rate of $\nu_e + \mathrm{d} \to \mathrm{p} + \mathrm{p} + \mathrm{e}^-$ interactions produced by ^{8}B solar neutrinos at the Sudbury neutrino observatory," Phys. Rev. Lett. **87**, 071301. (2001)

S. Eidelman et al, "Review of particle physics," Phys. Lett. **B592**(1), 1-5. (2004)

H. Frauenfelder, E Henley, *Subatomic Physics*, 2nd edn. (Prentice-Hall, Englewood Cliffs, NJ, 1991)

S. Fukuda et al., "Solar ^{8}B and hep neutrino measurements from 1258 days of Super-Kamiokande data," Phys. Rev. Lett. **86**, 5651-5655. (2001)

F. Halzen and A. D. Martin, *Quarks and Leptons.* (Wiley, New York, 1984)

D. Perkins, *Introduction to High Energy Physics.* (Oxford University Press, Oxford, 2000)

B. Povh et al., *Particles and Nuclei.* (Springer, Berlin, 2015)

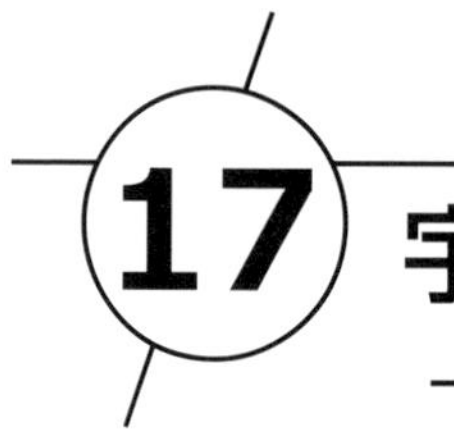

宇宙論
―― 初期宇宙

Evolutionary theory of gravitation: In the beginning the world was symmetric; stones were flying in all directions; only those falling down remained.
―― Anonymous[*1]

Cosmologists are seldom right but never in doubt.
―― L.D. Landau[*2*3]

16 章で議論した対称性の破れのいくつかの例が，図 17.1 にある標準ビッグバンモデルに見事に組み込まれている．このモデルでは，最初の 1 秒にも満たない間，宇宙は，未知のものだが正真正銘の量子系であり，すべての相互作用が統一されている（なお，モデルにとって時間はパラメータの一つである）．宇宙冷却の第 1 段階で，重力がほかの相互作用から分離する．つぎに，電弱相互作用が強い相互作用から分離し，それと同時にレプトンがクォークから分離する．これが起こるのは，温度にして 10^{15} GeV のときである．$\gamma, \mathrm{W}^{\pm,0}$ やグルオンなど，ボーズ粒子の一部は質量がないままだが，ほかの粒子はほぼ同じ程度の大きな質量を獲得する．この段階までフェルミ粒子は互いに自由に変換できるが，それ以降，力を媒介するボーズ粒子の大きな質量のために変換が妨げられて，陽子が陽電子と π^0 に崩壊するには少なくとも 10^{32} 年かかるようになる．

温度が 300 GeV から 100 GeV まで下がると，さらなる対称性の破れが起きて，電磁相互作用が弱い相互作用から分離する．弱ボゾンは対称性の破れのスケールに対応する質量を得て，フェルミ粒子もそれぞれ独自の性質を得る．$(\mathrm{e}, \nu_\mathrm{e}), (\mathrm{u}, \mathrm{d})$ などの二重項はこれ以降，異なる電荷，質量，フレーバーとファミリーをもつようになる．

---

*1 **重力の進化論**：はじめ世界は対称的だった．すべての方向に石は飛んでいった．下に落ちる石だけが残った．―― 無名

*2 宇宙論学者はめったに正しくないが，いつも自分が正しいことを疑わない．―― L. D. ランダウ

*3 辛口のコメントで知られたランダウ (1908–1968) はソ連を代表する理論物理学者．ビッグバンの提唱者ガモフ (1904–1968) とはレニングラード大学時代からの親友だった．

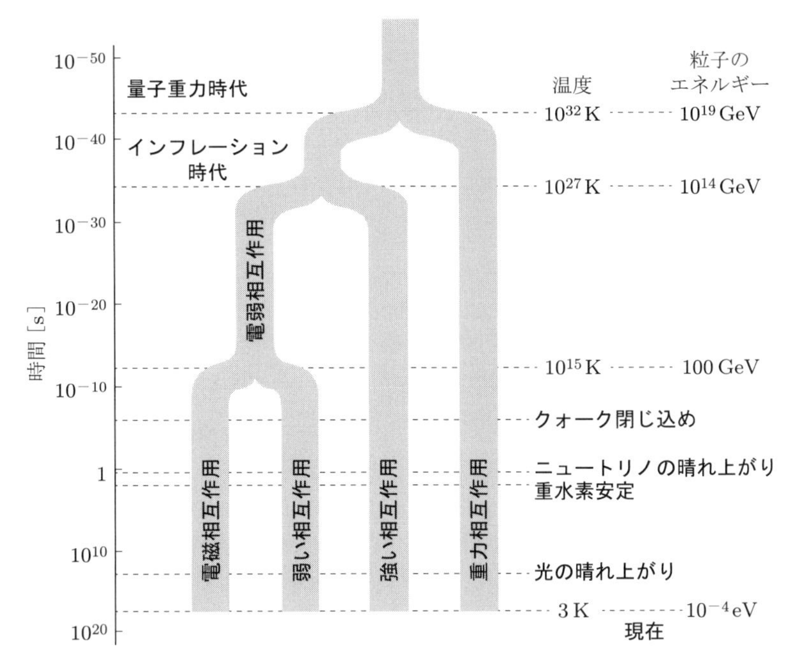

図 17.1 冷却の第 1 段階で，重力がほかの相互作用から分離する．続いて，電弱相互作用が強い相互作用から分離し，さらには，電磁相互作用が弱い相互作用から分離する．

上の二つの対称性の破れの間に，もう一つの対称性の破れが起こるだろう．それは左巻きと右巻きのフェルミ粒子の間の対称性で，弱結合は左巻きのフェルミ粒子を（したがって右巻きのフェルミ反粒子も）ひいきするようになる．

温度がさらに 200 MeV まで下がると，カイラル対称性が破れて，閉じ込めが始まる．そして，クォークから陽子と中性子が形成される．

このように，ビッグバンの後の宇宙の歴史は，温度が低くなるにつれて，次々と起こる対称性の破れによって特徴付けられる．ついには，宇宙の平行移動のもとでの対称性が破れて，物質の分布が一様でなくなり，銀河形成が始まることになる．

知られている中で最後の重要な対称性の破れは，よく自己組織化といわれるが，生命と地球における人類の出現である．

この章では，素粒子の標準模型を拡張するにあたって宇宙論から得られるいくつかのヒントについて説明しよう．これらは，天文学的な観測とその解釈によってはじめて得られる．

17.1 ビッグバンの三つの柱

17.1.1 膨張宇宙

Hubble（ハッブル）は，1929年にすでに遠くの銀河は我々からの距離に比例した速度で離れていることを観測していた．距離を d とすると，その速度は $v = H \cdot d$ となる．**ハッブルパラメータ** H の現在 (t_0) の値は

$$H(t_0) = 72 \pm 3\,\mathrm{km\,s^{-1}\,Mpc^{-1}} \approx (14 \times 10^9\,\text{年})^{-1}$$

である．ハッブルパラメータは時間に依存する．したがって，位置と速度の関係として，以下のベクトルの関係を使うのがよい．

$$\mathbf{v}(t) = H(t)\mathbf{x}(t) \tag{17.1}$$

天文学では，時間よりむしろ距離が測られるので，座標の時間依存性を考慮するために距離の次元をもつスカラー因子を使うと便利である．距離の測定を宇宙の時間スケールの関数として較正することになる．そこで，スカラーパラメータ $R(t)$ を

$$\mathbf{x}(t) = R(t)\mathbf{x}_0 \tag{17.2}$$

によって定義する．ここで，$\mathbf{x}(t_0) = R_0\mathbf{x}_0$（ただし $R(t_0) = R_0$）は現在の観測者の座標である．したがって，ハッブルの法則 (17.1) をスカラーの形に書くと

$$\mathbf{v}(t) = \dot{\mathbf{x}}(t) = \dot{R}(t)\mathbf{x}_0 = H(t)R(t)\mathbf{x}_0 \tag{17.3}$$

となる．こうして，ハッブルパラメータは

$$H(t) = \frac{\dot{R}(t)}{R(t)} \tag{17.4}$$

のように，スカラーパラメータ $R(t)$ の変化の割合となる．正の H は膨張宇宙に対応する．

ハッブルパラメータ $H \approx 2.3 \times 10^{-18}\,\mathrm{s^{-1}}$ は時間の逆数の次元をもつので，ハッブル時間を

$$t_H = \frac{1}{H(t_0)} \approx 14 \times 10^9\,\text{年} \tag{17.5}$$

として定義することができる．これは宇宙の年齢の大きさを正しく与えてくれる．

スケール因子 R の時間依存性を得るには，フリードマン模型に基づいて膨張宇宙を追ってみればよい．アインシュタイン方程式が物質だけを含む宇宙の解をもつことの

重要性にはじめて気づいたのはFreedmann（フリードマン）で，1922年のことである．1927年には，Lemaître（ルメートル）がフリードマンの導いた方程式（**フリードマン方程式**）

$$\dot{R}^2 - \frac{8\pi G}{3}\rho R^2 = -kc^2 \tag{17.6}$$

に解を与え，距離と赤方偏移の線形関係を導いた．

式 (17.6) の左辺は，ニュートン系ではエネルギーの保存と理解することができる．

$$\frac{1}{2}\left(\dot{R}r\right)^2 - \frac{GM}{Rr} = \text{定数} \quad \left(M \equiv \frac{4\pi}{3}\rho(Rr)^3\right)$$

一般相対論によれば，この定数はすべてのエネルギーの和であり，エネルギー密度 ρ は物質，輻射と真空からの寄与を受ける．パラメータ k は空間の曲率を決める．現在までの観測結果は平坦な宇宙 $k = 0$ とつじつまがあっており，以下，この場合だけを考えることにする．

パラメータ k は宇宙の幾何学を定めるだけでなく，方程式 (17.6) を通して，宇宙の平均密度，いわゆる**臨界密度** ρ_c を決める．式 (17.6) より，臨界密度は

$$\rho_c = \frac{3}{8\pi G}\left(\frac{\dot{R}}{R}\right)^2 = \frac{3}{8\pi G}H^2(t) \tag{17.7}$$

と導かれる．陽子質量 m_{p} を使って表すと，$\rho_c \approx 5.6\, m_{\mathrm{p}}\, \mathrm{m}^{-3}$ となる．

宇宙の歴史において，二つの時代を区別しなければならない．一つは**輻射優勢の時代**であり，もう一つは**物質優勢の時代**である．現在は物質優勢の時代であり，エネルギー密度は宇宙の体積に逆比例する．

$$\rho \sim \frac{1}{R^3}$$

それより以前の輻射優勢の時代には，輻射の波長は R でスケールするので，宇宙の体積を考慮して，

$$\rho \sim \frac{1}{R^4}$$

を得る．式 (17.6) は，ρ について上のそれぞれの可能性を代入すれば解くことができる．スケール因子 $R(t)$ は，物質優勢の時代には $t^{2/3}$ とスケールし，輻射優勢の時代には $t^{1/2}$ とスケールする．したがって，ハッブルパラメータ $H = \dot{R}/R$ は，物質優勢の時代には $2/(3t)$ であり，輻射優勢の時代には $1/(2t)$ となる．フリードマン模型のおもな結果を以下にまとめておく．

輻射優勢　　　　　　　　物質優勢

$$
\begin{aligned}
&R = R_0 \cdot \left(\frac{32G\rho_0}{3}\right)^{1/4} \cdot \sqrt{t} && R = R_0 \cdot (6\pi G\rho_0)^{1/3} \cdot t^{2/3} \\
&H = \frac{\dot{R}}{R} = \frac{1}{2t} && H = \frac{\dot{R}}{R} = \frac{2}{3t} \\
&T \propto t^{-1/2} && T \propto t^{-2/3} \\
&\rho = \frac{3}{32\pi G} \cdot t^{-2} && \rho = \frac{1}{6\pi G} \cdot t^{-2}
\end{aligned}
\tag{17.8}
$$

$t = 0$ における特異点のせいで，R は t_0 で規格化されねばならない．H と ρ はフリードマン方程式から得られ，温度 T は熱力学から得られる．

膨張宇宙の観測だけからは，ビッグバンモデルの説得力ある確証は得られない．しかし，歴史をさらに遡ることで，宇宙がいまとだいぶ異なっていて，あまり分化していないことを見ることができる．

我々から遠い銀河ほど，より速く我々から遠ざかっており，そこからからやってくる光はさらに**赤方偏移**している．宇宙におけるすべての距離はスケール因子 $R(t)$ とともにスケールし，それは光の波長にも当てはまる．これより，放出される光の振動数と検出される振動数の関係

$$
\frac{\omega_{\text{放射}}}{\omega_{\text{観測}}} = \frac{R(t_{\text{観測}})}{R(t_{\text{放射}})} = 1 + z \tag{17.9}
$$

が得られる．ただし，z はドップラーシフトである．現在観測可能な最も遠い銀河は $z \approx 6$ くらいまで達し，いまよりも宇宙が 50 億年若かった頃に対応する．これ以外，最も明確な観測が可能なのは $z \approx 1000$ で，輻射が物質から分離した頃に対応する．

17.1.2　宇宙背景輻射

宇宙背景輻射 (CMB[*1]) が，物質から輻射が分離する頃の宇宙について豊富な情報を提供することが，明らかになってきている．この初期宇宙の名残りは宇宙の時間スケールの重要な較正を与える．宇宙は平坦であり，したがって臨界密度をもつという仮定が，これによって強く支持されている．さらに，宇宙の構造がどのように生まれたかの証拠を与えてくれる．

「最初の 3 分間」（説明は 17.1.3 節）の後，宇宙は，完全にイオン化した水素とヘリウム，そしてその 10^{10} 倍の数の光子によって構成されていた．エネルギー輸送のおもな手段はコンプトン散乱だった．宇宙スケールに比べて，光子の平均自由行程は短く，宇宙は不透明だった．

---

*1　Cosmic Microwave Background radiation の頭文字．

光子が物質から分離する，つまり宇宙が晴れ上がるのは，温度が十分下がって，

$$\mathrm{p} + \mathrm{e} \longleftrightarrow \mathrm{H} + \gamma \tag{17.10}$$

という反応によって熱平衡状態が保たれなくなったときであると予想される．

物理的に完全に正しくはないかもしれないが，平衡条件の式を使って，大雑把な概算をするのは教育的である．式 (15.31) と (15.33) の 3α 融合の場合と同じように，化学ポテンシャルは反応の前後で等しくなければならない．すなわち，

$$\begin{aligned} kT \ln\left[\frac{n_\mathrm{p}}{2}\left(\frac{2\pi\hbar^2}{m_\mathrm{p}kT}\right)^{3/2}\right] + kT \ln\left[\frac{n_\mathrm{e}}{2}\left(\frac{2\pi\hbar^2}{m_\mathrm{e}kT}\right)^{3/2}\right] \\ = kT \ln\left[\frac{n_\mathrm{H}}{4}\left(\frac{2\pi\hbar^2}{m_\mathrm{H}kT}\right)^{3/2}\right] - Q \end{aligned} \tag{17.11}$$

が成り立つとする．これを書き直して，

$$\ln\left[\frac{n_\mathrm{p}n_\mathrm{e}}{n_\mathrm{H}}\left(\frac{2\pi\hbar^2 m_\mathrm{H}}{m_\mathrm{p}m_\mathrm{e}kT}\right)^{3/2}\right] = \frac{-Q}{kT} \tag{17.12}$$

を得る．ここで，$Q = 13.6\,\mathrm{eV}$ はイオン化エネルギーで，1/2 や 1/4 はスピン因子である．式 (17.12) は

$$\frac{n_\mathrm{p}n_\mathrm{e}}{n_\mathrm{H}} = \left(\frac{m_\mathrm{p}m_\mathrm{e}kT}{2\pi\hbar^2 m_\mathrm{H}}\right)^{3/2} e^{-Q/(kT)} \tag{17.13}$$

のように指数関数で表すことが普通で，これは **Saha（サハ）の公式**とよばれる．概算のために，分離が起こるのは $n_\mathrm{e} \approx n_\mathrm{H}$ のときと仮定する．陽子の密度 n_p は，現在の密度 $n_\mathrm{p}(t_0) = 0.15\,\mathrm{m}^{-3}$ を電子が水素原子に取り込まれる温度 T_dec まで外挿して，

$$n_\mathrm{p} \approx n_\mathrm{p}(t_0)\left(\frac{T_\mathrm{dec}}{2.7\,\mathrm{K}}\right)^3 \tag{17.14}$$

と得られる．式 (17.14) を式 (17.13) に代入すれば，$kT_\mathrm{dec} = 0.32\,\mathrm{eV}$ ($T_\mathrm{dec} \approx 3700\,\mathrm{K}$) が得られる．

電子が水素原子に取り込まれるのは，実際にはこれより少し後で，$kT = 0.32\,\mathrm{eV}$ より少し低い温度で始まった．その理由を説明しよう．水素原子のイオン化は，水素の励起状態 2s や 2p から低エネルギーの光子が複数個吸収されて起こる．水素原子が 2p 状態を通して作られるときは，ライマン・アルファ (Lyman α)（$n = 2$ と $n = 1$ の間の遷移による）の光子が 1 個作られるが，それはほかの水素原子に吸収されて $n = 2$ の励起状態を作る．この励起状態は，さらに豊富にある低エネルギーの光子によって

イオン化される．2p → 1s 遷移からの光子が存在する限り，2p 状態を通した水素原子の形成は不可能である．2s 状態が二つの光子を放出して基底状態になることによってはじめて，ライマン α 光子が減ることになる．2s 励起状態の寿命は約 0.1 秒と長いので，水素原子の形成は非平衡過程である．電子プラズマの数密度を n_e とすると，その損失は

$$\frac{\mathrm{d}n_\mathrm{e}}{\mathrm{d}t} = -Rn_\mathrm{e}^2 \frac{\Lambda_{2\gamma}}{\Lambda_{2\gamma} + \Lambda_U(T)} \tag{17.15}$$

で与えられる．ここで，R は結合定数，$\Lambda_{2\gamma}$ は 2 光子放出の確率であり，$\Lambda_U(T)$ は 2s 状態からの励起の確率である．水素原子が形成される時間と温度は，熱平衡状態の熱力学よりも，むしろ式 (17.15) で与えられる 2s → 1s 遷移によって決まっている．解析は水素に 1s 状態と 2s 状態しかないとすると簡単になるが，ほかのパラメータは温度と数密度に強く依存するので，大雑把に計算するよりもコンピューターを使った数値計算の結果を使ったほうがよい．

しかし，数値計算の結果は概算値よりそれほど低いわけではない．不透明な宇宙から晴れ上がった宇宙への遷移は $T \approx 3000\,\mathrm{K}$，すなわち $z_\mathrm{dec} \approx 1300$ で起こった．z_dec では光子の平均自由行程は劇的に長くなったけれども，光子はまだトムソン散乱を通じて自由電子と相当な相互作用を続けた．したがって，観測される背景輻射の元になる，いわゆる最後の散乱は，赤方偏移が $z \approx 1000$ より小さいときに起こった．相互作用をやめた光子は現在，温度 2.7 K の完璧な黒体輻射のスペクトルを作っている．

晴れ上がりのときはいつだったかを概算しよう．式 (17.8) にある物質優勢時代の温度と時間の関係 ($T \propto t^{-2/3}$) から，

$$t_\mathrm{dec} \approx 14 \times 10^9\,\text{年} \cdot \left(\frac{2.7}{3000}\right)^{3/2} \approx 4 \times 10^5\,\text{年} \tag{17.16}$$

が得られる．

17.1.3 元素の初期合成

通常の物質（つまり水素からウラン）に限ると，宇宙の構成は以下のとおりである．

水素が 75%，ヘリウムが 24%，それより重い元素はわずか 1%

炭素以上の元素は星で作られた．ビッグバンモデルによれば，ヘリウムが作られたのは初期宇宙最後の段階である．現在のヘリウムと水素の質量比 1 : 3 は，初期宇宙での値のままで，恒星内の合成によってあまり変化していない．

宇宙の温度が $kT \geq (m_\mathrm{n} - m_\mathrm{p} - m_\mathrm{e})c^2 = \Delta m \cdot c^2$ で高密度であったとき，陽子

と中性子の間の熱平衡は，つぎの弱相互作用のおかげで保たれていた．

$$\mathrm{p} + \mathrm{e} \leftrightarrow \mathrm{n} + \nu \tag{17.17}$$

$$\mathrm{p} + \bar{\nu} \leftrightarrow \mathrm{n} + \mathrm{e}^+ \tag{17.18}$$

つまり，これらの反応の頻度は十分高くて，宇宙の冷却にもかかわらず平衡が保たれていたということである．温度が $kT \leq \Delta m \cdot c^2$ になったとき，平衡は陽子のほうに傾いて，

$$\frac{n_\mathrm{n}}{n_\mathrm{p}} = \mathrm{e}^{-\Delta m \cdot c^2/(kT)} \tag{17.19}$$

となった．ここで，$n_{\mathrm{n,p}}$ はそれぞれ中性子と陽子の数密度である．中性子が残ったのは，中性子が"凍りついた"ためで，それはすでに $T \approx 1.2\,\mathrm{MeV}$ のときに起こっている．低エネルギー中性子の相互作用は実に弱く，反応 (17.17) と (17.18) の頻度は宇宙冷却の割合より小さかった．この温度の概算はここではしないが，このとき，式 (17.19) が与える中性子の重粒子中の割合はだいたい 34%だった．それ以降の中性子の崩壊は，中性子の寿命 $\tau = 14.7$ 分のおかげでだいぶ遅かった．

重陽子，さらに ^{4}He までの合成が可能になったのは，温度がようやく $kT_\mathrm{D} \approx 0.066\,\mathrm{MeV}$ まで下がってからである．反応

$$\mathrm{p} + \mathrm{n} \to \mathrm{D} + \gamma \tag{17.20}$$

で得られるエネルギー（Q 値）は 2.23 MeV である．

γ による重陽子の崩壊（上の反応の逆）がなくなった温度を概算してみよう．すでに 15 章で 3α 融合について，そして 17.1.2 項で水素原子の形成について見たように，反応の前後での化学ポテンシャルを等しくとらねばならない．サハの公式 (17.13) で $n_\mathrm{p}, n_\mathrm{e}, n_\mathrm{H}$ を $n_\mathrm{p}, n_\mathrm{n}, n_\mathrm{D}$ で置き換え，水素原子のスピン自由度 4 を重陽子の 3 で置き換え，さらに水素原子の束縛エネルギーを重陽子のそれ ($Q = 2.23\,\mathrm{MeV}$) で置き換えることで，

$$\frac{n_\mathrm{p} n_\mathrm{n}}{n_\mathrm{D}} = \frac{4}{3}\left(\frac{m_\mathrm{p} m_\mathrm{n} kT}{2\pi\hbar^2 m_\mathrm{D}}\right)^{3/2} \mathrm{e}^{-Q/(kT)} \tag{17.21}$$

を得る．前と同じように，重陽子に平衡が傾くのは $n_\mathrm{n} \approx n_\mathrm{D}$ ときであると仮定する．陽子の数密度 n_p は，現在の値 $n_\mathrm{p}(t_0) = 0.15\,\mathrm{m}^{-3}$ を重陽子が形成されるときの温度 T_D まで外挿して，

$$n_\mathrm{p} \approx n_\mathrm{p}(t_0)\left(\frac{T_\mathrm{D}}{2.73\,\mathrm{K}}\right)^3 \tag{17.22}$$

と求めることができる．現在 (t_0) よくわかっている背景輻射の温度 2.73 K を使うのがポイントである．運のよいことに，密度が温度の 3 乗に依存することは物質優勢，輻射優勢にかかわらず成り立つ．

結果は $kT_{\mathrm{D}} = 0.66\,\mathrm{MeV}$ $(T_{\mathrm{D}} \approx 10^{8.88} = 7.7 \times 10^8\,\mathrm{K})$ である．

重陽子の融合はいつ始まったのだろうか？　輻射が分離するのは，宇宙の年齢が 400000 年のときで，温度は 3000 K だった．輻射優勢の時代には，温度は時間の平方根に逆比例する．したがって，$T_{\mathrm{D}} = 7.7 \times 10^8\,\mathrm{K}$ に対応する時間は

$$t_{\mathrm{D}} = t_{\mathrm{dec}} \left(\frac{T_{\mathrm{dec}}}{T_{\mathrm{D}}} \right)^2 \approx 400000 \left(\frac{3000}{10^{8.88}} \right)^2 \text{年} = 175\,\text{秒} \approx 3\,\text{分} \tag{17.23}$$

である．これが有名な「**最初の 3 分間**」で，初期宇宙が終わり，元素の初期合成が始まる時間である．合成の時期の間，中性子は崩壊し続けるので，重粒子のうちたった 12%だけが中性子としてヘリウムに取り込まれることになる．自然にとって運がよかったのは，中性子の 14 分という寿命が重陽子合成の時間 3 分よりもだいぶ長いことだ．そうでなかったら，中性子はすべて崩壊してしまって，宇宙は陽子と電子だけからなることになってしまったろう．

17.2 ビッグバンの問題点

宇宙論研究者にとって — 特異点で始まるモデルを好きな人はいない．宇宙の膨張は観測によって確立されている．しかし，そのメカニズムはよく理解されていない．さらに都合の悪いことに，初期宇宙の地平線が非常に限られていることを説明するには，宇宙のごく初期にインフレーションという非常に速い膨張の時期が，ビッグバンモデルには必要である．インフレーションのメカニズムは何だったのだろうか？　宇宙が平坦で，エネルギー密度が臨界値にあることは，比較的よく確立されている．しかし，このエネルギーの 70%が神秘的な暗黒エネルギーで，27%が同じく神秘的な暗黒物質である．

素粒子物理学者にとって — フェルミ粒子と反フェルミ粒子の非対称性はどう現れたのか？　暗黒物質の正体は？　重力はほかの力と統一できるのだろうか？

17.2.1 粒子・反粒子の非対称性

通常の物質を作る元素の現時点での量は，三つの偶然に依存している．恒星内でのヘリウムからの重元素合成，初期宇宙におけるヘリウムの合成，そしてそもそも通常

の物質の存在を可能にしたフェルミ粒子とフェルミ反粒子の非対称性である．

重力がほかの相互作用から分離した直後の宇宙を考えよう．輻射が優勢で，粒子と反粒子はペアで自由に崩壊し生成されている．宇宙の温度が十分に高い限り，輻射と粒子・反粒子のペアの間には平衡が成り立っていた．しかし，宇宙が冷却され，輻射が粒子・反粒子のペアを作るのに十分なエネルギーをもたなくなると，フェルミ粒子は互いに消滅し合った．ペア生成によって同じ数のフェルミ粒子とフェルミ反粒子が生成されるから，冷却の時期にフェルミ物質は完全に消滅することが予想される．もしそうだったならば，いまの宇宙は，輻射背景のほかには暗黒物質と暗黒エネルギーだけとなっていただろう．

物質がどうやってこの大消滅を生き延びたかはよくわからない．生き残りのフェルミ粒子の割合は比較的よく概算できる．宇宙論のすべてのモデルは，宇宙の光子数が冷却時にほとんど変化しなかったことで一致している．消滅の後には，輻射のほかに生き残りの電子と核子（陽子とヘリウムに取り込まれた中性子）があって，輻射によって散乱される．この散乱は光子数にはそれほど影響しない．ビッグバンの後，約 400000 年経つと，輻射のエネルギーは十分小さくなって，陽子と ^{4}He 原子核が電子と結合するのを妨げられなくなる．宇宙は晴れ上がって，輻射と物質は分離する．これが観測される宇宙背景輻射の源である．光子と核子の数の比はだいたい 10^{10} 対 1 である．これは，フェルミ粒子が消滅を免れる確率が 10^{-10} であることを意味している．

ビッグバンモデルでフェルミ粒子とフェルミ反粒子の非対称性を説明するには，三つの条件が満たされていなければならない．熱的な非平衡，CP 非保存と，重粒子数の破れの三つである．ビッグバンモデルでは非平衡状態を想定するのは容易である．この状態では，宇宙の冷却が，平衡を保つ反応よりも速く起こる．温度が $T \approx 10^{15}$ GeV のときの非対称性を担う CP の破れと重粒子数の破れは，今日でも観測可能でなければならない．K^0 系と B^0 系で見られる小さな CP 非保存は，より高いエネルギーに外挿しても，必要なだけの非対称性をもたらさない．陽子も大統一理論から予想されるよりも安定に見える．

しかしながら，重粒子と反重粒子の非対称性は，GUT スケールの時期におけるレプトンと反レプトンの間の非対称性の帰結であるという可能性がある．重粒子数とレプトン数の差 $B-L$ はほとんどの理論的な模型で保存している．電荷が保存し，かつ電気的に中性な宇宙から出発すると仮定すると，$B-L$ の保存は電荷をもつレプトンにとって明らかに必要である [*1]．さらに，電荷のあるレプトンと中性なレプトンは同じ弱二重項に属している．

---

*1 たとえば，電子と陽電子は同数あって電気的に中性だが，ニュートリノが反ニュートリノよりも多いとしよう．陽電子が陽子になる過程は $\Delta B = \Delta L = 1$ で $B-L$ が保存している．

重粒子に比べると，レプトンについてはまだレプトン数およびCP非保存の実験があまり行われていない．したがって，フェルミ粒子とフェルミ反粒子の非対称性の解は，レプトンのほうに求められるかもしれない．

17.2.2 暗黒物質

1930年代にすでにFritz Zwicky（フリッツ・ズウィッキー）は，銀河相互の運動を説明するには，銀河とその周辺に望遠鏡で観測されるより，5倍もの物質がなければならないと結論していた．重力による光子へのレンズ効果はさらに眼を見張るものがある．光が太陽の重力場を通るときにほんのわずか観測される恒星の位置のずれは，一般相対論の検証に役立った．今日，大きな銀河団の重力場によるさらに大きなレンズ効果の観測が可能である．この効果の場合も光学的に観測可能な質量の，約5倍の質量が銀河団にないと説明できない．「暗黒物質」の名前は，光を吸収もせず放出もしないこの物質に与えられた．強い相互作用があるとすると，通常の物質との衝突の頻度が高くなって観測できてしまうので，強い相互作用もしないはずである．

暗黒物質についてはいろいろな憶測がある．一番魅力的なのは，それがビッグバンの名残りの重くて相互作用の非常に弱い粒子であるとするものである．もしこれが正しいとすれば，そのような粒子は対称性の破れの枠組みに，容易に組み込めるであろう．重くて相互作用の小さな粒子は，重力によって銀河に束縛されはしても，通常の物質と異なって凝縮することはなく，空間的にもっと広がるであろう．このような粒子を探すことは，実験物理学者にはチャレンジである．相互作用が小さいので，検出器はニュートリノ検出器と同じように大きくなければならないだろう．粒子のエネルギーは小さく，速度は我々の銀河内のほかの物質と同じくらい小さいであろう．弱い相互作用によって通常の原子が衝突を受けると，検出可能な反跳はイオンの数個のペアを作るだろう．この反跳からの信号を通常のイオン化可能な粒子の信号から区別するには，同時にフォノンも検出する必要があり，検出器の温度は液体ヘリウムの温度である必要がある．このような条件を満たす第1世代の検出器は，すでにグランサッソー（イタリア），フレジュス（フランス）とスダーン（アメリカ）の研究所で稼働している．

17.2.3 プランクスケールの物理

ビッグバンモデルでは，宇宙を銀河という分子からなる気体として扱う．時間を遡るに連れて，気体分子は小さい物質になっていく．膨張宇宙の力学は一般相対論によって記述される．モデルを記述する古典物理は $R \to 0$ の極限では不十分である．困難が生じるのは，遅くとも，粒子の熱エネルギーが十分大きくて，ド・ブロイ波長がシュワルツシルト半径よりも小さいときである．背景となる時空に対する通常の概念にとって，量子力学的なブラックホールは明らかに困難をもたらす．ド・ブロイ波長 $2\pi\hbar/(mc)$[*1] をシュワルツシルト半径 $2Gm/c^2$（15.3.2 項）と等しいとすると，量子重力を特徴付ける質量である**プランク質量**と，それに随伴する長さと時間のスケールが，以下のように得られる．

$$m_{\rm P} = \sqrt{\frac{\hbar c}{G}} \simeq 10^{19}\, m_{\rm p} \simeq 10^{19}\,{\rm GeV}/c^2 \tag{17.24}$$

$$l_{\rm P} = \frac{\hbar c}{m_{\rm P} c^2} \simeq 10^{-35}\,{\rm m} \tag{17.25}$$

$$t_{\rm P} = \frac{l_{\rm P}}{c} \simeq 10^{-43}\,{\rm s} \tag{17.26}$$

ここで，重力定数として $G = 10^{-38}\,\hbar c/m_{\rm p}^2$ を用いた（式 (15.8) を参照）．

プランクスケールを導入するもう一つの動機は，すべての力を統一する試みから得られる．大統一理論はいまだ実験的確証を得ていないが，だからといって，重力を含めたすべての力を統一する試みをしないわけにはいかない．究極の統一が起きるであろう**プランクスケール**は，以下のように，重力の結合定数がほかの結合定数と同じくらいになる質量として定義できる．

$$\alpha_{\rm G} = \frac{Gm_{\rm P}^2}{\hbar c} = \frac{G(E_{\rm P}/c^2)^2}{\hbar c} \sim 1 \tag{17.27}$$

この定義はド・ブロイ波長を考慮した導出に代わるもので，同じ結果を与える．

プランク時間は，ビッグバンの古典的な時代の始まりを特徴付ける．

重力は宇宙において最も支配的な力である．ほかの力と統合されていた時代から何か痕跡が残されていないかという疑問は，妥当なものである．たとえば，粒子のファミリーが三つあることがそれかもしれない．三つのファミリーは，強い相互作用，電磁相互作用，弱相互作用に関する限りはまったく同じである．質量だけが異なっている．つまり，重力のみがこれらのファミリーを区別しているのである．

---

*1　粒子の運動量を mc とすると，ド・ブロイ波長とコンプトン波長は同じになる．

参考文献

G. Börner, *The Early Universe.* (Springer, Berlin, 2003)

J. A. Peacock, *Cosmological Physics.* (Cambridge University Press, Cambridge, 1999)

D. Perkins, *Particle Astrophysics.* (Oxford University Press, Oxford, 2003)

M. Treichel, *Teilchenphysik und Kosmologie.* (Springer, Berlin, 2000)

S. Weinberg, *The First Three Minutes.* (Basic Books, New York, 1977)

Nous pardonnons souvent à ceux qui nous ennuient, mais nous ne pouvons pardonner à ceux que nous ennuyons.

—— La Rochefoucauld*1

*1 自分たちを退屈させる人には多くの場合寛容でも，自分たちが退屈させる人には寛容になれないものだ．—— ラ・ロシュフーコー

物理定数

光速	c	$299\,792\,458\ \mathrm{m\,s^{-1}}$
プランク定数	h	$6.626\,070\,040(81) \times 10^{-34}\ \mathrm{J\,s}$
	$\hbar = \dfrac{h}{2\pi}$	$1.054\,571\,800(13) \times 10^{-34}\ \mathrm{J\,s}$
		$= 6.582\,119\,514(40) \times 10^{-22}\ \mathrm{MeV\,s}$
	$\hbar c$	$197.326\,9788(12)\ \mathrm{MeV\,fm}$
原子質量単位	$u = \dfrac{1}{12} M_{^{12}\mathrm{C}}$	$931.494\,0954(57)\ \mathrm{MeV}/c^2$
陽子質量	m_{p}	$938.272\,0813(58)\ \mathrm{MeV}/c^2$
中性子質量	m_{n}	$939.565413(6)\ \mathrm{MeV}/c^2$
電子質量	m_{e}	$0.510\,998\,9461(31)\ \mathrm{MeV}/c^2$
素電荷	e	$1.602\,176\,6208(98) \times 10^{-19}\ \mathrm{A\,s}$
誘電率	$\varepsilon_0 = \dfrac{1}{\mu_0 c^2}$	$8.854\,187\,817 \cdots \times 10^{-12}\ \mathrm{F\,m^{-1}}$
透磁率	μ_0	$4\pi \times 10^{-1}\ \mathrm{N\,A^{-2}}$
		$= 12.566\,370\,614 \cdots \times 10^{-7}\ \mathrm{N\,A^{-2}}$
微細構造定数	$\alpha = \dfrac{e^2}{4\pi\varepsilon_0 \hbar c}$	$7.297\,352\,5664(17) \times 10^{-3}$
		$= 1/137.035\,999\,139(31)$
古典電子半径	$r_{\mathrm{e}} = \alpha \dfrac{\hbar c}{m_{\mathrm{e}} c^2}$	$2.817\,940\,3227(19) \times 10^{-15}\ \mathrm{m}$
コンプトン波長	$\lambda\!\!\!^{-}_{\mathrm{e}} = \dfrac{1}{\alpha} r_{\mathrm{e}}$	$3.861\,592\,6764(18) \times 10^{-13}\ \mathrm{m}$
ボーア半径	$a_0 - \dfrac{1}{\alpha^2} r_{\mathrm{e}}$	$0.529\,177\,210\,67(12) \times 10^{-10}\ \mathrm{m}$
ボーア磁子	$\mu_B = \dfrac{e\hbar}{2m_{\mathrm{e}}}$	$5.788\,381\,8012(26) \times 10^{-11}\ \mathrm{MeV\,T^{-1}}$
核磁子	$\mu_{\mathrm{N}} = \dfrac{e\hbar}{2m_{\mathrm{p}}}$	$3.152\,451\,2550(15) \times 10^{-14}\ \mathrm{MeV\,T^{-1}}$

磁気モーメント	$\mu_{\rm e}$	$1.001\,159\,652\,180\,9(3)\,\mu_B$
	$\mu_{\rm p}$	$2.792\,847\,344\,6(8)\,\mu_{\rm N}$
	$\mu_{\rm n}$	$-1.913\,042\,7(5)\,\mu_{\rm N}$
アボガドロ数	$N_{\rm A}$	$6.022\,140\,857(74)\times 10^{23}\,{\rm mol}^{-1}$
ボルツマン定数	k	$1.380\,648\,52(79)\times 10^{-23}\,{\rm J\,K}^{-1}$
		$= 8.617\,3303(50)\times 10^{-5}\,{\rm eV\,K}^{-1}$
重力定数	$G_{\rm N}$	$6.674\,08(31)\times 10^{-11}\,{\rm m^3kg^{-1}\,s^{-2}}$
	$\dfrac{G_{\rm N}}{\hbar c}$	$6.708\,61(31)\times 10^{-39}\,({\rm GeV}/c^2)^{-2}$
フェルミ定数	$\dfrac{G_{\rm F}}{(\hbar c)^3}$	$1.166\,378\,7(6)\times 10^{-5}\,{\rm GeV}^{-2}$
弱混合角度	$\sin^2\hat{\theta}(M_{\rm Z})$	$0.231\,22(4)$
$\rm W^{\pm}$ 質量	$m_{\rm W}$	$80.379(12)\,{\rm GeV}/c^2$
$\rm Z^0$ 質量	$m_{\rm Z}$	$91.1876(21)\,{\rm GeV}/c^2$
強い相互作用	$\alpha_s(m_{\rm Z})$	$0.1181(11)$

参考文献

C. Patrignani et al., (Particle Data Group). "The Review of Particle Physics", Chin. Phys. **C40**, 100001. (2016)

* 国際単位系 (SI) は，2019 年 5 月 20 日に大きく改正された．上述のうち，いくつかの物理定数の値は，わずかに変更を受けている．

索　引

●さ　行●

●た　行●

●な　行●

●は　行●

●ま 行●

●や 行●

●ら 行●

●わ　行●

原著者紹介

Bogdan Povh（ボグダン・ポフ）

ドイツの物理学者．元ハイデルベルク大学教授および元マックス・プランク核物理研究所所長．専門は原子核物理実験．日本では，著書『素粒子・原子核物理入門　改訂新版』（柴田利明訳，丸善出版）で知られる．

Mitja Rosina（ミーチャ・ロシナ）

スロベニアのリュブリャナ大学教授．専門は原子核物理実験．

訳者紹介

石川　隆（いしかわ・たかし）

東京大学理学部物理学科を卒業後，同大学院に進学．理学博士（1986 年，東京大学論文博士）．元東京大学大学院理学研究科物理学専攻助手．専門は原子核物理実験．

園田　英徳（そのだ・ひでのり）

東京大学理学部物理学科を卒業後，カリフォルニア工科大学（Caltech）で Ph.D. を取得（1985 年）．現在，神戸大学大学院理学研究科物理学専攻准教授．専門は素粒子理論．

編集担当　村瀬健太(森北出版)
編集責任　富井　晃(森北出版)
組　　版　ディグ
印　　刷　　同
製　　本　ブックアート

原理と直観で読み解く　量子系の物理（第 2 版）
素粒子から宇宙まで　　版権取得　2018

2019 年 8 月 23 日　第 2 版第 1 刷発行

訳　　者　石川隆・園田英徳
発 行 者　森北博巳
発 行 所　森北出版株式会社
東京都千代田区富士見 1-4-11（〒 102-0071）
電話 03-3265-8341 ／ FAX 03-3264-8709
https://www.morikita.co.jp/
日本書籍出版協会･自然科学書協会　会員
JCOPY　<(一社)出版者著作権管理機構 委託出版物>

落丁･乱丁本はお取替えいたします．

Printed in Japan ／ ISBN978-4-627-15652-4

MEMO

MEMO

MEMO